农产品加工贮藏技术研究

■ 张正科　著

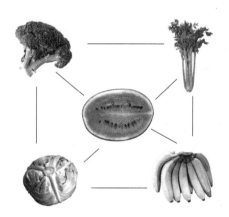

吉林大学 出版社

图书在版编目（CIP）数据

农产品加工贮藏技术研究／张正科著． -- 长春：
吉林大学出版社，2017.9
ISBN 978-7-5692-0928-0

Ⅰ.①农… Ⅱ.①张… Ⅲ.①农产品加工②农产品—
贮藏 Ⅳ.① S37

中国版本图书馆 CIP 数据核字 (2017) 第 239137 号

书　　名：农产品加工贮藏技术研究
NONGCHANPIN JIAGONG ZHUCANG
JISHU YANJIU

作　　者：张正科　著
策划编辑：邵宇彤
责任编辑：邵宇彤
责任校对：曲楠
装帧设计：优盛文化
出版发行：吉林大学出版社
社　　址：长春市人民大街 4059 号
邮政编码：130021
发行电话：0431-89580028/29/21
网　　址：http://www.jlup.com.cn
电子邮箱：jdcbs@jlu.edu.cn
印　　刷：北京一鑫印务有限责任公司
开　　本：787×1092　　1/16
印　　张：20
字　　数：347 千字
版　　次：2017 年 9 月第 1 版
印　　次：2017 年 9 月第 1 次
书　　号：ISBN 978-7-5692-0928-0
定　　价：70.00 元

前　言

　　从世界范围来看，农产品加工贮藏业的基础地位已经发生了变化，世界发达国家均将农产品的加工、保鲜和贮藏技术放在农业的首要位置。从农产品的产值构成来看，农产品的产值 70% 以上是通过产后的加工、保鲜和贮运等环节来实现的。农产品加工贮藏技术是提升农业整体素质和效益的关键技术，农产品加工贮藏技术的水平则是衡量一个国家农业现代化程度的重要标志。它的发展状况标志着一个国家经济文化发达程度和水平，不但对当前国家经济发展十分重要，而且直接影响未来。

　　农产品加工贮藏是建设现代农业的重要环节，是农业结构战略性调整的重要导向，是促进农民就业和增收的重要途径，也是延伸农业产业链条、拓展农业增值空间、增强农业抵御市场风险能力、提高农产品国际竞争力的重要支撑。我国农产品加工业有丰富的物质基础：我国的谷物、肉类、棉花、花生、油菜籽、水果、蔬菜等农产品的产量都居世界首位。但与经济发达国家相比，我国的农产品加工业总体上仍有较大差距。为了适应形势的发展，培养更多更好的人才为行业发展服务，全国农业高等院校除食品科学与工程专业外，农学、林学、园艺、生命科学等专业也纷纷开设农产品加工贮藏学课程，部分高校还将其作为公共选修课程开设。

　　本书紧密结合我国农产品行业生产实际情况，力求反映国内农产品贮藏保鲜及加工领域发展的前沿动态，本着科学性、针对性、实用性、实践性的原则，突出理论与实践相结合。在编写的过程中，重点考虑知识系统性和实用性的统一，力求实现基础理论知识和实践技能培养相结合，能够应用到实际生产生活中。

　　本书的编写得到高校师生们的大力支持，在编写审稿过程中，承蒙不少同行学者的悉心指导并提出宝贵意见，在此表示衷心感谢。

　　在编写过程中倾注了大量心血，但由于本书涉及的学科多、内容广、产业发展快，加之时间仓促和编者水平所限，书中难免有一些不足和疏漏之处，敬请同行专家和广大读者批评指正。

目 录

第一章 绪 论

本书所讲的农产品主要指种植业、养殖业等生产的产品，如粮食、油料、水果、蔬菜、肉、乳、蛋及各种副产品等。

农产品加工贮藏是食品工业的重要组成部分。农产品加工贮藏主要是根据农产品的品质特点，运用科学、合理的方法，进行有效地贮藏以及采用不同的工艺方法制成各种成品与半成品的过程。

第一节 农产品加工贮藏概述及意义

一、农产品加工贮藏的概念

农产品加工是以农产品为对象，根据其组织特性、化学成分和理化性质，采用不同的加工技术和方法，制成各种粗、精加工的成品、半成品的过程。农产品贮藏是以与农产品采收后的生命活动过程和环境条件相关的采后生理学为基础，以农产品在采后贮、运、销过程中的保鲜技术为重点，进行农产品采后保鲜处理的过程。现代意义的农产品加工，是以市场为导向，以满足消费需求为目标，以终端消费品来逆向决定农产品的生产品种、生产区域、生产规模，以专用品种作为加工原料的。为了拥有不同区域的不同资源，就必然要在林果业、瓜菜业、水产业等不同产业优势中作出选择，在生产中有重点地选择直接消费品种（如鲜食农产品）、初加工品种以及精深加工品种，通过不同地区农业的农村经济结构的战略性调整，使农业产业结构与农产品加工业结构的需求更加紧密地结合起来。

农产品加工根据原料的加工程度又分为初加工和深加工。初加工程度浅、层次少，产品与原料相比是一种理化性质、营养成分变化较小的加工过程；深加工程度深、层次多，经过若干道加工工序，原料的理化特性发生较大变化，是营养成分分割较细、按需要进行重新搭配的多层次的加工过程。农产品深加工是在应用现代科学技术的基础上进行的现代化的加工方式。它与传统的加工方式相比存在三个方面的显著区别：一是传统的农产品加工是建立在以自然经济为主的基础上，而现代的农产品加工是建立在社会化生产的基础上；二是传统的农产品加工是建立在手工操作的基础上，而现代的农产品加工则是建立在机器工业的基础上，大都是批量、规模的生产；三是传统的农产品加工是凭借经验的积累进行生产的，而现代的农产品加工则是随着现代科学技术的普及而发展起来的，不仅需要不断地运用现代生物学、物理学、化学、营养学、卫生学等知识以及新的技术成果来改进和完善农产品加工工艺，还需要掌握机械加工、食品加工、食品微生物、食品包装、食品保藏及运输等专门技术及一系列的现代管理理念和方法。

二、农产品加工的分类和特点

根据联合国国际工业分类标准，农产品加工业主要划分为以下五类：食品、饮料和烟草加工；纺织、服装和皮革工业；木材和木产品加工（包括家具加工制造）；纸张和纸产品加工、印刷和出版；橡胶产品加工。根据中国国家统计局的分类，农产品加工业包括十二个行业：食品加工业（包括粮食加工业、畜禽加工和饲料加工业、果品加工业、水产品加工业、蔬菜加工业、制糖业）；食品制造业（包括糕点和糖果制造业、乳制品制造业、罐头制造业、发酵制品业、调味品制造业、食品添加剂制造业）；饮料制造业（包括酒精及饮料酒制造业、软饮料制造业）；烟草加工业；纺织业（包括棉纺业、麻纺业、丝绸业、毛纺业、针织品业）；皮革、毛皮、羽绒及其制造业；服装及其他纤维制品制造业；木材加工及竹、藤、棕、草制品业；家具制造业；造纸及纸制品业；印刷业、记录媒介的复制和橡胶制品业；医药制造业（包括中药材及中成药加工业、生物制品业）。

农产品加工业与其他工业相比，具有以下特点：① 原材料资源分布广，无论东西南北，各地域处处皆有，这就决定了农产品加工原料分布的广泛性。② 产品品种繁多，这是由于原料种类的多样性所致。③ 季节性较强，农产品加工的原料大多是季节性生产，有些原料不宜过久贮藏，必须在一定时期内进行加工，否则会降低品质，甚至腐败变质。④ 生产行业众多，如粮食加工业、制糖工业、烟草工业、制茶工业、罐头食品工业、肉制品工业、奶制品工业、豆制品工业、调味品工业等。⑤ 产品加工技术要求高，农产品加工制品的质量要求随着科学技术的进步和社会的发展逐步提高，品牌档次增多，要求产品耐久保存、营养安全、外观好看、风味可口等。

农产品加工业延伸农业的产业链条，拓展农业的增值空间，增加农业的整体效益，可增强农业抵御市场风险的能力，提高农产品的国际竞争力。农产品加工水平是衡量一个国家农业现代化程度的重要标志，是提升农业整体素质和效益的关键行业。我国发展农产品加工业有丰富的物质基础：我国的谷物、肉类、棉花、花生、油菜籽、水果、蔬菜等农产品的产量都居世界首位。但与发达国家相比，我国的农产品加工业总体上仍有较大差距。我国的农产品要想在国际市场上占据应有的位置，需要先进的技术水平、管理水平和现代化的运营机制。要增强农产品的国际竞争力，最直接有效的手段就是提升农产品加工贮藏水平，重视相关技术的引进和自主创新，规范原材料基地的建设以及加工企业的管理及其机械装备、工艺流程等，将标准化生产贯穿于农产品加工过程的始终。

三、农产品加工贮藏的意义

发展农产品加工贮藏业意义重大，主要体现在以下几个方面。

（一）建设现代农业的重要环节

通过农产品加工贮藏业的带动，把农业产前、产中、产后的各个环节相互链接在一起，延长农业的产业链、价值链和就业链，促进农业产业化、农村工业化、农村城镇化和农民组织化。

（二）农业结构战略性调整的重要导向

目前，我国农产品加工已由过去的只考虑对剩余物料进行加工的被动发展，转变为以市场为导向的现代农产品加工。农产品加工成为农产品生产规模、品种结构和区域布局调整的引导力量，为农业结构的战略性调整找准了方向，对推进中国农产品出口结构的优化升级、提高中国农业的国际竞争力有重要意义。

（三）促进农民就业和增收的重要途径

发展农产品加工贮藏业可以安置大量的农村富余劳动力，催生一大批相关配套企业，形成新的就业渠道，带动农民增收以及民营企业、县域经济的快速发展，推进农业产业化进程，实现第一、第二、第三产业的持续、有机、协调发展。

（四）社会主义新农村建设的重要支撑

发展农产品加工贮藏技术，以农业、农村资源为依托，将丰富的农产品资源和劳动力资源两个优势加以整合，形成农村产业发展优势，进而转化为新农村建设的经济优势，同时也带动了相关产业（尤其是各项服务业）的发展，促进了农村基础设施建设和社会事业的发展。

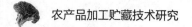

第二节　农产品加工贮藏技术的现状和存在问题

一、农产品加工贮藏技术的现状

从世界范围来看，农产品加工贮藏技术的基础地位已经发生了变化。目前，国际食品工业已经成为世界上的第一大产业，成为国民经济的重要支柱产业，每年的营业额已远远超过汽车、航天及电子信息工业。2008 年，中国食品工业实现总产值 4.2 万亿元，增幅为 29.7%，对国民经济的贡献率达 7%。2009 年受国际金融风暴的冲击，中国经济增速普遍放缓，但食品产业仍保持了大幅增长，完成总产值 97 万亿元，同比增长 17.8%，成为中国应对金融危机、实现经济平稳回升的重要力量。2010 年一季度食品工业总产值同比增长 28.5%。到 2015 年，食品工业总产值达到 10 万亿元，年均增长 15% 以上。农产品产后的增值潜力巨大。世界发达国家均将农产品的贮藏、保鲜和加工业放在农业发展的首要位置。从农产品的产值构成来看，农产品的产值 70% 以上是通过产后的贮运、保鲜和加工等环节来实现的。

（一）发达国家农产品加工业现状

1. 重视农产品加工利用技术的开发

发达国家把农产品产后的贮藏、保鲜、加工放在农业发展的首要位置。从 20 世纪 70 年代开始，世界上许多经济发达国家陆续实现了农产品保鲜产业化，美国、日本的农产品保鲜规模达到 70% 以上，意大利、荷兰等国家也达到了 60%。在工业发达国家，80% 以上的粮食和 50% 以上的果蔬实现了工业化，工业食品的产值占到整个食品产值的 80%～90%。美国对农产品的采后保鲜与加工的投入，已占农业全部投入的 70%，以农产品加工为基础的食品加工业已成为美国各制造业中规模最大的行业。

2. 企业规模庞大

发达国家的农产品加工企业的规模非常大，它们中的很多企业为跨国企业。如荷兰著名的跨国企业 CSM 公司，专业生产和销售食品配料与粮食，业务涉足全球 100 多个国家，其子公司普克公司是世界上最大、最有经验的乳酸盐生产商。普拉克公司的工厂分布在巴西、西班牙和荷兰，同时它还具有一个遍及全球的销售网络。再如，乳业第一巨头法国达能公司的年销售额为 60 亿欧元，帕玛拉特公司年销售额也达到 60 亿欧元，雀巢公司的年销售额为 133 亿欧元。新国际集团在我国大陆的投资达到 12 亿美元，其方便食品事业部在中国大陆有 12 个生产基地，饮品事业部在大陆有 9 个生产基地，糕饼事业部在大陆有 3 个生产基地，是大陆最大的方便食品生产商和糕饼生产商。菲律宾晨光食品有限公司在大陆的投资也达到了 1.2 亿美元。

3. 有专用的加工品种和固定的原料基地

在粮油加工业中，以专用粉为例，日本有 60 多种，英国有 70 多种，美国达 100 多种，日本专用食用油油脂达到 400 多种。为保证产品质量，在基地的选择上，不仅需考虑加工品种的专业化、规模化，还应认真考虑所选择基地的气候生态条件和化肥种类等因素。

4. 品种向安全、绿色、休闲方向发展

从全球范围来看，安全、绿色、休闲成为人们消费的主流和方向。据统计，美国休闲产品消费量每年每人平均达 8.6 kg，荷兰为 6.5 kg，英国为 5.7 kg。发达国家从追求农产品加工品种多样性转向追求安全性和健康性。在果蔬的加工处理方面，力求保持鲜嫩、营养、方便、可口，除传统的速冻、罐头、脱水产品外，近年发展热点为最少处理的果蔬切割产品。

5. 生产基本实行标准化管理

国外许多发达国家要求食品加工业在管理上实行《良好生产操作规程》（GMP），在安全控制上普遍实行危害分析与关键控制点体系（HACCP）和 ISO9000 族质量保证体系，使食品生产从以最终产品检验为主的控制方式，转变为生产全过程的质量控制，这将是农产品加工业发展的必然趋势。

6. 重视农业生产各环节

发达国家通过产前、产中、产后结合，促进农业产业化的健康发展。农产品加工需要与育种、种植、供销等部门互相配合才能健康发展。例如，荷兰的马铃薯育种、栽培、贮藏、加工和销售有一整套行之有效的管理体系，应根据加工利用的要求和用途来选择种植的品种。

7. 完善市场体系，提高流通效率

例如，韩国通过采取以下措施，提高了市场营销系统的效率：一是对产地农产品流通进行改革，政府给予一定的资金补贴，由农协把产地的农民组织起来，建立综合的农产品加工处理场，通过筛选、分等、包装，把农产品直接销售给大型商场、超市、批发商、团体消费者或出口国外；二是加快农产品批发市场建设，政府加大对批发市场建设资金的投入，投入的比重已达到 70%，农业财政投入中用于农产品批发市场的比重提高到 30%；三是改善农产品销售市场周围的流通环境。

（二）我国农产品加工业发展现状

我国农产品加工业遵循经济社会发展的客观规律，加快结构调整、产业集聚、技术创新和专用原料基地建设，努力实现了较快发展，取得了很大成效。

1.总量持续增长

目前全国年销售收入在 500 万元以上的各类农产品加工企业达 6.7 万家，实现总产值 3.6 万亿元、工业增加值 0.9 万亿元。在全部工业结构中，农产品加工业总产值占 25%，工业增加值占 25%，产品销售收入占 24%，企业单位数占 34%。农产品加工业产值年均增长速度为 6%，工业增加值年均增长率达 8%，与国内生产总值基本保持同步增长。

2.带动作用增强

2015 年规模以上农产品加工企业从业人员达 2 500 万人以上，比"十五"末增加 400 万人；吸纳农村劳动力 1 500 万人以上，农民直接增收 2 800 亿元；全国已建立各类农业产业化经营组织 22.4 万个，上亿农户参与农业产业化经营，户均增收 1 900 多元。农产品加工业已成为我国国民经济中发展速度最快、与"三农"关联度最高、对"三农"带动作用最大的行业。

3.结构不断优化

2015 年，食品工业占农产品加工业的比重从"十五"末的 40% 提高到 47%。方便、快捷、休闲和营养保健食品发展迅速，很多企业按照无公害、绿色、有机标准组织生产，形成了一大批名牌产品和驰名商标，如双汇、伊利、蒙牛等已成为农产品加工企业集团。

4.产业加速集聚

初步形成了东北和长江流域水稻加工、黄淮海优质专用小麦加工、东北玉米和大豆加工、长江流域优质油菜籽加工、中原地区牛羊肉加工、西北和环渤海苹果加工、沿海和长江流域水产品加工等产业聚集区。

5.创新步伐加快

以农业部认定的 200 多家技术研发中心为依托，初步构建起国家农产品加工技术研发体系框架，突破了一批共性关键技术，示范推广了一批成熟实用技术。挤压膨化技术、超微粉碎技术、微胶囊技术、微波技术、速冻技术、真空压力技术、膜分离技术、生物工程、超高温杀菌、真空冷冻、分子蒸馏等一大批高新技术在农产品加工业中逐步得到应用。

6.专用原料基地扩大

以公司加农户、龙头带基地等多种形式，建设了一大批规模化、标准化、专业化的农产品生产基地，辐射带动1亿多农户。

二、我国农产品加工贮藏存在的问题

（一）农业的种养结构不尽合理

我国农业的种养结构不合理，突出表现在农产品品质上，缺少专用品生产，种养什么就加工什么的现象普遍存在。我国的玉米年产量1亿多t，居世界第二，人均100 kg，美国的玉米产量居世界第一，年产2.29亿t，人均1 000 kg。我国年产淀粉350万t，耗玉米500万t，玉米深加工只占总产量的10%，品种单一、品质一般，缺少专用品种；美国年产淀粉1 500万t，85%的淀粉加工成淀粉糖和酒精，有高油玉米、高直链淀粉玉米、优质蛋白玉米等未用加工品种。

（二）采后损失严重，贮藏保鲜产业落后

我国一些农产品基地缺少贮藏保鲜设施设备和有效的贮藏保鲜技术，导致农产品采后损失严重。目前，我国的贮粮和果蔬产后损耗率分别达9%和25%，而美国等发达国家分别低于1%和5%。据联合国粮食组织对50多个发展中国家的调查结果，粮食收获后在贮藏中损失率平均为10%；果蔬、肉、蛋、奶则高达30% ~ 35%。我国粮食每年贮藏损失平均为9.7%，果品、蔬菜的损失高达25%；商品化处理水平不足30%，欧美为90%以上；商品贮藏率仅占总产量的10%，气调贮藏量不足10%，而欧美发达国家80%是全自动气调库，做到水果均衡上市。美国通过高效率的运输设备和技术使南北东西的果蔬市场有充足的新鲜产品供应，粮食损失率不超过1%，果蔬损失率为1.7% ~ 5%。我国农产品损失惊人，仅粮食每年就有400多亿公斤白白损失，奶、肉、水产品等易腐农产品损失更高。我国约有80%的粮食储存在农村，由于农村缺乏储粮技术，平均损失率为14.8%。按我国现有生产水平计算，年损失水果和蔬菜量超过8 000万t。如果我们把农村储粮的损失率降至5%，则相当于增加了4 000万t粮食产量；若把水果和蔬菜的产后损失率降到10%，就相当于增产水果和蔬菜5 000万t。由此可见，发展和加强农产品保鲜技术对于整个国民经济的发展起着至关重要的作用。

（三）加工规模和整体水平还比较低

总体上看，我国中小企业和家庭作坊较多，但产业集中度不高，粮食生产处于低水平循环。我国食物资源丰富，许多农产品产量居世界首位，但是以这些农产品为原料的食品加工、转化增值程度偏低。在加工量方面，目前我国加工食品

占消费食品的比重仅为30%，远低于发达国家60%～80%的水平。其中，我国经过商品化处理的蔬菜仅占30%，而美国、日本等发达国家占90%以上；我国柑橘加工量仅为10%左右，而美国、巴西等国家达到70%以上；我国肉类工厂化屠宰率仅占上市成交量的25%左右，肉制品产量仅占肉类总产量的11%，而美国、日本等发达国家已全部实现工厂化屠宰，肉制品占肉类产量的比重达到50%。尽管我国的粮食产量在世界排名第一，但粮油加工企业规模偏小、管理水平参差不齐、产品质量得不到保证，通常是通过人力、物力和财力的投入而不是依靠科技的进步来提高生产力，效率低，加工利用深度不够。我国目前科学合理加工的粮食仅占粮食总量的10%左右，产值仅为食品工业总产值的10%，严重制约着粮食生产的良性循环。

（四）加工技术装备差距还比较大

与国际先进水平相比，我国的农产品加工技术与装备普遍落后5～10年，90%左右的中小企业的技术水平低、设备落后，缺乏高质量和高水平的检测手段，有的甚至连质量标准都没有，更谈不上质量保证体系。加工装备制造业的产品稳定性、可靠性和安全性较低，能耗高，成套性差，整体研发能力不足，关键技术自主创新率低；一些关键领域对外技术依赖度高，不少高技术含量和高附加值产品主要依赖进口，部分重大产业核心技术与装备基本依赖进口；定向分离与物性修饰、非热杀菌、多级浓缩干燥等食品工业技术，以及连续冻干设备、超低温单体冷冻设备等一批关键技术与大型成套装备亟待突破。在产品上生产主要表现为产品粗加工多、精加工少，初级产品多、深加工产品少，中低档产品多、高档产品及高附加值产品少，企业能耗、物耗高，产出效益低。在我国农产品深加工的过程中，技术是一个瓶颈因素。目前我国企业有许多核心技术还只停留在模仿阶段，只能跟在外企的后面，亦步亦趋，始终得不到高额垄断利润，而且经常出现知识产权的摩擦。

（五）加工业布局尚不尽合理，区域优势没有充分发挥

区域发展不平衡。20年来，我国农产品加工业主要分布在东部发达地区的格局没有大的变化。在产品销售收入方面，目前东、中、西三大区域食品工业的比重约为3.2：1.3：1；在产品深加工方面，东部地区的食品工业与农业的总产值之比为1.05：1，中部地区为0.5：1，西部地区为0.4：1。中西部地区由于食品工业发展滞后，丰富的原料资源优势没有转化为产业优势。

食品工业布局与农业生产布局衔接不够紧密。食品生产、加工和销售脱节的问题仍然普遍存在，农业生产与食品加工互为促进的机制尚未建立起来，这些都

使原料供应与食品工业发展的要求不相适应，增加了农产品长途运输的成本和物流过程的损失，导致资源浪费。例如，我国虽然有300多个小麦品种，但适合加工优质面包和饼干的专用品种缺乏，每年不得不从国外进口加工专用小麦。另外，加工啤酒的大麦也大量依靠进口。又如，我国95%的柑橘为鲜食品种，适合加工的仅占5%，其中80%仅适合加工成橘瓣罐头，适合加工橙汁的品种很少。

（六）科技投入不足，企业素质有待提高

长期以来，我国的科技投入普遍不足，用作全社会科技投入的研究和发展经费不到国内生产总值的1%，能够用于农产品加工研究的经费则更少，科技人员严重缺乏，科研仪器设备条件落后的现象普遍存在，20世纪70年代以前的仪器设备仍占30%以上，甚至20世纪五六十年代的设备还在使用，严重制约了农产品加工科技的发展。人才匮乏也是限制农产品加工业发展的重要因素。

（七）食品安全保障水平仍然较低，总体形势不容乐观

我国的食品安全水平与消费者的期望相比，仍然有较大差距，安全事故时有发生，社会公众对食品卫生仍缺乏安全感，食品安全形势依然严峻。一是食品标准制订方法和体系不能适应食品安全控制的要求。标准体系结构、层次不够合理，个别标准之间存在交叉重复，不适应行业发展与国际接轨的需要，甚至有些重要领域存在标准空白、食品安全标准短缺、标准技术水平偏低、标准实施力度不够等一系列问题。二是食品企业违法生产食品现象不容忽视。少数不法分子违法使用食品添加剂和非食品原料生产加工食品。另外，加工设备落后、卫生保证能力差的手工及家庭加工方式在食品生产加工领域中占较大比例。三是新材料和新工艺不断出现。直接应用于食品及间接与食品接触的化学物质日益增多，带来新的食品安全隐患。四是从农田到餐桌食物链污染情况时有发生。其中，源头（种植、养殖过程）污染和环境污染给食品卫生带来较大影响。

第三节　农产品加工贮藏技术的发展趋势和产业布局

一、农产品加工贮藏技术的发展趋势

党中央、国务院非常重视农产品加工技术的发展。"十二五"期间，政府和相关部门调动各方资源，采取多种措施，保障了农产品加工业的健康快速发展。连续5年的中央1号文件都明确提出要大力发展农产品加工业。各地政府也相应出台一系列扶持政策，制订了本地农产品加工业发展规划。国家有关部门组织实施了一批重大科研和推广项目，建立了国家农产品加工技术研发中心和 200 多家专业分中心，整合了农产品加工各领域的科研力量，攻克了一批制约农产品加工业发展的核心技术难题，开发了一批新产品、新材料、新装备，建立了一批产业化示范生产线，推广了一批农产品加工成熟适用技术，推动了农产品加工技术由单纯追求数量增长向数量与质量、效益并重转变。

农产品加工业加速转变发展方式，加快自主创新，加大产业结构调整力度，提高质量安全水平，降低资源能源消耗，力争规模以上农产品加工业产值实现年均 11% 的增长率，力争加工业产值与农业产值比年均增加 0.1 个百分点。

（一）产业集中度有较大提高

发展一批产业链条长、科技含量高、品牌影响力强、年销售收入超过百亿元的大型企业集团，规模以上企业比重达到 30% 左右。

（二）产业集聚集群有较大突破

在优势区域培育一批产值过百亿元的产业集群，优势区域的粮油加工、果蔬加工、畜禽屠宰与肉品加工、乳及乳制品加工、水产品加工业产值分别占全国总产值的 85%，70%，50%，80% 和 80% 以上。

（三）农产品加工水平有较大提升

到 2020 年，力争我国主要农产品加工率达到 65% 以上，其中粮食达到 80%，水果超过 20%，蔬菜达到 10%，肉类达到 20%，水产品超过 40%，主要农产品精深加工比例达到 45% 以上，使农产品加工副产物综合利用率明显提高。

（四）产品质量安全水平实现质的突破

规模以上企业基本建立全程质量管理体系，质量安全与溯源体系基本形成。到 2020 年，通过 ISO 等体系认证的规模以上农产品加工企业超过 85%，农产品质量安全将得到有效保障。

（五）节能减排取得明显成效

到 2020 年，农产品加工业单位生产总值综合能耗比"十二五"期末下降 20% 左右；规模以上企业能耗、物耗低于国际平均水平，工业废水排放达标率达到 100%。

二、农产品加工贮藏的产业布局

（一）粮食加工业的发展重点及布局

1. 粮油加工的总体特点及重点生产区域

粮油加工业是以生产生活消费品为主，并为其他工业生产提供原料的产业。

粮油加工属于生产量、消费量、贸易量、运输量等较大的关系国计民生的大宗农产品加工。小麦是世界上重要的谷物，我国小麦的分布、栽培面积及总贸易额均居粮食作物第一位，无论是营养价值还是加工性能，都是世界公认的最具加工优势的谷类作物。我国稻米产量占世界总产量的31%，居世界首位，其中约85%的稻米作为主食食品供人们消费，全国有近三分之二的人口以稻米为主食。为顺应消费市场的需要，传统米制食品的工业化在加快，成品、半成品主食在食物消费结构中的比重上升，以米、面为主食品的方便米粉、方便面、方便米饭、速冻米面制品等食品大量涌现。我国的薯类资源丰富，甘薯产量居世界第一位，马铃薯产量仅次于俄罗斯，居世界第二位，木薯也有相当大的产量。近年来，新兴的薯类食品工业在国内外得到了迅猛发展，成为食品加工行业的一个重要部分。大豆是我国的主要粮食作物，产量居世界第三位（仅次于美国、巴西），以黑龙江种植面积最大，大豆加工在食品加工占有重要的地位。

粮油加工工业不但受农业生产水平的制约，同时也受加工技术、机械设备研制、食用条件的制约。长期以来我国谷物资源利用效率低，高成本、高消耗、高污染的增长方式阻碍了谷物产业的高效增长。集中分布在粮食产区的农村小型谷物加工企业，其加工质量差、效益低、资源浪费严重，能源消耗高出大型加工业企业30%～50%。建设资源节约型、环境友好型社会，发展环保、安全、节约、高效的粮食流通技术，要依靠科技进步，提高粮食综合生产能力和粮食资源利用率，积极采用环保、安全、节约、高效技术，逐步淘汰落后的生产工艺、设备和技术，不断带动粮油加工产业结构调整和产品优化升级。

粮油加工受原料来源分散、易腐损的制约，最适合于就地加工，加工生产带有较强的区域性和季节性。我国长江中下游、东北等是稻谷主产区，主要发展稻谷综合加工业；华北、华东、西北等是小麦主产区，主要发展专用小麦粉、全麦粉和副产物综合加工业；东北、华北、中西部等是杂粮及薯类主产区，在这里杂粮传统食品和方便食品的发展相对有利；江苏、湖北、湖南、河南等粮油资源丰富的地域有利于发展粮油加工成套装备制造。

我国东北具有生产非转基因大豆优势，当地的大豆油加工产业带，引导了资源整合，提高了生产效率；长江中下游和西部是油菜籽主产区，黄淮海是花生主产区，黄河、长江流域和西部是棉籽主产区，西部是葵花籽主产区，这些产区发展的菜籽油、花生油、棉籽油、葵花籽油大型加工企业丰富了我国多油料品种加工项目；在长江中游及淮河以南地区发展的油茶籽油等木本植物油加工，增强了我国食用植物油供给能力。

粮油加工产品生产必须立足于市场需求，使生产与销售紧密结合。20世纪80年代以后，随着生产条件的改善和生活水平的提高，面粉、大米等逐渐成了这些地区群众的主要食用品种，直接食用杂粮占总消费量的比重不断下降，食用杂粮只作为改善生活、主食的配料等，大部分杂粮作为食品工业、酿造业、其他工业的原料和饲料用粮。但最近几年中，逢年过节以精美包装的杂粮馈赠亲友逐渐成为时尚。我国以杂粮为原料的食品加工业有了一定的发展，并创出一些名特优新产品，如杂粮制成的面粉、挂面、米粉、麦片和杂豆等小包装食品等。

2.粮食加工业发展重点

粮食加工的发展重点是调整产业结构和产业布局，培育建设骨干企业和示范性生产基地，大力发展粮食食品加工业，积极发展饲料加工业，严格控制非食品用途的粮食深加工，确保口粮、饲料供给安全；加快产品结构调整，实现产品系列化、多元化；发展国际粮食合作，鼓励国内企业"走出去"，在境外建立稻谷、玉米和大豆加工企业。针对不同原料的粮食加工，我们应采取不同的措施。

（1）稻谷加工业

提高优质米、专用米、营养强化米、糙米、留胚米等产品比重，积极发展米制主食品、方便食品、休闲食品等产品。集中利用米糠资源生产米糠油、米糠蛋白、谷维素、糠蜡、肌醇等产品，有效利用碎米资源开发米粉、粉丝、淀粉糖、米制食品等食用类产品。在东北、长江中下游稻谷主产区，长三角、珠三角、京津等大米主销区以及重要物流节点，大力发展稻谷加工产业园区，形成米糠、稻壳和碎米综合利用的循环经济模式，重组和建设一批日处理稻谷800 t以上的大型骨干企业。

（2）小麦加工业

提高蒸煮、焙烤、速冻等面制食品专用粉、营养强化粉、全麦粉等比重，加快推进传统面制主食品工业产业化。鼓励大型企业利用麦胚生产麦胚油、胚芽食品，利用麸皮生产膳食纤维、低聚糖等产品。结合国家优质小麦生产基地建设和消费需求，在黄淮海、西北、长江中下游等地区建设强筋、中强筋、弱筋专用粉生产基地，重组和建设一批日处理小麦1 000 t以上的骨干企业。

（3）玉米加工业

提高饲料工业发展水平，积极开发玉米主食、休闲和方便食品，严格限制生物化工等非食品用途的玉米深加工产品，保证口粮和饲料用粮需求。在玉主产区和加工区，加大兼并重组、淘汰落后产能，坚决遏制玉米深加工能力的盲目扩张，使深加工玉米消费量处在合理水平。培育一大批技术含量高、符合市场需求、具有较强竞争力的骨干企业。

（4）大豆加工业

充分利用我国非转基因大豆的资源优势，重点发展大豆食品和豆粉类、发酵类、膨化类、蛋白类等新兴大豆蛋白制品。扩大功能性大豆蛋白在肉制品、面制品等领域的应用。着力研发大豆蛋白功能改性、大豆膳食纤维及多糖和新兴豆制品加工技术。支持东北大豆产区建设大豆食品加工基地，提高豆腐及各种传统豆制品工业化、标准化生产水平，深入开发新型高质量营养食品；支持黄淮海大豆产区发展大豆深加工，延长产业链；鼓励沿海地区加强对大豆加工副产物的综合利用，建设一批优质饲用蛋白、脂肪酸、精制磷脂等的生产基地。

（5）薯类和杂粮加工业

重点发展薯类淀粉和副产物的深加工，鼓励发展薯条、薯片及以淀粉、全粉为原料的各种方便食品、膨化食品，提高薯渣等副产物的综合利用水平。大力发展特色杂粮主食品加工业，加快研发各种杂粮专用预混合粉和多谷物食品、速冻食品等主食品及方便食品。在马铃薯、甘薯的主产区，发展一批年处理鲜马铃薯 6 Mt 以上的加工基地和年处理鲜甘薯 4 Mt 以上的加工基地；在木薯主产区，适度发展年处理鲜木薯 0.2 ~ 0.3 Mt 的加工厂和木薯变性淀粉生产基地；在有条件的地区积极发展特色杂粮加工业。

3. 食用植物油加工业发展重点

促进油脂品种多元化，提升食用植物油自给水平，提高油料规模化综合利用水平，开发提取蛋白产品，鼓励并支持国内有条件的企业"走出去"，与国外企业合作开发棕榈、大豆、葵花籽等食用油资源，建立境外食用油生产加工基地，构建稳定的进口多品种油料和食用植物油源的保障体系。稳定传统大豆油生产，严格控制新建项目，引导工艺技术装备落后的大豆加工企业关、停、并、转，降低设备闲置率，提高生产效率。充分发挥东北非转基因大豆优势，稳定当地大豆油脂加工产业集群，淘汰一批落后产能。沿海大豆加工区要进一步压缩产能，鼓励内资企业兼并、重组，积极培育大豆加工和饲料生产一体化的企业。

着力增加以国产油料为原料的菜籽油、花生油、棉籽油、葵花籽油等油脂生产，大力推进以粮食加工副产物为原料的玉米油、米糠油生产，积极发展油茶籽油、核桃油、橄榄油等木本植物油生产。鼓励建设一线多能的多油料品种加工项目，坚决淘汰落后产能。

4. 重点区域布局

在黄河、淮海等小麦主产区，发展生产面包、面条、饼干等优质专用粉加工企业，形成优质小麦加工产业群。在大中城市和东部沿海等小麦主销区，结合产业结构调整，发展大型企业集团，建立适合城市特点的主食品加工基地，推进面制主食品工业化。通过重组、兼并等形式，在主产区和主销区，培育形成20家以上日处理小麦超过1 000 t的大型制粉企业。

在东北、华东、华南、华中、西南等稻谷主产区，主要发展稻米深加工企业，构建稻谷加工产业群，推进米糠、稻壳、碎米等综合利用，建设年处理稻谷0.15～0.30 Mt的加工企业；在珠江三角洲、长江三角洲以及部分大城市等稻米主销区，建设一批年产2 Mt的大米主食品生产基地。

在东北三省和黄河、淮海两大玉米主产区，大力发展高油玉米、糯玉米、高直链淀粉玉米等优质专用玉米加工基地，逐步形成玉米深加工的产业群；在西南山地玉米产区、西北灌溉玉米产区和青藏高原玉米产区，重点发展特色玉米食品加工业。

利用中西部地区和东北地区的特色农业资源，建立杂粮和薯类加工基地，重点发展西北地区的荞麦、燕麦、大麦、小米、绿豆、蚕豆等加工业及东北、西南地区的马铃薯、甘薯和木薯加工业。

（二）果蔬加工业的发展重点及布局

1.发展方向与重点

大力发展果蔬汁和果蔬罐头，增加开发的品种范围和领域，稳步发展桃、食用菌以及轻糖型罐头、混合罐头等产品，大力发展脱水产品，扩大脱水马铃薯、甜玉米、洋葱等生产规模；积极发展芋头、菠菜、毛豆、青刀豆等速冻蔬菜，加大速冻草莓、速冻荔枝、速冻杨梅等速冻水果的生产。在原料主产区进行浓缩果蔬汁（浆）等加工，主要消费区域研发果蔬汁终端产品，形成与消费需求相适应的产品结构。加快发展果蔬物流，重点推广应用果蔬贮运保鲜新技术（如新型果蔬保鲜材料，果蔬质量与安全快速检测技术等），发展果蔬冷链贮运系统，建立果蔬物流信息平台，大力发展果蔬物联网，提高果蔬物流水平。

2.产业布局

（1）果蔬汁加工

在新疆等西部地区发展番茄酱、浓缩葡萄汁，在河北、天津、安徽等地进行桃浆、浓缩梨汁加工，在重庆、湖北、四川等地进行浓缩柑橘汁与NFC柑橘汁加工，在海南、广西、云南等地进行热带果汁加工。

（2）果蔬罐头加工

在浙江、福建、湖南、山东、安徽、新疆、河北等传统生产省份，集中进行柑橘罐头、桃罐头、食用菌罐头、番茄罐头等的生产，加强副产物的综合利用，开发高产品附加值。充分考虑原料基地和产品市场两大因素，对加工业进行合理布局。

（3）脱水果蔬加工

重点在果蔬主产地及东南沿海地区发展脱水果蔬产业，建立脱水果蔬出口加工基地，同时向西部和东北地区发展，增强向南亚、中亚及俄罗斯等欧洲国家的出口能力，形成优势品种、优势产区的"双优"加工布局。

（4）速冻果蔬

在果蔬主产地及东南沿海地区，发展速冻果蔬产业，建立速冻果蔬出口加工基地，同时向东北、新疆、云南等边疆省份发展，形成环形发展布局。

3.发展目标

到 2020 年，果蔬加工行业产值达到 4 000 亿元，果蔬汁产量达到 3 Mt，果蔬罐头产量超过 300 Mt，果蔬冷链运输量占商品果蔬总量的 40% 以上，水果平均加工转化率超过 25%（其中苹果达到 30%），蔬菜平均加工转化率达到 10% 以上。

第四节　农产品加工贮藏技术研究的目的和任务

一、农产品加工贮藏技术研究的目的

农产品加工贮藏技术是食品科学与工程、农学、园艺专业的一门重要专业课，是食品科学技术与食品工业发展的基础，也是农业科技领域不可分割的重要组成部分。农产品加工贮藏技术的发展状况标志着一个国家的经济文化发达程度和水平，不但对当前国家经济发展十分重要，而且直接影响未来农业的持续健康发展。同时农产品加工贮藏是一门应用技术，它以植物学、植物生理学、生物化学、微生物学、农产品原料学、农产品化学、工程学等作为学科基础，以多种机械操作和化工单元操作为手段，研究农产品资源利用、原辅材料选择、加工包装、贮藏运输技术以及上述因素对产品质量、货架寿命、营养价值、安全性等方面的影响。近年来，随着基础科学和综合应用技术的发展，农产品加工的理论和技术发展迅猛，现代高新技术，如酶技术、膜分离技术、超临界流体萃取技术等已广泛应用于农产品加工贮藏中。其发展趋势表明，现代先进加工技术的应用、新食品资源的开发利用、食品中功能成分的开发利用、生物工程技术在食品加工中的应用将成为农产品加工贮藏学科发展的巨大推动力以及 21 世纪国际食品加工业的发展与竞争的重要组成部分。为学好这门综合性的应用学科，学习者必须具备一定的植物学、植物生理学、化学、微生物学、工程原理、机械基础、生物技术等学科的基础知识，并以此为基础，培养应用这些学科的基础理论解决食品加工、贮运和销售过程的化学、生物学和工程学问题的能力，开拓性、创造性地去进行实践和操作。只有这样，学习者才能更好地理解和掌握相关知识与技能，为我国农产品加工贮藏技术水平的提高作出贡献。

二、农产品加工贮藏技术研究的任务

随着世界食品工业向"高科技、新技术、多领域、多梯度、全利用、高效益和可持续"的方向发展，发达国家在世界范围内将其技术领先的优势快速转化为市场垄断优势，以专利为先导、以知识产权保护为手段，不断提高产业技术门槛，并不断以食品安全问题作为国际贸易竞争的技术壁垒，大幅度扩大竞争优势，这就对我国食品工业在参与国际市场竞争和实现可持续发展方面提出了十分严峻的挑战。

长期以来，国内农产品加工产业发展相对滞后，加工转化能力薄弱，加工技术水平低，档次低、质量差，整体水平以初加工为主，农产品加工企业规模小、资源的综合利用率低，农产品标准不健全，质量控制体系不完善。面对这一状况，为了应对国际竞争，提升农产品竞争力，国家应紧紧围绕国民经济与社会协调发展的主线，根据国际食品产业发展的基本态势，从宏观和微观两个层面，全面、客观地分析了我国食品工业发展的基本状况，本着"突出重点与全面发展结合""近期安排与长远部署结合"和"整体布局与分类实施结合"的原则，立足"国家战略必争、产业发展必需、技术竞争必备、社会需求巨大"的选择依据，切实抓住与我国国民经济和食品产业发展密切关联的重大产业发展问题。立足于我国食品工业体系中的食品制造工业、食品加工工业、软饮料工业、食品装备制造、食品添加剂与食品包装材料开发、食品营养评价与质量安全控制等领域，从粮油食品、果蔬食品、畜禽食品和水产食品加工等主要食品加工产业链系统设计入手，结合食品加工关键装备与产品质量安全控制技术开发，抓住严重制约我国食品工业发展的重点、难点问题，聚集优势资源，以关键技术与重大产品产业化开发研究为突破口，以产业技术创新能力建设为重要手段，注重自主研发能力和自主创新能力的提高，强化产业技术的集成创新和产业化示范作用。

农产品加工产业作为解决"农村发展、农业增效、农民增收"的重要途径，对中国农业未来发展的综合性影响和引领性作用日益突出，依靠科技进步和技术创新，有效支撑农产品加工产业的快速发展和产业技术水平的全面提高，已成为新时期我国科技工作具有战略性和全局性的重要任务。

在未来的食品工业发展中，果品、蔬菜贮藏保鲜与加工技术、设备的研究开发重点包括以下几个方面。

（1）适合不同加工、利用目的的专用优质品种的选育。

（2）果品、蔬菜主要品种的耐贮性研究。

（3）果品、蔬菜及其加工产品质量标准的系列化、国际化。

（4）果品、蔬菜最适保鲜、保质包装材料的研究与开发。

（5）果蔬速冻、脱水制品，以果蔬为加工原料的新产品、新技术、新工艺、新设备的研究与开发；以及消化吸收从国外引进的气调果品、蔬菜贮藏库和果品生产线，提高产品质量。

粮油加工技术、设备的研究开发重点包括以下几点。

（1）稻谷加工新技术、新装备的研究和开发。

（2）小麦碾皮制粉加工新技术、新装备的研究和专用面粉的开发。

（3）提高玉米粉利用价值的综合利用工程化、产业化研究。

（4）植物油脂加工新技术、新装备及优质新能源的研究和开发。

（5）粮食贮藏干燥新技术、新装备的研究和开发。

其中干燥技术设备沿着以有效利用能源、提高产品质量及产量、减少环境影响、操作安全、易于控制、一机多用等方向发展。干燥技术设备的发展将着重于：设计灵活、多作用的干燥器；采用组合式传热方式（对流、传导与介电或热辐射的组合）；在特殊情况下，使用容积式加热（微波或高频场）；采用间断传热方式，大量使用间接加热（传导）方式；运用更新型或更有效的供热方法（如脉动燃烧、感应加热等）；运用新型气固接触技术（如二维喷动床、旋转喷动床等）；使用模糊逻辑、神经网络、专家系统等实现过程的控制；水分在线测量传感器与控制系统等。

第二章 农产品的品质

种植业所收获的产品统称为农产品，农产品包括粮、棉、油、果、菜、糖、烟、茶、菌、花、药等，种类繁多。

农产品的品质是农产品加工贮藏技术研究的基础，熟悉农产品的品质特征及质量标准，掌握农产品主要组分在加工贮藏过程中变化的一般规律以及农产品腐败。

第一节 农产品的品质特征及质量标准

一、品质特征

重点讨论粮油和果蔬原料的品质特征。粮油产品是农产品的重要组成部分，是人类赖以生存的基础，主要是指农作物的籽粒，也包括富含淀粉和蛋白质的植物根茎组织，如稻谷、小麦、玉米、大豆、花生、油菜籽、甘薯、马铃薯等。品质是由多因素构成的综合概念。根据原料的用途不同，衡量品质的标准也不同。通常所说的品质包括外观品质、营养品质和加工品质。研究农产品的品质特征对于熟悉原料的各种特性，继而制订合理的加工工艺流程大有裨益。

（一）粮油产品的品质特征

1. 粮油作物的种类

粮油作物种类繁多，其分类方法有两种：一是根据其植物学特征采用自然分类法分类；二是根据其化学成分与用途分类。我国根据化学成分与用途将粮油作物分为以下四类：

（1）禾谷类作物

禾谷类作物属于单子叶的禾本科植物，其特点是种子含有发达的胚乳，主要由淀粉（70%~80%）、蛋白质（10%~16%）和脂肪（2%~5%）构成，如小麦、大麦、黑麦、燕麦、水稻、玉米、高粱、粟等。荞麦虽然属于双子叶蓼科植物，但因种子中以淀粉为主要贮藏养分，所以习惯上也包括在内。

（2）豆类作物

豆类作物包括一些双子叶的豆科植物，其特点是种子无胚乳，有两片发达的子叶，子叶中含有丰富的蛋白质（20%～40%）和脂肪，如花生与大豆；有的含脂肪不多，却含有较多的淀粉，如豌豆、蚕豆、绿豆与赤豆等。

（3）油料作物

油料作物包括多种不同科属的植物，如十字花科中的油菜、胡麻科中的芝麻、菊科中的向日葵以及豆科中的大豆与花生等，其共同特点是种子的胚部与子叶中含有丰富的脂肪（25%～50%），其次是蛋白质（20%～40%），可以作为提取食用植物油的原料，提取后的油饼中含有较多的蛋白质，可作为饲料或经过加工制成蛋白质食品。

（4）薯类作物

薯类作物也称为根茎类作物，由属于不同科属的双子叶植物组成，其特点是在块根或块茎中含有大量的淀粉，如旋花科中的甘薯、大戟科中的木薯、茄科中的马铃薯。

粮油食品原料的品种不同，其化学成分存在着很大的差异，粮油原料的化学组成是以碳水化合物（主要是淀粉）、蛋白质和脂肪为主。

2.小麦的品质特征

小麦是一种旱地作物，适于机械耕种，播种面积和产量在世界粮食作物中均占第一位，在我国仅次于稻谷占第二位，是一种极重要的粮食作物。我国栽培的小麦一般按播种期分为冬小麦（冬播夏收）与春小麦（春播秋收），其中以冬小麦为主，约占83%以上，春小麦只占16%左右；按皮色分，可分为白麦（种皮为白色、乳白色或黄白色）与红麦（种皮为深红色或褐色）；按粒质分，可分为硬质麦与软质麦。

我国北方多产白皮硬质冬小麦，麦粒小，皮薄，蛋白含量高，密度大，出粉率高，品质好。南方多产红皮软质冬小麦，麦粒较大，皮厚，蛋白含量低，密度小，出粉率低。

（1）小麦籽粒结构

小麦脱壳时，内外颖即脱去，麦粒属颖果，顶端有茸毛，背面隆起，胚位于背面基部，腹面有凹陷的腹沟，腹沟两边部分称颊，圆形而丰满，但也有扁平或深陷而有明显边沿的。麦粒的外形从背面看，可分圆形、卵形和椭圆形等。横断面呈心脏形或多角形。其结构由皮层（果皮、种皮，占9%），糊粉层（占3%～4%），胚（占2%）及胚乳（占82%～86%）四部分组成。

果皮由表皮、中果皮、横细胞、管状细胞（内表皮）组成。中果皮在表皮之下，由几层薄壁细胞演化而成，成熟干燥后被压挤成不规则的状态。种皮含有两层延长的细胞，当内外层细胞均无色时，麦粒呈白色；当内层细胞含有红色或棕色脂肪时，麦粒呈红色。外胚乳位于种皮的下面，为无色透明的线状细胞，经常破碎而不易识别。糊粉层在胚乳的外面，是由一层糊粉细胞组成的，但在腹沟等部有 2 层以上的细胞层；糊粉层不含淀粉，而充满着小球状的糊粉粒（属蛋白质的一种）。胚乳是由许多胚乳细胞组成的，细胞中主要是淀粉粒，并含有大量的面筋。小麦淀粉粒有大粒和小粒两种，小粒呈球形，大粒呈凸镜形。胚位于麦粒背部，由胚芽、胚轴、胚根、吸收层等构成。胚部含糖、酶较多，生理活性较强，也易遭受虫害。

（2）营养价值

小麦中蛋白质含量比大米高，平均为 10%～14%，一般硬质粒比软质粒含量多，生长在氮肥多的土壤以及干燥少雨地区。因此，我国生产的小麦蛋白质含量，自南向北随着雨量和相对湿度的递减而逐渐增加。

小麦蛋白质主要由麦胶蛋白与麦谷蛋白组成，由于所含赖氨酸和苏氨酸等必需氨基酸较少，故生物价次于大米，但高于大麦、高粱、小米和玉米等，具有较好的营养价值。小麦中含丰富的维生素 B 和维生素 E，主要分布在胚、糊粉层和皮层中，加工精度越高，营养损失越多。

小麦在食用品质上的特点是含有大量的面筋。面筋的主要成分是麦胶蛋白（占 43%）和麦谷蛋白（占 39%）及少量的脂肪和糖类。面筋在面团发酵时能形成面筋网络，保持住面团中酵母发酵所产生的气体，而使蒸烤的馒头、面包等食品具有多孔性，松软可口，并有利于消化吸收；发酵后，发酵食品中的植酸盐 55%～65% 被水解，更有利于钙和锌的吸收和利用。

（3）小麦的工艺品质

小麦的工艺品质主要指小麦的形态、结构、化学成分和物理性质。了解小麦的工艺品质，可以在制粉工艺过程中充分利用其有利因素，防止和改变不利因素，以获得好的工艺效果。小麦的工艺品质主要包括以下几个方面。

① 小麦籽粒的形状和大小：一般留存在 2.5 mm×20 mm 矩形筛孔上的小麦的数量为 26%～100%，千粒质量一般为 17～41g。同样品种的小麦，千粒质量越大，籽粒含胚乳越多，品质越好，出粉率越高。

② 小麦的充实度：小麦的充实度是指麦粒的饱满程度。饱满的麦粒中胚乳所占的比例大，出粉率高。相反，不充实的小麦籽粒，成熟度不够，胚乳比例小，

出粉率低，为劣质麦。劣质麦一般表皮皱瘪，腹沟深，劣质麦胚乳的组织结构较脆弱，清理时易碎，吸收水分也不均匀，影响研磨效果。加工面粉的原粮小麦中劣质麦含量多，影响出粉率和面粉质量。

③小麦的均匀度：麦粒的均匀度是指麦粒大小一致的程度。用 2.75 mm×20 mm、2.25 mm×20 mm、1.7 mm×20 mm 的矩形筛孔来筛分，如果留存在相邻两筛面上的数量在 80% 以上，就可算为均匀。颗粒均匀的小麦，除杂及磨粉时比较容易操作。

④小麦的密度：小麦的密度越大，质量越好，蛋白质含量也较高，胚乳的比例大，皮层的比例小。在其他条件相同的情况下，密度大的小麦出粉率高。我国净麦密度一般为 705 ~ 810 g/L。

⑤小麦的结构力学性质：小麦籽粒抗粉碎比抗剪切的力大得多，因此，磨粉采用齿辊研磨。小麦皮层抗破坏力要比胚乳大好几倍，这是从整粒研磨后的物料中筛除麸皮的依据。在适当提高小麦籽粒含水量以后，皮层的抗破坏力加强，而胚乳的抗破坏力下降，这是小麦在研磨前进行水分调节的依据。

⑥胚乳硬度与制粉工艺及面粉质量的关系：硬质麦也称玻璃质小麦，它的特点是坚硬，切开后透明呈玻璃状，皮薄，茸毛不明显，易去皮。硬质麦中含氮物较多，面筋的筋力大，能制成麦米和高等级的面粉。软质麦也称粉质小麦，切开后呈粉状，性质松软，皮较厚，茸毛粗长而明显，含淀粉量多。小麦的软硬对制订麦路、粉路的工艺和面粉质量及产量都有直接影响。胚乳结构紧密的硬质小麦与胚乳结构疏松的软质小麦相比，具有以下特点：在制粉过程中，可获得较多的麦心及麦渣，有利于提取优质面粉；在制品流动性好，筛理效率高，胚乳比较容易从麸皮上刮净，可获得较高的出粉率；制成的面粉，蛋白质含量高，面筋质好；胚乳颗粒硬度大，制粉时消耗动力较大；硬质小麦的胚乳一般呈乳黄色，制成的面粉色泽不如软质小麦。

3.稻谷的品质特征

（1）稻谷的分类

我国稻谷种植区域广，品种超过 6 万种。稻谷的分类方法很多，按稻谷的生长方式分为水稻和旱稻；按生长的季节和生长期长短不同分为早稻谷（90 ~ 120 d）、中稻谷（120 ~ 150 d）和晚稻谷（150 ~ 170 d）；按粒型粒质分为粳稻谷、籼稻谷和糯稻谷。旱稻谷因其品质差、产量低、播种面积少，所以未被列入国家标准。一般情况下，除非特别指明是旱稻谷，否则均认为是水稻谷。籼稻谷籽粒细长，呈长椭圆形或细长形，米饭胀性较大、黏性较小。早籼稻谷腹白较大，硬质较少；晚籼稻谷腹白较小，硬质较多。粳稻谷籽粒短，呈椭圆形或卵圆形，米饭胀性较小、黏性较大。早粳稻谷腹白较大，硬质较少；晚粳稻谷腹白较小，硬质较多。

糯稻谷按其粒型粒质分为籼糯稻谷和粳糯稻谷。籼糯稻谷籽粒一般呈长椭圆形或细长形，长粒呈乳白色，不透明，也有呈半透明状，黏性大。粳糯稻谷籽粒一般呈椭圆形，米粒呈现白色、不透明，也有呈半透明状，黏性大。

（2）稻谷籽粒的形态结构

稻谷籽粒由颖（外壳）和颖果（糙米）两部分组成，制米加工中稻壳经砻谷机脱去而成为颖果，又称为糙米。

稻壳由两片退化的叶子——内颖（内稃）和外颖（外稃）组成。内外颖的两缘相互钩合包裹着糙米，构成完全密封的谷壳。谷壳约占稻谷总质量的20%，它含有较多的纤维素（30%）、木质素（20%）、灰分（20%）和戊聚糖（20%），蛋白质（3%）、脂肪和维生素的含量很少，灰分主要由二氧化硅（94% ~ 96%）组成。

糙米是由受精后的子房发育而成。按照植物学的概念，整粒糙米是一个完整的果实，由于其果皮和种皮在米粒成熟时愈合在一起，故称为颖果。颖果没有腹沟，长 5 ~ 8 mm，粒质量约为 25 mg，由颖果皮、胚和胚乳三部分组成。颖果皮由果皮、种皮和珠心层组成，包裹着成熟颖果的胚乳。胚乳在种皮内，是由糊粉层和内胚乳组成。胚位于糙米的下腹部，包含胚芽、胚根、胚轴和盾片四个组成部分。在糙米中，果皮和种皮约占2%，珠心层和糊粉层占5% ~ 6%，胚芽占2.5% ~ 3.5%，内胚乳占88% ~ 93%。在糙米碾白时，果皮、种皮和糊粉层一起被剥除，故这三层常合称为米糠层。米糠和米胚含有丰富的蛋白质、脂肪、膳食纤维、B 族维生素和矿物质，营养价值很高。

（3）稻米的营养成分

稻谷中粗纤维和灰分主要分布在皮层（即米糠）中，全部淀粉和大部分的蛋白质则分布在胚乳（即大米）内，维生素、脂肪和部分蛋白质则分布在糊粉层和米胚中。一般稻谷脱壳得到的是糙米，糙米碾去糠层得到的是大米，因此谷壳中主要含有纤维和灰分。米糠中含有一定量的蛋白质及大量的脂肪和维生素，大米中主要含有淀粉和蛋白质，因此加工精度越高，营养损失越大。目前市售的营养强化米就是在普通大米的基础上添加入体所需的营养成分，以弥补加工时营养成分的损失而制得的大米。

大米含碳水化合物75%左右，蛋白质 7% ~ 8%，脂肪 1.3% ~ 1.8%，并含有丰富的 B 族维生素等。大米中的碳水化合物主要是淀粉，所含的蛋白质主要是米谷蛋白，其次是米胶蛋白和球蛋白，其蛋白质的生物价和氨基酸的构成比例都比小麦、大麦、小米、玉米等禾谷类作物高，消化率为 66.8% ~ 83.1%，也是谷类蛋白质中较高的一种。因此，食用大米有较高的营养价值。但大米蛋白质中赖氨酸和苏氨酸的含量比较少，所以不是一种完全蛋白质，其营养价值比不上动物蛋白质。

大米中的脂肪含量很少，稻谷中的脂肪主要集中在米糠中，其脂肪中所含的亚油酸含量较高，一般占全部脂肪的34%，比菜籽油和茶油分别多2～5倍，所以食用米糠油有较好的生理功能。

（4）稻谷的工艺品质

稻谷的品质包括稻谷的颜色与气味、形状与大小、密度与千粒质量、强度、爆腰率等。它对加工工艺的确定、设备的选择及操作措施的制订有密切关系。

新鲜正常的稻谷，色泽应是鲜黄色或金黄色，且富有光泽，无不良气味。未成熟的稻谷籽粒，一般都呈淡绿色。发热发霉的稻谷，不仅米粒色泽变得灰暗，无光泽，还会产生霉味、酸味甚至苦味。一般陈稻的色泽和气味均比新稻差。总之，凡是新鲜程度不正常的稻谷，不但加工的成品质量不高，而且在加工中易产生碎米，出米率低。

稻谷籽粒的粒度是指稻谷的长度、宽度和厚度。稻谷的粒型还可根据稻谷长宽比例的不同分成三类：长宽比大于3的为细长粒，小于3大于2的为长粒，小于2的为短粒。一般籼稻谷均属前两类，而粳稻谷大部分属于后一类。整齐度是指谷粒的粒型和大小等一致的程度。稻谷籽粒的大小和形状因稻谷品种不同而差异很大。即使是同一品种的稻谷，由于受生长周期、气候条件和栽培条件的影响，其籽粒大小也有差异。

在加工工艺中，粒型和粒度是合理选用筛孔和正确调整设备的操作依据之一。短粒型的稻谷对清理、砻谷、谷糙分离和碾米都较长粒型的稻谷容易。粒型还与出米率和出碎率有密切关系。籽粒愈接近球形，其长宽比愈小，则壳和皮所占籽粒的表面积就愈小，而胚乳的含量则相对增高，出米率就高。同时，籽粒愈接近球形，耐压性愈强，加工时出碎率就低。这是粳稻的出米率高于籼稻，而出碎率比籼稻低的原因之一。如果形状和大小不同的稻谷混杂在一起，就会给清理、砻谷和碾米带来困难，影响生产效果。当形状和大小不同的稻谷互混时，最好采取分级加工。

密度是指单位容积内稻谷的质量，用 g/L 或 kg/m³ 表示。稻谷的密度一般为 450～600 g/L。密度是评定稻谷工艺品质的一项重要指标。稻谷及其加工产品的密度，凡粒大、饱满坚实的籽粒，其密度就大，出糙率就高。

谷粒相对密度的大小取决于谷粒的化学成分和结构紧密程度。组成谷粒的各种化学成分的相对密度是不相同的。一般发育正常、成熟充分、粒大而饱满的谷粒，其相对密度较发育不良、成熟度差、粒小而又不饱满的谷粒大。因此，相对密度可作为评定稻谷工艺品质的一项指标。稻谷的相对密度一般为 1.18 ~ 1.22。

千粒质量大的稻谷，其籽粒饱满坚实，颗粒大，质地好，胚乳占籽粒的比例高，所以它的出米率都比千粒质量小的稻谷高。一般粳稻的千粒质量为 25 ~ 27 g，籼稻的为 23 ~ 25 g。出糙率是指一定数量稻谷全部脱壳后获得全部糙米质量（其中不完善粒折半计算）占稻谷质量的百分率。出糙率是评价商品稻谷质量等级的重要指标。

千粒质量、相对密度和密度与谷粒的粒型、大小和饱满度呈正相关关系，即与胚乳所占质量比例呈正相关关系，但它们又各有特点。粒型、表面性状对密度影响较大，而对千粒质量、相对密度的影响较小；颖壳结构对相对密度和容重影响较大，而对千粒质量的影响较小。化学组成及谷物籽粒各部分的比例也影响千粒质量、相对密度和密度。

谷壳率是指稻壳占净稻谷质量的百分率。一般粳稻谷壳率小于籼稻，在同类型稻谷中则是早稻谷的谷壳率小于晚稻谷。谷壳率高的稻谷一般加工脱壳困难，出糙率低；谷壳率低的稻谷加工脱壳容易，出糙率高。

米粒强度是指米粒承受压力剪切折断力大小的能力。米粒的强度大，在加工时就不易被压碎和折断，产生碎米较少，出米率就高。米粒的强度也因品种、米粒饱满程度、胚乳结构紧密程度、水分含量和温度等因素不同而有差异。通常蛋白质含量高、腹白小、胚乳结构紧密而坚硬、透明度大的米粒（称为硬质粒或玻璃质粒），其强度要比蛋白质含量少、腹白大、胚乳组织松散、不透明的籽粒（称粉质粒）大。粳稻比籼稻大，晚稻比早稻大，水分低的比水分高的大，冬季比夏季大。据测定，米粒在 5℃时强度最大，随着温度的上升其强度逐渐降低。掌握了以上规律，在生产中就可根据米粒强度的大小，采用适宜的加工工艺和操作措施，以便达到减少碎米、提高出米率的目的。

稻谷受剧烈撞击、日光曝晒、高温快速干燥或冷却降水太快后，糙米内部产生纵横裂纹的现象称爆腰。爆腰米粒占试样米粒的百分数称为爆腰率。爆腰率是评定稻谷工艺品质的重要指标，在加工前必须检验。米粒产生爆腰后其强度大为降低，加工时碎米增多，出米率下降。对爆腰率高的稻谷，特别是裂纹多而深时，不宜加工高精度大米，否则会使碎米增多，降低出米率，是不经济的。

4. 玉米的品质特征

玉米是喜温作物，适于旱田栽培，对土壤要求不高，适应性强，生育期短（早熟种 80 ~ 90 d），在温热地带可以一年 2 ~ 3 熟。近 20 年来，世界各地广泛利用杂种优势，其单位面积产量在世界上大大超过其他谷类作物，因而玉米生产发展很快。目前世界上玉米播种面积和产量仅次于小麦，居第二位，在我国也仅次于水稻和小麦，居第三位，在粮食生产中占有极为重要的地位。

（1）玉米的类型与分类

玉米可分为硬粒型、马齿型、半马齿型、糯质型、甜质型、粉质型、爆裂型、有稃型和甜粉型9个类型。其中栽培较多的为粒型、马齿型和半马齿型三种，糯质型也有种植，并且面积逐年扩大。我国国家标准中对玉米的分类是按种皮颜色来分的，这主要是为加工考虑，目前分为黄玉米、白玉米和混合玉米三类。

（2）玉米的籽粒特征

玉米粒由果皮、种皮、外胚乳、糊粉层、胚乳和胚组成。在谷类作物中，玉米籽粒最大，一般千粒质量为 200 ~ 300 g。玉米籽粒结构如图 2-3 所示。果皮由具有纹孔的长形细胞的外果皮、多层细胞组成的中果皮以及横细胞、管细胞等部分构成。种皮和外胚乳很薄，均为一层无细胞组织。胚乳有粉质和角质两种。粉质胚乳的淀粉粒为球形，结构疏松，呈粉白色，无光泽，蛋白质含量较低，一般为 5% ~ 8%；角质胚乳的淀粉粒多为多角形，结构紧密，呈半透明状，有光泽，蛋白质含量较高。胚位于籽粒基部，由胚芽、胚轴、胚根组成。胚部较大，占籽粒体积的 12% ~ 20%，所含脂肪占整粒脂肪的 77% ~ 89%，蛋白质占 30% 以上，而且含有较多的可溶性糖，食味较甜。因此，玉米胚部极易吸湿和遭受虫害。玉米果穗出籽率为 75% ~ 85%，籽粒各部分的质量百分比如下：皮层为 6% ~ 8%，胚乳及糊粉层为 80% ~ 85%，胚部为 10% ~ 15%。

（3）玉米的营养价值

玉米含碳水化合物 72% 左右，每 500 g 玉米可放出热量约 1 800 kJ。玉米中蛋白质含量约为 8.5%，略高于大米，而稍低于小麦。玉米中的蛋白质主要是玉米胶蛋白和玉米谷蛋白，所含赖氨酸和色氨酸较少，是一种不完全蛋白质。玉米中缺少色氨酸，而且所含维生素 B_5 为结合型的，不能为人体所吸收利用，故以玉米为主食的地区，容易患维生素 B_5 缺乏的癞皮病。但是如用碱液处理玉米，玉米中的维生素 B_5 便可以从结合型转化为游离型而容易被人体所利用。故食用玉米前先用石灰水或碳酸氢钠将玉米浸泡一定的时间再进行加工食用，可以起到预防癞皮病的良好效果。另外，大米、大豆、马铃薯等都含有较多的色氨酸，如果将玉米与这些食物搭配食用，便可以起到互补的作用，不仅可以有效地预防烂皮病，同时可以提高玉米的营养价值。我国玉米主产区多将玉米粉与大豆粉等混合或将玉米与小米等混合制作食品，这都是符合营养要求的。玉米含脂肪较多，并且有

34% ~ 62%的亚油酸（主要存在于胚部与糊粉层中），所以食用玉米胚芽油有较好的生理功能。另外，黄玉米中一般都含有一定数量的胡萝卜素，鲜玉米中还含有维生素C，这些在其他谷物中是不多见的。

5.大豆的品质特征

大豆别名黄豆，属蝶形花亚科大豆属，为一年生草本植物，其果实为荚果。荚果含种子1 ~ 4粒，荚的形状有扁平、半圆等类型。荚果脱去果荚后即为种子。大豆为喜温作物，对光照的强弱很敏感。大豆种子有肾形、球形、扁圆形、椭圆形、长圆体形等，种皮颜色有黄、青、褐、黑及双色等。

（1）大豆的分类

我国国家标准规定，商品大豆按种皮的颜色和粒形分为五类，即黄大豆（种皮为黄色）、青大豆（种皮为青色）、黑大豆（种皮为黑色）、其他色大豆（种皮为褐色、茶色、赤色等）和饲料豆。

（2）大豆的籽粒结构

大豆种子的最外层为种皮，种皮上有明显的脐，脐下端有个凹陷的小点叫合点。脐上端可明显地透视出胚芽和胚根的部位，两者之间有一个小孔眼叫珠孔。当种子发芽时，胚根就从此孔伸出，所以也叫发芽孔。种皮内为胚，胚由子叶、胚芽、胚茎和胚根组成。子叶有两片，是大豆贮藏营养物质的场所，两片子叶之间生有胚芽，由两片很小的真叶组成。胚芽上部为胚茎，下部是胚根。种皮约占大豆总重的7%，子叶占90%。种皮由较厚的外种皮和非常薄的内种皮构成。子叶被肥厚的细胞壁包围，内部是蛋白体。蛋白体是3 ~ 8 μm颗粒状的蛋白球，含水分9.5%、氮10.1%、磷0.85%、糖8.5%、矿物质0.70%、核糖核酸0.4%，蛋白体的间隙有脂肪球或少量的淀粉粒。

（3）大豆籽粒的营养价值

大豆是粮油兼用作物，是所有粮食作物中蛋白质含量最高的一种，而且蛋白质中赖氨酸和色氨酸含量都较高，分别占6.05%和1.22%，因此其营养价值仅次于肉、蛋、奶。大豆含蛋白质35% ~ 44%，脂肪15% ~ 20%，糖类20% ~ 30%，水分8% ~ 12%，纤维素和矿物质各为4% ~ 5%，几乎不含淀粉。

大豆品种不同，其所含的营养成分也不相同。蛋白质与脂肪是大豆的两大主要成分，而我国大豆的主栽品种多属蛋白质与脂肪较均衡的类型，单项指标表现不突出，大大降低了出口大豆的商品等级和商品价值；国内加工业也不能按不同的用途来选购大豆品种，在一定程度上影响了企业加工产品和经营的主动权。目前美国和我国大豆育种工作者都在研究选育"高蛋白低脂肪"或"高脂肪低蛋白"

的品种，以适应不同用途需要。生产豆制品的原料大豆要求新鲜、籽粒饱满、蛋白质含量高，无虫蛀，无霉烂和变质颗粒，未经高温受热和高温烘干。榨油用的大豆则以脂肪含量高的为宜。碳水化合物多的大豆吸水能力强，容易得到质地柔软的蒸豆，适于生产豆酱和豆豉。我国南方大豆有许多品种碳水化合物含量较高，与美国的蔬菜型豆和日本豆组成近似。未成熟的青大豆中的碳水化合物含量较成熟大豆的含量高。

6.花生的品质特征

花生果是荚果，有普通型、斧头型、葫芦型、串珠型、曲棍型等形状，表面有凹凸不平的网络结构，一般呈淡黄色。果内一般有花生仁 2 ~ 3 粒，少的只有 1 粒，多的可达 7 粒。

花生仁由种皮和胚两部分组成，无胚乳。胚中主要是两片肥大的子叶，内裹胚芽、胚茎和胚根。正常的花生子叶呈洁净的乳白色，两片子叶的中间有纵向凹陷。

花生仁一般含脂肪 35% ~ 56%、蛋白质 24% ~ 30%、糖类 13% ~ 19%、粗纤维 2.7% ~ 4.1%、灰分 2.7%。花生油中脂肪酸的组成如下：软脂酸 7.3% ~ 12.9%，硬脂酸 2.6% ~ 5.6%，花生酸 3.8% ~ 9.9%，油酸 39.2% ~ 65.2%，亚油酸 16.8% ~ 38.2%。其特点是含饱和脂肪酸较多，所含必需脂肪酸不如大豆油、棉籽油多，但比茶油、菜油高，仍不失为一种营养价值较高的食用油。

花生中蛋白质比一般谷类高 2 ~ 3 倍，同时花生中的蛋白质主要是球蛋白，其氨基酸构成比例接近于动物蛋白质，容易被人体消化吸收，吸收率可达 90% 左右，故花生和大豆一样，被誉为"植物肉"，有很好的营养价值。但花生蛋白质中的蛋氨酸和色氨酸含量较低，故比不上动物蛋白质。

另外，花生仁的淀粉含量比一般油料为多，并且含有较多的钾和磷，特别是维生素 B_1 含量较为丰富，是维生素 B_1 的良好来源。

7.油菜籽的品质特征

油菜为一年生或越年生草本植物，适应性强，对土壤要求不严格。近年来，油菜种植面积占全国油料作物种植面积的 40% 以上，油菜籽的产量在各种油料作物中居于首位。油菜籽含油量高，比大豆高 1 倍，比棉籽高 5% 左右，是我国食用油的主要来源之一，含芥酸低的菜油可制造人造奶油等食品。菜籽饼含有丰富的营养物质，不含芥子苷的菜籽饼是禽畜的精饲料，目前在我国主要用作肥料，是农业上重要的有机肥料之一。此外，油菜还是很好的蜜源作物。

（1）油菜的类型与品种

栽培的油菜属十字花科芸薹属。十字花科植物可采籽榨油的种类很多，其中芸薹属的油用种为当今栽培的油菜。我国根据植株大小以及染色体数将油菜分为白菜、芥菜和甘蓝三种类型。

（2）油菜的籽粒结构

油菜的果实为角果，细长，4～5 cm，呈扁圆形或圆柱形，成熟时易开裂，内含种子（即油菜籽）10～30粒。种子呈球形或近球形，有黄、红、褐、黑、黑褐等色。一般以芥菜型油菜种子最小，千粒质量为1.0～2.0 g；甘蓝型油菜种子较大，千粒质量一般在3.0 g以上，高的达4.0 g以上；白菜型油菜大部分品种千粒质量为2.0～4.0 g。油菜种子上有椭圆形的种脐，种脐的一端为珠孔，透过种皮在珠孔的正下方为胚根末端，这一部位的外表称胚根。种脐的另一端为种脊，是延伸到合点的一条小沟，合点是珠被和胚珠相连接的点。种皮坚硬，由外表皮、亚表皮、珊状细胞和色素层组成。种皮下有一层很薄的胚乳组织。脱去种皮和胚乳即为两片肥大的子叶，有胚根和胚茎，胚芽则不明显。

（3）油菜的营养价值

油菜籽含油量为33%～49.8%，并含有28%左右的蛋白质，是一种营养丰富的油料作物。但目前我国栽培的油菜存在着"双高"的问题。一是榨出的菜油脂肪酸的组成中芥酸的比例太高。据中国农业科学院油料研究所对全国1 025份油菜品种进行品质分析，平均含芥酸48.4%，最高达65%，最低为3.3%。二是油菜籽中芥子苷的含量很高，一般高达0.3%。芥酸是二十二碳一烯酸，对人体没有营养价值，是否有害目前还无定论。

由于芥酸含量高，而被认为是必需脂肪酸的亚油酸含量很少，因而菜籽油的营养价值较低。另外，芥子苷是由葡萄糖基与羟基硫氰基相结合而成的，经榨油后，该物质被保留在菜籽饼中，经芥酸酶水解后能生成对人体和畜禽有剧毒的含氰有机化合物，因此用菜籽饼作高蛋白饲料时必须经过脱毒处理。

8.甘薯、马铃薯的品质特征

（1）甘薯的种类、块根形态与营养价值

甘薯别名番薯、红薯、山芋、甜薯、地瓜等，属旋花科一年生植物，是一种极为重要的旱粮作物。目前在我国，除青藏高原、新疆、宁夏、内蒙古等地区，其他地区均有栽培，但以黄淮平原、四川、长江中下游和东南沿海栽培面积较大。

甘薯的薯块不是茎，而是由芽苗或茎蔓上生出来的不定根积累养分膨胀而成的，所以又被称为"块根"。甘薯块根由皮层、内皮层、维管束环、原生木质部和后生木质部组成。由于甘薯品种、栽培条件和土壤情况等的不同，其块根形状不同，其形状大小和纵沟的深浅等均是甘薯品种特征的重要标志。此外，甘薯块根的皮层和薯肉的颜色亦是品种特征之一。甘薯表皮有白、黄、红、黄褐等色，肉色有白、黄红、黄橙、黄质斑紫、白质斑紫等。

一般甘薯块根中含60% ~ 80%的水分、10% ~ 30%的淀粉、5%左右的糖分及少量蛋白质、油脂、纤维素、半纤维素、果胶、矿物质等。以2.5 kg鲜薯折成0.5 kg粮食计算，新鲜甘薯块根的营养成分除脂肪外，其他比大米和面粉都高，发热量也超过许多粮食作物。甘薯中蛋白质和氨基酸的组成与大米相似，其中必需氨基酸的含量高，特别是大米、面粉中比较稀缺的赖氨酸的含量丰富。甘薯中维生素A、B、C和烟酸的含量都比其他粮食高，钙、磷、铁等无机物较多。甘薯中尤其以胡萝卜素和维生素C的含量最为丰富，这是其他粮食作物极少或几乎不含的营养素，所以甘薯与其他粮食一同食用可提高主食的营养价值。此外，甘薯还是一种生理性碱性食品，人体摄入后，能中和肉、蛋、米、面等所产生的酸性物质，可调节人体的酸碱平衡。

（2）马铃薯的品种、块茎结构与营养价值

马铃薯又名洋山芋、土豆、洋番芋等，在植物学分类上属茄科茄属，为一年生草本植物。马铃薯产量高，块茎营养丰富，又是粮、菜兼用的作物，已成为世界上仅次于稻、麦、玉米的四大粮食作物之一。在欧美各国人民的日常食品中，马铃薯与面包并重，被称作第二粮食作物。

由于马铃薯是根茎类作物，其可利用的部位是马铃薯的块茎，也称种子。块茎的大小和形状、表皮颜色、薯肉颜色、芽眼多少、芽眼深浅、芽眉大小等都是区别马铃薯品种的特征。块茎的形状各式各样，大致可分为圆形、扁圆形、长圆形、卵圆形、椭圆形等，皮色有白、黄、粉红、珠红、紫、斑红、斑紫、浅褐等。皮的粗细与网纹也因品种而异。薯肉有白色、黄色、淡黄、深黄，有的带红晕、紫晕等。芽眼有的较深，有的较浅，有的少至5个左右，有的多达10个左右。

优良品种要求薯形好（最好是椭圆形或长圆形）、顶部不凹、脐部不陷、表皮光滑、芽眼较少而极浅平，以便清洗和去皮后加工或食用。

马铃薯由表皮层、形成层环、外部果肉和内部果肉四部分组成。最外层是周皮，周皮细胞被木栓质所充实，具有高度的不透水性和不透气性，具有保护块茎、防止水分散失、减少养分消耗、避免病菌侵入的作用。周皮内是薯肉，由外向内包括皮层、维管束环和髓部。皮层和髓部由薄壁细胞组成，里面充满着淀粉粒。皮层和髓部之间的维管束环是块茎的输导系统，也是含淀粉最多的地方。另外，髓部还含有较多的蛋白质和水分。

马铃薯早熟品种含有11% ~ 14%的淀粉，晚熟品种含有14% ~ 20%的淀粉，最高可达 25% 左右。鲜薯一般含蛋白质 2% 左右，而且含有 18 种氨基酸。马铃薯的蛋白质质量接近鸡蛋，易于消化吸收，优于其他作物。块茎含有葡萄糖、果糖和蔗糖。淀粉和葡萄糖是可以互相转化的，在低温（4 ~ 5℃）贮藏下马铃薯块茎中的淀粉可转化为糖，在高温（20℃）下糖也可转化为淀粉。淀粉、蛋白质和糖是人们食物中不可缺少的主要营养物质和热量来源。更重要的是马铃薯块茎中含有多种维生素，如维生素 A、维生素 B、维生素 E、维生素 PP 和维生素 C 等，尤其维生素 C 是米面食品中所没有的，同时还含有丰富的铁、钙、镁、钾、钠等矿物元素，对保持人体健康具有重大作用。这也是发达国家的居民喜食马铃薯的主要原因。

（二）果蔬产品的品质特征

园艺产品的品质是影响其贮藏寿命、加工品质以及市场竞争力的主要因素，人们通常以色泽、风味、营养、质地与安全状况来评价其品质的优劣。园艺产品的化学组成是构成品质的最基本成分，同时它们又是生理代谢的积极参加者，它们在贮运加工过程中的变化直接影响着产品质量、贮运性能与加工品的品质。园艺产品的化学组分通常分为色素物质（叶绿素、类胡萝卜素、花青素、类黄酮素等）、风味物质（挥发性物质、糖、酸、单宁、糖苷、含氮物质、辣味物质等）、营养物质（水分、糖类、脂肪、蛋白质、维生素、矿物质等）、质构物质（果胶类物质、纤维素、水分等）、酶类物质（氧化还原酶、果胶酶、纤维素酶、淀粉酶和磷酸化酶等）。

1.色素物质

果蔬产品具有各种不同的色泽。色泽是人们评价果蔬质量的一个重要因素，在一定程度上反映了果蔬产品的新鲜度、成熟度以及品质的变化，因此它是评价果蔬品质的重要指标之一。果蔬所含的色素依溶解性不同可分为脂溶性色素和水溶性色素，前者存在于细胞质中，后者存在于细胞液中，主要包括叶绿素、类胡萝卜素、花青素和黄酮类色素四大类。

（1）叶绿素

叶绿素是由叶绿酸与叶绿醇及甲醇形成的二酯，其绿色来自叶绿酸残基。叶绿素的主要结构是一个卟吩环，是由 4 个吡咯环的 α 碳原子通过 4 个次甲基连接而成的环状共轭体系。它与另一种天然的吡咯色素——血红素的区别仅在于卟吩环上的取代基和环中结合的金属元素不同。高等植物的叶绿素由叶绿素 a（$C_{55}H_{72}O_5N_4Mg$）和叶绿素 b（$C_{55}H_{70}O_6N_4Mg$）混合组成，叶绿素 a 呈蓝绿色，叶绿素 b 呈黄绿色，通常叶绿素 a 与叶绿素 b 的含量比例为 3 : 1。

叶绿素不溶于水，易溶于乙醇、丙酮、乙醚、氯仿、苯等有机溶剂。叶绿素不稳定，对光和热敏感，在酸性介质中形成脱镁叶绿素，绿色消失，呈现褐色；在弱碱溶液中较为稳定，若加热则两个酯键断裂，水解为叶绿醇、甲醇和不溶性的叶绿酸。叶绿酸呈鲜绿色，较稳定，当碱液浓度高时，可生成绿色的叶绿酸钠（或钾）盐。叶绿酸中的镁还可被铜或铁取代，生成不溶于水、呈鲜绿色的铜（或铁）代叶绿酸。因此，绿色蔬菜加工时，为了保持加工品的绿色，人们常用一些盐类（如 $CuSO_4$，$ZnSO_4$ 等）进行护绿。

（2）类胡萝卜素

类胡萝卜素的种类很多，它广泛地存在于园艺产品中，其颜色表现为黄、橙、红，主要的有胡萝卜素、番茄红素、番茄黄素、辣椒红素、辣椒黄素和叶黄素等。类胡萝卜素是由多个异戊二烯组成的一类色素，按其结构和溶解性的不同分为胡萝卜素类和叶黄素类，前者为共轭多烯烃类化合物，易溶于石油醚而难溶于乙醇；后者为胡萝卜素类的含氧衍生物，溶于乙醇而不溶于乙醚。利用这一性质，可将两类色素分开。

类胡萝卜素耐热性强，即使与 Zn、Cu、Fe 等金属共存时，其结构也不易被破坏。由于类胡萝卜素分子中含有多个双键，故易被氧、脂肪氧化酶、过氧化物酶等氧化而脱色变褐。类胡萝卜素是否易被破坏与其所处的状态有关：在果蔬细胞中类胡萝卜素与蛋白质呈结合状态，相当稳定；相比之下，提取后游离的类胡萝卜素对光、热、氧较为敏感。α-胡萝卜素、β-胡萝卜素、γ-胡萝卜素、玉米黄素等的分子中均含有 β-紫罗酮环，在人与动物的肝脏和肠壁中能转变成具有生物活性的维生素 A。

（3）花青素

花青素是一类水溶性的植物色素，它以糖苷的形式存在于植物细胞液中，构成果实、蔬菜及花卉的艳丽色彩。最重要的 3 种花青素是天竺葵素（草莓、苹果中较多）、青芙蓉素（樱桃、葡萄、无花果中较多）和飞燕草素（石榴、茄子中较多）。现在已知的花青素类色素不下 20 种，除个别外，都是上述 3 种花青素的衍生物。此外，还有一种无色花青素，它与花青素有着相似的结构，广泛地存在于植物的花、莲和果实中。无色花青素也是果蔬中主要的涩味成分之一。

花青素的基本结构是一个 2-苯基苯并吡喃环，由苯环上取代基的数目和种类的不同而形成各种各样的花青素类色素。各种花青素呈现不同的颜色，其色泽与结构有一定的相关性。随着苯环上羟基数目增加，其颜色在比色卡上向紫蓝方向移动。当苯环上的羟基被甲氧基（$-OCH_3$）取代后，其颜色在比色卡上又向红色方向移动。甲氧基数目越多，红色越深。各种花青素的颜色可随 pH 的变化而变化，呈现出酸红、中紫、碱蓝的趋势。因为在不同 pH 条件下，花青素的结构也会发生变化。一般情况下，花青素极不稳定，除受 pH 影响外，还易受氧化剂、抗坏血酸以及温度和光的影响而变色。各种农产品中所含的花青素种类取决于遗传因素的作用，但积累量的多少则受环境条件所左右。花青素是一种感光性色素，日光照射对花青素的形成有促进作用，如红苹果在高海拔地区栽培比低海拔地区着色更鲜艳。温度对花青素形成也有显著的影响，低温促进花青素的积累，如秋天树叶变红是夜间低温促进花青素积累的结果。花青素的形成和积累还受植物体内的营养状况、水分含量等因素的影响。

花青素的含量直接影响果实的外观品质。生产上常采用整形修剪、地面铺反光膜、果实套袋、增施有机肥、喷施增色剂等措施促进果实花青素的形成，提高果实成熟时的着色度。

（4）黄酮类色素

黄酮类色素是农产品中呈无色或黄色的一类色素，它通常以游离或糖苷的形式存在于细胞液中。类黄酮素种类很多，其基本结构为 2- 苯基苯并吡喃酮，一般分为四种基本类型，即黄酮、黄酮醇、黄烷酮和黄烷酮醇，自然界中的类黄酮色素都是这四种的衍生物。前两者为黄色，后两者为无色，最重要的是黄酮和黄酮醇的衍生物，它们具有维生素 P 的生理功效，目前是开发食品资源研究的热点之一。

黄酮类色素对氧敏感，在空气中长时间放置会产生褐色沉淀，因此一些富含黄酮类色素的果蔬加工制品过久贮藏会产生褐色沉淀。此外，黄酮类色素的水溶液呈涩味或苦味。

2. 风味物质

果蔬的风味是构成果蔬品质的主要因素之一，果蔬因其独特的风味而备受人们的青睐。不同果蔬所含风味物质的种类和数量各不相同，风味各异，但构成果蔬的基本风味只有香、甜、酸、苦、辣、涩、鲜等。

（1）香味物质

醇、酯、醛、酮和萜类等化合物是构成果蔬香味的主要物质，它们大多是挥发性的，由于这些挥发性物质的种类和数量不同，从而形成了各种果蔬特有的香气。香味物质在果蔬中含量并不多，如香蕉为 65 ~ 338 mg/kg，树莓类为 1 ~ 22 mg/kg，黄瓜为 17 mg/kg，洋葱为 320 ~ 580 mg/kg。香气成分的种类多，构成复杂。研究表明，苹果含有 100 多种挥发性物质，香蕉含有 200 多种挥发性物质。在草莓中已分离出 150 多种挥发性物质，在葡萄中已分离出 78 种挥发性物质。水果的香气主要由酯类、醛类、萜类、醇类、酮类及挥发性酸等构成；蔬菜的香气不如水果的香气浓，在香气成分上也有很大的差别，主要是一些含硫化合物（葱、蒜、韭菜等辛辣气味的来源）和一些高级醇、醛、萜等。

就多数果蔬而言，只有当它们成熟时才有足够数量的香气放出，如桃在过熟期各种香气成分的含量比坚熟期提高了数十倍。但这些香气物质大多数不稳定，容易氧化变质，在贮运加工过程中，遇到较高温度的环境很容易挥发和分解。

（2）甜味物质

甜味是令人畅快的味感。农产品中的甜味物质主要是糖及其衍生物（糖醇）。此外，一些氨基酸、胺类等非糖物质也具甜味，但不是重要的甜味来源。蔗糖、果糖、葡萄糖、甘露糖、半乳糖、木糖、核糖及山梨醇、甘露醇和木糖醇是果蔬中主要的糖类物质。

不同种类果蔬的含糖量差异很大，其中水果含糖量较高，而蔬菜中除番茄、胡萝卜等含糖量较高外，大多都很低。多数水果的含糖量均为 7% ~ 15%，而蔬菜含糖量大多在 5% 以下。

农产品的甜味除取决于糖的种类和含量外，还与含糖量与含酸量的比例（糖酸比）有关。糖酸比值越大甜味越浓，比值适宜则甜酸适度。

（3）酸味物质

酸味是因舌黏膜受氢离子刺激而引起的，因此，凡是在溶液中能解离出氢离子的化合物都有酸味。果蔬中的酸味主要来自一些有机酸，如柠檬酸、苹果酸、酒石酸、草酸、琥珀酸、α - 酮戊二酸和延胡索酸等，这些有机酸大多具有爽快的酸味，对果实的风味影响很大。相比之下，蔬菜的含酸量很少，粮食中则更少，往往感觉不到酸味的存在。不同种类和品种的果蔬，有机酸种类和含量不同，如苹果总酸量为 0.2% ~ 1.6%，梨为 0.1% ~ 0.5%，葡萄为 0.3% ~ 2.1%。

果蔬含酸量对风味品质影响较大，果蔬的酸味就是由其所含的各种有机酸引起的。一般的，存在于果蔬中的有机酸主要有柠檬酸、苹果酸、酒石酸三种，可将它们统称为果酸。此外，果蔬还含其他少量的有机酸（如草酸、水杨酸、琥珀酸等），这些酸在果蔬组织中以游离状态或结合成盐类的形式存在。各种果蔬的酸感与酸根种类、pH、可滴定酸度、缓冲效应以及其他物质（特别是糖的存在）有密切关系，正因为如此，才形成了各种果蔬特有的酸味特征。

各种不同类型的果蔬在不同的发育时期所含酸的种类和浓度是不同的。已进入或接近成熟期的葡萄和苹果含游离酸（可滴定酸）量最高，成熟后又趋于下降。香蕉和梨则与此相反，其可滴定酸的含量在发育过程中逐渐下降，成熟时含量最低。

不同果蔬种类，酸的含量不一定符合上述趋势，且酸的种类也会有变化。例如，未熟番茄中有微量草酸，正常成熟的番茄中以苹果酸和柠檬酸为主，过熟软化的番茄中苹果酸和柠檬酸较低，且有琥珀酸形成；菠菜幼嫩叶中含有苹果酸、柠檬酸等，老叶中含草酸。果蔬含酸量不仅与风味关系密切，而且对微生物的活动有重要影响。含酸高的果实，可以降低微生物对热的抵抗力，利于采后热处理防腐。

糖酸比是衡量果蔬品质的重要指标之一。另外，糖酸比也是判断某些果蔬成熟度、采收期的重要参考指标。

（4）涩味物质

涩味是由于使舌黏膜蛋白质凝固而引起收敛作用的一种味感，常见于果蔬中。果蔬的涩味主要来源于单宁类物质，当单宁含量（如涩柿）达 0.25% 左右时就可感到明显的涩味。当果实中含有 1% ~ 2% 的可溶性单宁时就会有强烈的涩味。未熟果蔬的单宁含量较高，食之酸涩，难以下咽，但一般成熟果蔬中可食部分的单宁含量通常为 0.03% ~ 0.1%，食之具有清凉口感。除单宁类物质外，儿茶素、无色花青素以及一些羟基酚酸也具有涩味。

涩味是单宁处于可溶性状态时引起的现象，当某些原因使之变为不溶性时，则失去涩味。生产上常采用温水、酒精、二氧化碳来进行脱涩处理，因这些物质均可促进果实的无氧呼吸，利用无氧呼吸的不完全氧化物乙醛与单宁结合使之成为不溶性单宁，从而达到脱涩的目的。

（5）苦味物质

苦味是四种基本味感（酸、甜、苦、咸）中味感阈值最小的一种，是最敏感的一种味觉。苦味过大会给果蔬的风味带来不良的影响。食品中的苦味物质有生物碱类（如茶碱、咖啡因）、糖苷类（如苦杏仁苷、柚皮苷）、萜类（如蛇麻酮）。另外，天然疏水性的 L-氨基酸、碱性氨基酸，以及无机盐类中的 Ca^{2+}、Mg^{2+}、NH_4^+ 等离子也具有苦味。在果蔬中，主要的苦味成分是一些糖苷类物质

苦杏仁苷（amygdaloside）是苦杏仁素（氰苯甲醇）与龙胆二糖所形成的苷，存在于桃、李、杏、樱桃、苦扁桃、苹果等果实的果核及种仁中，尤以苦扁桃最多。种仁中同时还含有分解苦杏仁苷的酶（苦杏仁酶）。苦杏仁苷具有强烈的苦味，在医疗上有镇咳作用。苦杏仁苷本身无毒，但生食桃仁、杏仁过多会引起中毒，其原因是同时摄入的苦杏仁酶使苦杏仁苷水解为 2 分子葡萄糖、1 分子苯甲醛和 1 分子氢氰酸，氢氰酸有剧毒。

$$C_{20}H_{27}NO_{11}+2H_2O \rightarrow 2C_6H_{12}O_6+C_6H_5CHO+HCN$$

苦杏仁苷　　　　　葡萄糖　苯甲醛　氢氰酸

黑芥子苷为十字花科蔬菜的苦味来源，含于根、茎、叶与种子中。在芥子酶的作用下水解生成具特殊辣味和香气的芥子油、葡萄糖和其他化合物，苦味消失，此种变化在蔬菜的腌制中很重要。萝卜在食用时呈现出辛辣味，芥末的刺鼻辛辣味是由黑芥子苷水解为芥子油所致。

$$C_{10}H_{16}NS_2KO_9 + H_2O \rightarrow CSNC_3H_5 + C_6H_{12}O_6 + KHSO_4$$

黑芥子苷 　　　　芥子油 　葡萄糖

茄碱苷（或称龙葵苷）主要存在于茄科植物中，以马铃薯块茎中含量较多，番茄和茄子中也有，其含量超过 0.01% 时就会感觉到明显的苦味，含量超过 0.02% 时即可使人食用后中毒，因为茄碱苷分解后产生的茄碱是一种有毒物质，对红细胞有强烈的溶解作用。马铃薯所含的茄碱苷集中在薯皮和萌发的芽眼部位，当马铃薯块茎受日光照射，表皮呈淡绿色时，茄碱含量显著增加，可由 0.006% 增加到 0.024%，所以发绿和发芽的马铃薯应将皮部和芽眼削去方能食用。番茄和茄子果实中也含有茄碱苷，未熟绿色果实中含量较高，成熟时逐渐降低。

$$C_{45}H_{73}O_{15}N + 3H_2O \rightarrow C_{27}H_{43}ON + C_6H_{12}O_6 + C_6H_{12}O_6 + C_6H_{12}O_6$$

茄碱苷 　　　　茄碱葡萄糖 半乳糖 　鼠李糖

柚皮苷和新橙皮苷存在于柑橘类果实中，尤以白皮层、种子、囊衣和轴心部分为多，具有强烈的苦味。柚皮苷在柚皮苷酶作用下，可水解成糖基和苷配基，使苦味消失，这就是果实在成熟过程中苦味逐渐变淡的原因。

（6）辣味物质

适度的辣味具有增进食欲、促进消化液分泌的功效。辣椒、生姜及葱蒜等蔬菜含有大量的辣味物质，它们的存在与这些蔬菜的食用品质密切相关。

生姜辣味的主要成分是姜酮、姜酚和姜醇，是由 C、H、O 所组成的芳香物质，其辣味有快感。辣椒中的辣椒素是由 C、H、O、N 所组成的，属于无臭性的辣味物质。

葱、蒜等蔬菜中的辣味物质的分子中含有硫，它们有强烈的刺鼻辣味和催泪作用。其辛辣成分是硫化物和异硫氰酸酯类，它们在完整的蔬菜器官中以母体的形式存在，气味不明显，只有当组织受到挤压后破碎母体才在酶的作用下转化成具有强烈刺激性气味的物质。例如，大蒜中的蒜氨酸，它本身并无辣味，只有在蒜组织受到挤压破坏后，蒜氨酸才在蒜酶的作用下分解生成具有强烈辛辣气味的蒜素。

芥菜中的刺激性辣味成分是芥子油，为异硫氰酸酯类物质。它们在完整组织中以芥子苷的形式存在，本身并不具辣味，只有当组织破碎后，才在酶的作用下分解为葡萄糖和芥子油。其中，芥子油具有强烈的刺激性辣味。

（7）鲜味物质

果蔬中的鲜味物质主要来自一些具有鲜味的氨基酸、酰胺和肽，其中以L-天冬氨酸、L-谷氨酰胺和L-天冬酰胺最为重要。它们广泛存在于果蔬中，在梨、桃、葡萄、柿子、番茄中含量较为丰富。此外，竹笋中含有的天冬氨酸钠也具有天冬氨酸的鲜味。另一种鲜味物质谷氨酸钠是我们熟知的味精的主要成分，其水溶液有浓烈的鲜味。当谷氨酸钠或谷氨酸的水溶液加热到120℃以上或长时间加热时，会发生分子内失水，使其缩合成有毒的、无鲜味的焦性谷氨酸。

3.营养物质

果蔬是人体所需维生素、矿物质与膳食纤维的重要来源，有些果蔬还含有大量淀粉、糖、蛋白质等维持人体正常生命活动所必需的营养物质。随着人们健康意识的不断增强，果蔬在人们膳食营养中的作用也日趋突出。

（1）维生素

维生素是维持人体正常生命活动不可缺少的营养物质，它们大多是以辅酶或辅助因子的形式参与生理代谢。维生素缺乏会引起人体生理代谢的失调，诱发生理病变。果蔬中含有多种维生素，与人体关系最为密切的是维生素C和类胡萝卜素（维生素A原）。据报道，人体所需维生素C的98%、维生素A的57%左右来自于果蔬。

维生素C为水溶性维生素，在人体内不能合成，无积累作用，因此人们需要每天从膳食中摄取大量的维生素C，而果蔬是人体所需维生素C的主要来源。不同果蔬维生素C含量差异较大，含量较高的果品有鲜枣、山楂、猕猴桃、草莓及柑橘类。在蔬菜中，辣椒、花椰菜、嫩茎花椰菜等都含有大量的维生素C。柑橘中的维生素C大部分是还原型的，而在苹果、柿中氧化型占优势，所以在衡量比较不同果蔬维生素C营养时，仅仅以含量为标准是不准确的。

新鲜果蔬中含有大量的类胡萝卜素，它本身不具有维生素A的生理活性，但在人和动物的肠壁以及肝脏中能转变为具有生物活性的维生素A，因此类胡萝卜素又被称之为维生素A原。类胡萝卜素是一类含己烯环的异戊二烯聚合物，含有两个维生素A的结构部分，理论上可生成两分子的维生素A，但类胡萝卜素在体内的吸收率、转化率都很低，实际上6μgβ-胡萝卜素只相当于1μg维生素A的生物活性。除β-胡萝卜素外，α-胡萝卜素、γ-胡萝卜素和羟基β-胡萝卜素在体内也能转化为维生素A，但它们分子中只含有一个维生素A的结构，功效也只有β-胡萝卜素的一半。胡萝卜、南瓜、杏、柑橘、黄肉桃、芒果等黄色、绿色的果蔬都含有大量的类胡萝卜素。

（2）矿物质

矿物质既是人体结构的重要组分，又是维持体液渗透压和 pH 不可缺少的物质，同时许多矿物离子还直接或间接地参与体内的生化反应，人体缺乏某些矿物元素会产生营养缺乏症，因此矿物质是人体不可缺少的营养物质。

矿物质在果蔬中分布极广，占果蔬干重的 1% ~ 15%，平均值为 5%，而一些叶菜的矿物质含量可高达 10% ~ 15%，是人体摄取矿物质的重要来源。果蔬中 80% 的矿物质含钾、钠、钙等金属成分，其中钾元素可占其总量的 50% 以上，它们进入人体内后，与呼吸释放的 HCO_3^- 结合，可中和血液 pH，使血浆的 pH 增大。因此，果蔬食品在营养学中又被称为"碱性食品"。在食品矿物质中，钙、磷、铁与健康的关系最为密切，人们通常以这三种元素的含量来衡量食品的矿物质营养价值。果蔬含有大量的钙、磷、铁，它们是人体所需钙、磷、铁的重要来源之一。

（3）淀粉

虽然果蔬不是人体所需淀粉的主要来源，但某些未熟的果实（如香蕉、苹果）以及地下根茎菜类含有大量淀粉。成熟的香蕉淀粉几乎全部转化为糖，在非洲与亚洲国家与地区，香蕉常常作为主食来消费，是人获取膳食能量的重要渠道。土豆在欧洲某些国家或地区不仅是不可缺少的食品，更是当地居民膳食淀粉的重要来源之一。

淀粉不仅是人类膳食的重要营养物质，淀粉含量及其采后变化还直接关系到果蔬自身的品质与贮运性能。富含淀粉的果蔬，淀粉含量越高，耐贮性越强；而对于地下根茎菜，淀粉含量越高，品质与加工性能也越好。对于青豌豆、菜豆、甜玉米等以幼嫩的豆荚或籽粒供鲜食的蔬菜，淀粉含量的增加意味着品质的下降，如加工用土豆就不希望淀粉过多转化，否则转化糖多会引起土豆制品的色变。

一些富含淀粉的果实（如香蕉、苹果）在后熟期间淀粉会不断地水解为低聚糖和单糖，食用品质提高。但是采后的果蔬光合作用停止，淀粉等大分子贮藏性物质不断地消耗，最终会导致果蔬品质与贮藏、加工性能下降。

4. 质地物质

果蔬是典型的鲜活易腐产品，它们的共同特性是含水量高、细胞膨压大。对于这类商品，人们希望它们新鲜饱满、脆嫩可口。而对于叶菜、花菜等除脆嫩饱满外，组织致密、紧实也是重要指标。因此，果蔬的质地主要体现为脆、绵、硬、软、细嫩、粗糙、致密、疏松等，它们与品质密切相关，是评价品质的重要指标。在生长发育的不同阶段，果蔬质地会有很大变化，因此质地又是判断果蔬成熟度、确定加工适性的重要参考依据。

果蔬质地取决于组织的结构，而组织结构与其化学组成密切相关，化学成分是影响果蔬质地的最基本因素。下面就具体介绍一些与果蔬质地有关的化学成分。

（1）水分

水分是影响果蔬新鲜度、脆度和口感的重要成分，与果蔬的风味品质有密切关系。新鲜果品、蔬菜的含水量大多为 75% ~ 95%，少数蔬菜（如黄瓜、番茄、西瓜）含水量可高达 96%，甚至 98%。含水量高的果蔬细胞膨压大、组织饱满脆嫩、食用品质好、商品价值高。但采后由于水分的蒸发，果蔬会大量失水，失水后的果蔬会变得疲软、萎蔫，品质下降。另外，很多果蔬采后一旦失水，就难以再恢复新鲜状态。因此，为了更好地加工果蔬，一定要保持采后果蔬进厂的新鲜品质。

正因为含水量高，所以果蔬产品的生理代谢非常旺盛，物质消耗很快，极易衰老败坏。同时，含水量高也给微生物的活动创造了条件，使得果蔬产品容易腐烂变质。为了减少损耗，一定要将加工厂建在原料基地附近，且原料进厂后最好马上进行加工处理。

（2）果胶物质

果胶物质存在于植物的细胞壁与中胶层，果蔬组织细胞间的结合力与果胶物质的形态、数量密切相关。果胶物质有三种形态，即原果胶、可溶性果胶与果胶酸。在不同生长发育阶段，果胶物质的形态会发生变化。

原果胶存在于未成熟的果蔬中，是可溶性果胶与纤维素缩合而成的高分子物质，它不溶于水，具有黏结性，在胞间层与蛋白质、钙、镁等形成蛋白质－果胶－阳离子黏合剂，使相邻的细胞紧密黏结在一起，赋予未成熟果蔬较大的硬度。

随着果实成熟，原果胶在原果胶酶的作用下分解为可溶性果胶与纤维素。可溶性果胶是由多聚半乳糖醛酸甲酯与少量多聚半乳糖醛酸连接而成的长链分子，存在于细胞汁液中，相邻细胞间彼此分离，组织软化。但可溶性果胶仍具有一定的黏结性，故成熟的果蔬组织还能保持较好的弹性。当果实进入过熟阶段时，果胶在果胶酶的作用下分解为果胶酸与甲醇。果胶酸无黏结性，当相邻细胞间没有了黏结性时，组织就变得松软无力，弹性消失。

果胶物质形态的变化是导致果蔬硬度下降的主要原因，在生产中硬度是影响果蔬贮运性能的重要因素。人们常常借助硬度来判断某些果蔬（如苹果、梨、桃、杏、柿果、番茄等）的成熟度，确定其采收期，同时也是评价其贮藏效果的重要参考指标。

不同果蔬及其皮、渣等下脚料均含有较多的果胶。一般水果的果胶含量为

0.2% ~ 6.4%，山楂的果胶含量最高，可达 6.4%，并富含甲氧基，甲氧基具有很强的凝胶能力，人们常常利用山楂的这一特性来制作山楂糕。虽然有些蔬菜果胶含量很高，但由于甲氧基含量低，凝胶能力很弱，不能形成胶冻，当与山楂混合后，可利用山楂果胶中甲氧基的凝胶能力，制成混合山楂糕（如胡萝卜山楂糕）。

（3）纤维素和半纤维素

纤维素、半纤维素是植物细胞壁中的主要成分，是构成细胞壁的骨架物质，它们的含量与存在状态决定着细胞壁的弹性、伸缩强度和可塑性。幼嫩果蔬中的纤维素多为水合纤维素，组织质地柔韧、脆嫩，老熟时纤维素会与半纤维素、木质素、角质、栓质等形成复合纤维素，使组织变得粗糙坚硬，食用品质下降。角质纤维素具有耐酸、耐氧化、不易透水等特性，主要存在于果蔬表皮细胞内，可保护果蔬，减轻机械损伤，抑制微生物侵染。

纤维素是由葡萄糖分子通过 β-1，4 糖苷键连接而成的长链分子，主要存在于细胞壁中，具有保持细胞形状、维持组织形态的作用，并具有支持功能。它们在植物体内一旦形成，就很少再参与代谢，但是某些果实（如番茄、鳄梨、荔枝、香蕉、菠萝等）在其成熟过程中，需要有纤维素酶与果胶酶及多聚半乳糖醛酸酶等共同作用才能软化。半纤维素是由木糖、阿拉伯糖、甘露糖、葡萄糖等多种五碳糖和六碳糖组成的大分子物质，它们很不稳定，在果蔬体内可分解为单体。在刚采收的香蕉中，半纤维素的含量为 8% ~ 10%，但在成熟香蕉果肉中，半纤维素含量仅为 1% 左右，所以半纤维素既具有纤维素的支持功能，又具有淀粉的贮藏功能。

纤维素和半纤维素是影响果蔬质地与食用品质的重要物质，同时也是维持人体健康不可缺少的辅助成分。纤维素、半纤维素和木质素等统称为粗纤维，虽然它们不具有营养功能，但都能刺激肠胃蠕动，有助于排除人体内的毒素，促进消化液的分泌，提高蛋白质等营养物质的消化吸收率，同时还可防止或减轻如肥胖、便秘等许多现代"文明病"的发生，是维持人体健康必不可少的物质。故有人又将纤维素与水、碳水化合物、蛋白质、脂肪、维生素、矿物质一起，统称为维持生命健康的"七大要素"。人体所需的膳食纤维主要来自于果蔬，随着生活水平的不断提高、动物产品食用量的增加，果蔬在人们日常膳食中的作用也日趋重要。

5. 酶

酶是园艺产品细胞内所产生的一类具有催化功能的蛋白质，体内的一切生化反应几乎都是在酶的参与下进行的。果蔬细胞中含有各种各样的酶，结构十分复杂，它们溶解在细胞汁液中。酶具有蛋白质的共同理化性质，它不能通过半透性膜，具有胶体性质。酶的活性易受温度、酸、碱、紫外线等影响。一切可以使蛋白质变性的因素均可使酶变性失活。下面介绍几种与园艺产品生理代谢过程有关的酶。

（1）氧化还原酶

抗坏血酸氧化酶可使 L- 抗坏血酸氧化，使其变为 D- 抗坏血酸。在香蕉、胡萝卜和莴苣中广泛分布着这种酶，它与维生素 C 的消长有很大关系。

过氧化氢酶（CAT）和过氧化物酶（POD）广泛地存在于果蔬组织中。过氧化氢酶存在于水果、蔬菜的铁蛋白内，可催化如下反应：

$$2H_2O_2 \rightarrow 2H_2O+O_2$$

呼吸中的过氧化氢酶可防止组织中的过氧化氢积累到有毒的程度。成熟时期随着果蔬氧化活性的增强，CAT 和 POD 的活性都有显著的增高。芒果呼吸作用的增强直接和这两种酶的活性有关。过氧化氢酶和相应的氧化酶可能与乙烯生成有关，过氧化物酶与乙烯的自身催化合成、激素代谢平衡、细胞膜结构完整性、呼吸作用、脂质过氧化等作用有密切关系。POD 的活性是果实成熟衰老的主要指标。研究结果表明，气调贮藏的金冠苹果的 POD 活性有 2 个高峰。在跃变型果实中，随着果实的成熟，POD 的活性增强，在衰老期间 POD 活性的升高是导致叶菜类和果实黄化的一个原因。新鲜果品及其加工制品的 POD 活性高时，往往会引起变色和变味，人们常常用热处理的方法抑制其活性，以减少其不利影响。

多酚氧化酶广泛存在于绝大多数果实中，它所催化的反应常常引起果肉、果心褐变，产生异味或使营养成分损失。这些情况都是生产者和消费者不希望看到的，因此 PPO 是关系到果实品质的重要酶类化合物。园艺产品一旦受到伤害即发生褐变，这种现象多是多酚氧化酶催化的结果。PPO 在有氧条件下进行氧化生成醌，再氧化聚合形成有色物质。PPO 活性的降低标志着果实达到成熟阶段，并且适口性增强，种子开始成熟。研究表明，绿熟杏在 26℃存放期间，酚含量和 PPO 活性呈上升趋势；鸭梨在冷藏期间，主要底物绿原酸总体呈下降趋势，PPO 活性随着果心褐变而上升而后下降；荔枝在 4 ~ 5℃下贮藏时，外果皮褐变加重，PPO 活性增强；柿子在 1℃下贮藏，开始 6 周 PPO 活性快速上升，随后略呈下降趋势。采收过程或采后处理过程中的机械损伤会明显加重果实的褐变，所以要严格防止机械损伤。生产上可以通过降低温度、冷藏、采前采后处理的方式来降低 PPO 活性。在园艺产品加工生产上，要根据需要想办法抑制 PPO 活性，抑制果蔬产品的褐变。

（2）果胶酶

果实在成熟过程中，质地变化最为明显，其中果胶酶类起着重要作用。果实成熟时硬度降低，其硬度与半乳糖醛酸酶和果胶酯酶的活性增加呈正相关关系。梨在成熟过程中，果胶酯酶活性的增加标志其已达到初熟阶段。苹果中果胶酯酶活性因品种不同而有很大差异，这也可能与耐贮性有关。香蕉在催熟过程中，果胶酯酶活性显著增加，特别是当果皮由绿转黄时更为明显。番茄果肉成熟时变软，是受果胶酶类作用的结果。

（3）纤维素酶

一般认为果实在成熟时纤维素酶促使纤维素水解引起细胞壁软化，但这一理论还没有被普遍证实。番茄在成熟过程中，纤维素酶活性增加。梨和桃在成熟时，纤维素分子团没有变化。苹果在成熟过程中，纤维素含量也不降低。研究发现，在未成熟的果实中，纤维素酶的活性很高，随着果实增大，其活性逐渐降低；而当果实从绿色转变到红色的成熟阶段时，纤维素酶活性约增加两倍。相反，多聚半乳糖醛酸酶活性则随着果实成熟到过熟都在继续增加，纤维素酶活性则维持不变。

（4）淀粉酶和磷酸化酶

许多果实在成熟时淀粉逐渐减少或消失。未催熟的绿熟期香蕉淀粉含量可达20%，成熟后下降到1%以下。苹果和梨在采收前，淀粉含量达到高峰，开始成熟时，大部分品种下降到1%左右。这些变化都是淀粉酶和磷酸化酶所引起的。研究发现，巴梨果实在−0.5℃条件下贮藏3个月的过程中，淀粉酶活性逐渐增加，但在从贮藏库取出后的催熟过程中却不再增加。研究表明，经过长期贮藏之后不能正常成熟的巴梨，果实中蛋白质的合成能力丧失，可能是由于某些酶的合成受低温抑制，从而产生低温伤害现象造成的。当芒果成熟时，可观察到淀粉酶的活性增加，淀粉被水解为葡萄糖。

二、质量标准

在市场经济条件下，按照商品的销售对象，农产品大致可分为两大类：一类为直接消费品，即食品；一类为工业用品，也称产业用品或工业原料。农业要向产业化、现代化迈进，作为原料的农产品就必须符合规格化、标准化和商品化的要求，要有衡量和保证品质的措施。

（一）我国农产品质量标准

我国将农产品大致分为普通农产品、绿色食品、有机食品和无公害农产品。

1.普通农产品的质量标准

普通农产品的质量标准包括技术要求、感官指标、理化指标等项目。技术要求一般是对农产品加工方法、工艺、操作条件、卫生条件等方面的规定。感官指标是指以人的口、鼻、目、手等感官鉴定的质量指标。理化指标包括农产品的化学成分、化学性质、物理性质等质量指标。许多农产品还规定了微生物学指标及无毒害性指标。在制订和推行农产品标准的过程中，应当把国家制定的食品卫生标准作为重点，为确保农产品安全服务。

2.绿色食品的标准

绿色食品是遵循可持续发展原则、按照特定生产方式生产、经专门机构认定、许可使用绿色食品标志的无污染的农产品。绿色食品标准主要包括绿色食品产地的环境标准，即《绿色食品产地环境质量标准》《绿色食品生产技术标准》《绿色食品产品标准》《绿色食品包装标准》《绿色食品储藏运输标准》等。以上标准对绿色食品产前、产中、产后全程质量的控制技术和指标作了明确规定，既保证了绿色食品安全、优质、营养的品质，又保护了产地环境，并使资源得到合理利用，实现了绿色食品的可持续生产，从而构成了一个完整的、科学的标准体系。

中国的绿色食品分为 A 级和 AA 级两种。其中 A 级绿色食品生产中允许限量使用化学合成生产资料，AA 级绿色食品则较为严格地要求在生产过程中不使用化学合成的肥料、农药、兽药、饲料添加剂、食品添加剂和其他有害于环境和健康的物质。按照农业部发布的行业标准，AA 级绿色食品等同于有机食品。

3.有机食品的标准

有机食品是根据有机农业原则和有机农产品生产方式及标准生产、加工出来的，并通过有机食品认证机构认证的农产品。它的原则是在农业能量的封闭循环状态下生产，全部过程都利用农业资源，而不是利用农业以外的能源（化肥、农药、生产调节剂和添加剂等）影响和改变农业的能量循环。有机农业生产方式是利用动物、植物、微生物和土壤四种生产因素的有效循环，不打破生物循环链的生产方式，是纯天然、无污染、安全营养的食品，也可称为"生态食品"。

有机食品执行的是国际有机农业运动联盟（IFOAM）的"有机农业和产品加工基本标准"。有机食品在中国尚未形成消费群体，产品主要用于出口，虽然中国也发布了一些有机食品的行业标准，但中国有机食品执行的标准主要是出口国要求的标准。

4.无公害农产品的标准

中国 2002 年 4 月 29 日颁布实施的《无公害农产品管理办法》中，对"无公害农产品"的定义是：产地环境、生产过程和产品质量均符合国家有关标准和规范的要求，经认证合格获得认证证书并允许使用无公害农产品标志的未经加工或者初加工的农产品。《无公害农产品管理办法》中指出，无公害农产品产地应当符合下列条件：产地环境符合无公害农产品产地环境的标准要求；区域范围明确；具备一定的生产规模。无公害农产品的生产管理条件则必须达到：生产过程符合无公害农产品生产技术的标准要求；有相应的专业技术和管理人员；有完善的质量控制措施，并有完整的生产和销售记录档案。

（二）我国的农产品标准与国际标准比较

中国的农产品标准与发达国家的标准相比，存在着一定的差距。中国目前大多还只是对某类农产品做出农药残留限量的统一标准，没有具体到某种农产品。中国是水果蔬菜资源极为丰富的国家，我国常用的蔬菜有12大类89种，但是，目前仅就新鲜蔬菜商品质量标准来说，尚不足20种，仍有不少蔬菜种类需要制定统一的标准。果品生产目前主要建立在家庭联产承包的小农经济基础上，果农对标准十分生疏，70%以上的大宗果品没有利用标准来提高质量。中国现在制定的农产品质量标准多侧重于农产品内在品质的标准，而忽视了农产品的外观标准、包装运输标准。现在依据的农药残留国家标准，有些仍然是在20世纪80年代初制定的，与国际标准的制定和更新速度相比，还存在较大差距。

第二节　农产品主要组分在加工贮藏过程中的变化

农产品在屠宰、收获或深加工后，体内原有的酶会继续起作用，而对于微生物来讲，营养丰富的农产品又是其良好的培养基。所以，农产品在加工贮藏过程中都会经历不同程度的变质。

一、水分

按照水分在农产品中的存在形式，可分为两大类。一类是自由水，这部分水存在于农产品的细胞中，可溶性物质就溶解在这类水中。自由水容易蒸发，贮存和加工期间所失去的水分就是这类水分，在冻结过程中结冰的水分也是这类水分。另一类水是结合水，它常与农产品中蛋白质、多糖类、胶体大分子以氢键的形式相互结合，这类水分不仅不蒸发，而且人工排除也比较困难，只有在较高的温度（105℃）和较低的冷冻温度下方可分离。

粮食中的水分受贮存环境的湿度和温度影响显著，空气湿度大时，粮食容易吸湿回潮；空气温度高时，低温粮食受热使水分发生转移，引起粮堆内水分的再分配。如果粮堆中的某一区域有很高的水分含量，那么微生物就会在那里生长，在微生物生长的过程中，既要产生水分又要产生热量，如此进行下去会增大结露或霉变的机会。通常认为主要粮食安全贮藏的最高水分含量是：玉米 13%，小麦 14%，大麦 13%，燕麦 13%，高粱 13%，稻谷 12% ~ 13%。

新鲜果蔬的含水量大多为 75% ~ 95%，采后由于水分的蒸发，果蔬会大量失水，果蔬中的酶活动会趋向于水解方向，从而为果蔬的呼吸作用及腐败微生物的繁殖提供了基质，以致造成果蔬耐贮性降低；失水还会使果蔬变得疲软、萎蔫，食用品质下降。

畜肉的水分保持能力与肉质关系密切，它不仅影响肉的色香味、营养成分、多汁性、嫩度等食用品质，而且有着重要的经济价值。利用肌肉保水性能，在其加工过程中可以添加水分，从而可以提高出品率。肉在加热时保水能力明显降低，肉汁渗出，这是由于蛋白质受热变性，使肌纤维紧缩，空间变小，结合水被挤出。

二、碳水化合物

农产品中最重要的碳水化合物是糖、粗纤维、果胶物质等。各种碳水化合物在农产品中所起的作用不同，如纤维素是结构组分，植物中的淀粉和动物的肝糖是能量贮备的场所，核糖是核酸的必要组分等。

1. 单糖、双糖和寡糖

糖是一些多羟基的醛类或酮类，其分子通式可写成 $C_x(H_2O)_y$。农产品组织中的糖类有还原糖和非还原糖两类，常见的还原糖有葡萄糖、果糖和麦芽糖，蔗糖（甘蔗茎、甜菜的块根等）、淀粉（马铃薯、番薯的块茎等）是非还原糖。

农产品在贮藏过程中，淀粉和蔗糖等非还原性糖在各自酶的催化作用下都能水解成还原性糖（葡萄糖和果糖）。在贮藏早期小麦中的淀粉酶活性增加，在特定条件下可观察到粮食贮藏过程中干重的增加，这个增加可用水分在淀粉水解过程中被耗掉的事实来解释。因此，淀粉水解产物的干重较原淀粉的干重大。

果蔬在贮藏过程中，糖分会因生理活动的消耗而逐渐减少。贮藏越久，果蔬口味越淡。有些含酸量较高的果实，经贮藏后，口味变甜，其原因之一是含酸量降低的速率比含糖量降低得更快，引起糖酸比值增大，实际含糖量并未提高。

小麦的无氧贮藏和有氧贮藏研究结果表明，即使霉菌的生长受阻，在氮气环境中还原糖和非还原糖发生很大变化，非还原糖的减少几乎完全与还原糖的增加相等同。

在良好条件下，除蔗糖含量稍有下降外，其他各种糖的浓度基本上无变化。在不良贮藏环境条件的影响下，如高温、高水分条件下，蔗糖和棉籽糖含量下降，麦芽糖作为淀粉和其他葡聚糖的酶促降解产物而含量上升。

有研究显示：把水分为 9% 的面粉在密闭容器中（温度为 24℃和 32℃条件下每隔 6 h 交替一次）贮藏，在 357 d 后麦芽糖值无变化。但是，如果把面粉贮藏在棉布袋中（相对湿度为 58%），在 210 d 内，麦芽糖就被麦芽糖酶分解为葡萄糖，从而使麦芽糖值大幅度下降。

2.淀粉

淀粉在农产品贮藏加工过程中由于受酶的作用，先转化成糊精和麦芽糖，最终分解形成葡萄糖。未熟果实中含有大量的淀粉，例如香蕉的绿果中淀粉含量占 20% ～ 25%，当果实完熟后，淀粉几乎完全水解，而含糖量从 1% ～ 2% 迅速增至 15% ～ 20%。淀粉含量及其采后变化还直接关系到果蔬自身的品质与贮存性能的强弱，富含淀粉的果蔬，淀粉含量越高，耐贮性越强，而对于地下根茎菜，淀粉含量越高，品质与加工性能也越好。青豌豆、菜豆、甜玉米等以幼嫩的豆荚或籽粒供鲜食的蔬菜，淀粉含量的增加意味着品质的下降。加工用马铃薯则不希望淀粉过多转化，否则转化糖多会引起马铃薯制品的色变。

当淀粉颗粒在水中的悬浮液被加热时，颗粒吸水而膨胀和糊化，这会导致悬浮液的黏度增加并最终形成一种糊状物，后者在冷却时形成凝胶。在冷冻或陈化中，淀粉糊或淀粉凝胶能回复或减退至不溶解状态，从而导致食品质构的变化，如米饭的黏性随贮藏时间的延长而下降，亲水性增加，米汤或淀粉糊的固形物减少，碘蓝值明显下降，而糊化温度增高。这些变化都是陈化的结果，不适宜的贮藏条件会使之加快与增深，显著地影响淀粉的加工与食用品质。质变的机理普遍认为是由于淀粉分子与脂肪酸之间相互作用而改变了淀粉的性质，特别是黏度；另一种可能性是淀粉（特别是直链淀粉）间的分子聚合，从而降低了糊化与分散的性能。由于陈化而产生的淀粉质变，在煮米饭时加少许油脂可以得到改善，也可用高温高压处理或减压膨化改变由于陈化给淀粉粒造成的不良后果。

3.粗纤维

粗纤维大量存在于植物界，其作用主要是作为植物组织的支持结构。粗纤维多含在种皮、果皮中，如小麦的粗纤维多含在麸皮中、稻谷的粗纤维多含在米糠中。因为粗纤维的存在影响食用品质和加工性能，所以在加工中应尽量降低成品中的粗纤维含量。

果蔬皮层中的纤维素能与木素、栓质、角质、果胶等结合成复合纤维素，这对果蔬的品质与贮运有重要意义。果蔬成熟衰老时产生的木素和角质使组织坚硬粗糙，影响品质，如芹菜、菜豆等老化时纤维素增加，品质变劣。纤维素不溶于水，只有在特定酶的作用下才被分解，许多霉菌含有分解纤维素的酶，受霉菌感染而腐烂的果蔬，往往变得软烂，就是因为纤维素和半纤维素被分解的缘故。

香蕉果实初采时含纤维素 2% ~ 3%，成熟时略有减少，蔬菜中纤维素含量为 0.2% ~ 2.8%，根菜类为 0.2% ~ 1.2%，西瓜和甜瓜为 0.2% ~ 0.5%。

4.果胶物质

果胶物质以原果胶、果胶和果胶酸三种形式存在于果蔬中。未成熟的果蔬，果胶物质主要以原果胶存在，并与粗纤维结合，使果实显得坚实脆硬。随着果蔬成熟，在原果胶酶作用下，原果胶逐渐水解而与纤维素分离，转变成果胶渗入细胞液中，使组织松散，硬度下降。当果实进一步成熟衰老时，果胶继续被果胶酸酶作用，分解成果胶酸和甲醇。果胶酸没有黏性，使细胞失去黏着力，果蔬也随之发绵变软，贮藏能力逐渐降低。

果胶还具有如下性质：果胶能溶于水，尤其是热水；当加入糖和酸时，果胶溶液形成凝胶，这是制作果冻的基础。其他植物胶包括阿拉伯胶、刺槐豆胶、黄原胶、琼脂胶、卡拉胶和海藻胶等天然存在的果胶和其他食品胶被加入食品中可作为增稠剂和稳定剂。

三、蛋白质

蛋白质是由各种氨基酸联结而成的长链，不同氨基酸的结合、链中氨基酸排列顺序的差别和链立体结构的差别，使蛋白质可以是直线的、盘绕的或折叠的。这些差别也是造成鸡肉、牛肉、猪肉和豆腐味道和质构差别的主要原因。

1.蛋白质在贮藏过程中的变化

大米经贮藏后，蛋白质中巯基（-SH）含量下降，二硫键（-S-S-）含量上升，巯基含量与黏度/硬度比值呈正相关。大米蛋白质在贮藏过程中交联程度增加，大米谷蛋白由于二硫键的交联作用在淀粉粒周围形成了致密的网状结构，限制了淀粉粒的膨润，影响了陈米的食用品质，巯基氧化成二硫键必然导致蛋白质分子结构的变化。

小麦中所含蛋白质主要分为麦白蛋白、球蛋白、麦胶蛋白、麦谷蛋白四种，前两者易溶于水而流失，后两者不溶于水，这两种蛋白与其他动、植物蛋白不同，最大特点是能互相黏聚在一起成为面筋，因此也称面筋蛋白。其中麦谷蛋白和麦胶蛋白占小麦中蛋白质含量的 80% 左右，当面粉加水和成面团时，麦胶蛋白和麦谷蛋白按一定规律相结合，构成像海绵一样的网络结构，组成面筋的骨架，其他成分如脂肪、糖类、淀粉和水都包藏在面筋骨架的网络之中，这就使得面筋具有弹性和可塑性。

新收获的小麦醇溶蛋白（麦胶蛋白）含量最高，由于小麦的后熟作用，麦谷蛋白含量逐步增加。同时新收获小麦的蛋白质中巯基（-SH）含量比贮藏 4 个月后的巯基含量高得多，但二硫键（-S-S-）比贮藏后要低得多。关于小麦蛋白在贮藏过程中的变化研究较少，特别是小麦蛋白组分的变化，这种组分上的变化与小麦粉烘焙品质之间有一定的关系。贮藏初期烘焙品质有所改善，而贮藏后期烘焙品质变差。小麦贮藏过程中盐溶蛋白（麦球蛋白）、醇溶蛋白部分解聚，低分子量麦谷蛋白亚基进一步交联，与小麦面团流变学特性密切相关的高分子麦谷蛋白亚基含量增加，其相对应的面粉吸水率呈下降趋势。

贮藏 10 个月的大豆（夏季最高粮温 32℃），盐溶性蛋白（球蛋白）减少，用此类大豆制作出的豆腐的品质也很差。

鸡蛋随着贮藏时间的增加，靠近蛋黄处的黏稠蛋白不断分解，从而导致黏稠蛋白与稀蛋白的比例下降。最终所有的蛋白都稀得像水一样，根本看不到稠蛋白，随着时间的延长，同样也会出现蛋黄的扁平和新鲜度的丧失。

2. 蛋白质在加工过程中的变化

蛋白质结构复杂，加工时容易发生一些变化。如加热蛋清会使蛋白质凝结；采用酸或碱溶液溶解动物的蹄可以制备胶质；往豆浆中加入卤水，蛋白质会凝结成豆腐；肉被加热时，蛋白质会收缩等。

蛋白质能分裂成不同大小和性质的中间物，可以采用酸、碱和酶来完成这类反应，一些食品的制作也是利用了蛋白质这个性质，如大酱、干酪、风干肠等发酵食品是将蛋白质分解至一个期望的程度。

四、色素物质

农产品的颜色主要来自于天然植物色素和动物色素。例如，叶绿素使青豆呈绿色，胡萝卜素使胡萝卜和玉米呈橙色，番茄红素使番茄和西瓜呈红色，花色苷使葡萄和蓝莓呈紫色，氧合肌红蛋白使肉呈红色。

天然色素对化学和物理变化是很敏感的，许多植物和动物色素有组织地存在于组织细胞和色素体中，在对农产品进行深加工时，如果这些细胞破裂，色素从细胞中渗出并与空气接触，会发生复杂的颜色变化，如苹果切面变暗、茶叶所含的单宁变成褐色等。

色素物质在贮运过程中随着环境条件的改变也发生一些变化，从而影响果蔬外观品质。蔬菜在贮藏中叶绿素逐渐分解，而促进类胡萝卜素、类黄铜色素和花青素的显现，引起蔬菜外观变黄。叶绿素不耐光、不耐热，光照与高温均能促进贮藏中蔬菜体内叶绿素的分解。光和氧能引起类胡萝卜素的分解，使果蔬褪色，在贮运过程中，应采取避光和隔氧措施。花青素是一类非常不稳定的糖苷型水溶性色素，一般在果实成熟时才合成，存在于表皮的细胞液中。

五、脂质

脂质包括脂肪和类脂（如磷脂、固醇等）。脂肪主要是为植物和动物提供能源的物质，脂肪在粮油籽粒中分布，豆类及油料的脂肪大都分布在子叶中，而谷类的脂肪主要分布在胚及糊粉层中。所以，利用谷类粮食的加工副产品，可榨制各种油品，如麦胚油、玉米胚油、米糠油等。磷脂主要存在粮油籽粒的胚部，有卵磷脂和脑磷脂两种。磷脂不仅是油脂本身的抗氧化剂，而且是食品工业中常用的乳化剂，也是制取各种营养品和药剂的主要原料。

脂肪由甘油和脂肪酸缩合而成，一般由 1 分子甘油与 3 分子脂肪酸结合。组成脂肪的脂肪酸分为饱和脂肪酸和不饱和脂肪酸两类，一般动物脂肪中含饱和脂肪酸多，常温下呈固态，所以常称固体脂肪为脂。植物脂肪中含不饱和脂肪酸多，常温下为液态，故称液体脂肪为油或油脂，即通常所称的植物油。

脂质变化主要有两方面，一是被氧化产生过氧化物和由不饱和脂肪酸被氧化后产生的羰基化合物，主要为醛、酮类物质。这种变化在成品粮中较明显，如大米的陈米臭与玉米粉的哈喇味等，原粮由于所含天然抗氧化剂的保护作用，在正常条件下氧化变质的现象不明显。另一种变化是受脂肪酶作用水解产生甘油和脂肪酸，游离脂肪酸的含量增加，这表明了脂肪发生了劣变，也表明粮食品质发生了劣变。对粮食来说，由于游离脂肪酸含量较少，一般用中和 100 g 粮食样品中游离脂肪酸所需的 KOH 的质量（mg）作为脂肪酸度来表示脂肪酸的数值，测定某些粮食脂肪酸度可以从一个侧面来评价一些粮食质量的优劣。

在食品工艺中脂肪还具有如下性质：

（1）脂肪被加热时，逐渐软化没有一个明显的熔点，进一步加热时，首先冒烟，然后闪烁和燃烧，此现象在工业油炸操作中分别叫作发烟点、闪点和燃点。

（2）脂肪与水和空气形成乳状液，此时脂肪球悬浮在大量水中，如乳；或者水滴悬浮在大量脂肪中，如奶油；搅打奶油时，空气能被截获在脂肪中形成乳浊液。

（3）脂肪具有起酥能力，能在蛋白质和淀粉结构间形成交织，使它们易于撕开和不能伸展。脂肪按此方式使肉嫩化和使焙烤食品酥脆。

六、维生素和矿物质

维生素常被分为脂溶性维生素和水溶性维生素两大类，脂溶性维生素是维生素 A、维生素 D、维生素 E，水溶性维生素包括维生素 C 和一些 B 族维生素。

果蔬中的维生素 C 易氧化，尤其与铁等金属离子接触会加剧氧化作用，在光照和碱性条件下也易遭破坏，低温、低氧可有效防止果蔬贮藏中维生素 C 的损耗。在加工过程中，切分、漂烫、蒸煮和烘烤是造成维生素 C 损耗的重要原因。另外，维生素 C 还常用作抗氧化剂，防止产品的褐变。

维生素 A 天然存在于动物食品（肉、乳、蛋等）中，植物不含维生素 A，但含有它的前体——β - 胡萝卜素，β - 胡萝卜素本身不具备维生素 A 生理活性，但在人和动物的肠壁以及肝脏中能转化为具有生物活性的维生素 A，因此胡萝卜素又称之为维生素 A 原。

由于粮食的贮藏条件及水分含量不同，各种维生素的变化也不尽相同。正常贮藏条件下，安全水分以内的粮食维生素的降低比高水分粮食要小得多。

粮食籽粒中含有多种水溶性维生素（如维生素 B_1、维生素 B_2 等）和脂溶性维生素（如维生素 E）。维生素 E 大量存在于禾谷类籽粒的胚中，是一种主要的抗氧化剂，对防止油品氧化有明显作用，因此对保持籽粒活力是有益的。

B 族维生素种类多，其功能各异而存在的部位相同，禾谷类和大豆中维生素 B 的含量均很丰富，在禾谷类中的存在部位主要是麸皮、胚和糊粉层。因此，碾米及制粉精度愈高，维生素 B 的损失也就愈为严重。

矿物质对果蔬的品质有重要的影响，必需元素的缺乏会导致果蔬品质变劣，甚至影响其采后贮藏效果。在苹果中，钙和钾具有提高果实硬度、降低果实贮期的软化程度和失重率以及维持良好肉质和风味的作用。在不同果蔬品种中，果实的钙、钾含量高时，硬脆度高，果肉致密，贮期软化进度慢，肉质好，耐贮藏；果实中锰、铜含量低时，韧性较强；锌含量对果实风味、肉质和耐贮性的影响较小，但优质品种含锌量相对较低。

七、酶

酶是生物体内产生的具有生物催化活性的一类特殊蛋白质，如唾液中的淀粉酶能促进口腔中淀粉的分解，胃液中的蛋白酶促进蛋白质的分解，肝中的脂肪酶促进脂肪的分解。大多数农产品含有大量的活性酶，在采收后或动物在屠宰后酶会继续促进特定的化学反应。

在果蔬的生长中，酶控制着与成熟有关的反应。如苹果、香蕉、芒果、番茄等在成熟中变软，是由于果胶酯酶和多聚半乳糖酸酶活性增强的结果。

采收后，除非采用加热、化学试剂或其他手段将酶破坏，否则酶将继续成熟，直至腐败。大米陈化时流变学特性的变化与 α- 淀粉酶的活性有关，随着大米陈化时间的延长，α- 淀粉酶活性降低。高水分粮食在贮藏过程中 α- 淀粉酶活性较高，它是高水分粮食品质劣变的重要因素之一。小麦在发芽后 α- 淀粉酶活性显著增加，导致面包烘焙品质下降。β- 淀粉酶能使淀粉分解为麦芽糖，它对谷物食用品质的影响主要表现在馒头和面包制作效果及新鲜甘薯蒸煮后的特有香味上。

由于酶参与食品中的大量生物化学反应，因此决定着食品风味、颜色、质构和营养方面的变化。果实成熟时硬度降低，与半乳糖酸酶和果胶酯酶的活性增加成正相关。梨在成熟过程中，果胶酯酶活性开始增加。苹果中果胶酯酶活性与耐贮性有关。在未成熟的果实中，纤维素酶的活性很高，随着果实增大，其活性逐渐降低；而当果实从绿色转变到红色的成熟阶段时，纤维素酶活性增加两倍。在果蔬贮运过程中，随着时间的延长，所含芳香物质由于挥发和酶的分解而降低，进而香气降低。散发的芳香物质积累过多，具有催熟作用，甚至会引起某些生理病害，故果蔬应在低温下贮藏，减少芳香物质的损失，及时通风换气，脱除果蔬贮藏中释放的香气，延缓果蔬衰老。

在设计农产品加工贮藏工艺时，不仅要考虑破坏微生物而且要灭活酶，从而提高农产品的贮存稳定性。小麦发芽时蛋白酶的活力迅速增加，在发芽的第 7 天增加 9 倍以上。麸皮和胚乳淀粉细胞中蛋白酶的活力都是很低的，蛋白酶对小麦面筋有弱化作用。发芽、虫蚀或霉变小麦制成的面粉，因含有较高活性的蛋白酶，使面筋蛋白质溶化，所以只能形成少量的面筋或不能形成面筋，因而极大地损坏了面粉的加工工艺和食用品质。

可以将酶从生物物质中提取、纯化，制成食品酶制剂，并应用在食品加工中。利用制得的各种酶制剂可以制备玉米糖浆、嫩化肉、澄清葡萄酒、凝结乳蛋白和产生许多其他期望的变化。

第三节　农产品的腐败

一、粮食腐败变质

粮食在贮藏的过程中，如果管理不善，则易受到微生物、虫害、鼠害的威胁，从而产生发热、霉变、生虫等一系列问题。

粮食的日常贮藏和长期贮藏都需要识别贮粮的早期劣变以避免经济损失。一些试验方法可用来测定贮粮的品质状况并预测其贮藏性能。这些方法都以贮粮中发生的几种类型的变化为依据，其中包括：①感官表现。②霉菌量增多。③质量损耗。④发芽率或生活力下降。⑤发热。⑥产生毒素。⑦各种生化变化（包括产生霉味、酸味和苦味的变化）。

粮食在贮藏变质（特别是自然变质）时，会丧失其自然光泽而外表晦暗。大麦、燕麦、高粱和大豆的常规检验和定等中，常把标志劣变的外观单独作为一种质量因素。任何一种粮食的外观都在一定程度上反映出粮食的健全度。

粮食早期劣变时，有可能出现霉味或酸味，异味（霉味或酸味）通常说明粮食正在发热或已严重变质。酸味产生于发酵的粮食，霉味通常由于某些霉菌生长引起，但一般异味只有在粮食变质已相当严重时才会产生。霉变或自然引起的胚损粒、热损粒以及发芽粒反映了性质不同的粮食劣变。胚部变为褐色至黑色的受害粒可以作胚损粒。小麦的胚损粒一般称作病麦。粮食检验员一般把由发热造成的胚乳或胚明显变色（暗红色或赤褐色）的籽粒称作热损粒。上述各种变质粒在水分高、不通风又没有采取相应措施防止变质的贮粮中经常发生。

粮食贮藏中发生的虫害也会造成很大一部分损伤粒。害虫呼吸产生大量的热，可引起粮食发热。混有昆虫尸体、碎片和排泄物的粮粒以及有虫眼的小麦、黑麦、大麦和高粱籽粒，检验员都认作损伤粒。单是贮粮中出现害虫本身就可以作为贮粮的一项劣变指标。

二、果蔬腐败变质

果蔬产品在采后贮运及销售流通过程中腐烂变质的原因，可以归结为生理衰老、机械损伤、侵染性病害以及三者的共同作用。这里要着重指出的是，贮运温度对生理衰老、病菌侵害的进程以及机械损伤的后果均起着重要的制约作用。因此，适宜的冷藏温度对降低腐烂损耗起决定性的作用。任何防腐措施都只有在最适温度下才能充分发挥作用，甚至可以把贮藏寿命看成是温度的函数。有人通过实验，总结出表达绿色番茄贮藏寿命 t 与温度 T 的关系式：

$$t=97\mathrm{e}^{-0.13T}$$

可以认为，在合适的温度范围内，番茄的寿命在表观上是温度的直接函数。如果纯粹从生物学的角度上看，则可以把 100% 的产品腐烂看作贮藏寿命的终结。在这种情况下，可以用贮藏寿命的倒数来表达腐烂速率。

（一）生理原因

腐烂变质的生理原因包括由于生理衰老导致的抗病性衰退以及各种生理失调

引起的生理病害。

（二）病菌侵染

果蔬的绝大部分采后腐烂损失均可归因于由病菌侵染而引起的侵染性病害。导致果蔬病害的微生物主要有真菌、细菌和病毒，其中以真菌最为常见。危害果蔬的病原菌最常见的有两种：青霉属及葡萄孢属，几乎所有的果蔬都能被它们所感染。此外，据估计，还有链格孢属、根霉属、地霉属、镰刀菌属等真菌与细菌危害果蔬。在贮运过程中所表现出来的果蔬病害的主要侵染过程可分为田间生长发育期间的侵染（即潜伏侵染）、采收与贮运期间通过伤口或自然孔的侵染及通过采后生理损伤所造成的侵染三类。

（三）机械损伤

机械损伤导致的组织破裂为病菌入侵打开了门户。即使在低温或低湿的环境中，伤口表面上仍可维持一层水膜，有利于真菌孢子及细菌的侵入。伤口感染后很难清除，化学处理也难以达到果蔬深层组织，并且机械损伤可激发乙烯的产生和伤口呼吸强度的成倍增长，进而加速果蔬成熟、衰老进程，而生理衰老可进一步引起抗病性下降。因此，采后机械损伤是采后病害感染的一个重要因素，减少机械损伤是大多数果蔬产品安全贮运的前提。不同的果蔬产品在抵抗损伤的能力和对损伤的敏感程度上有很大差异。甜瓜、西瓜、葡萄、草莓、水蜜桃、叶菜类蔬菜的机械抵抗力差，损伤后极易腐烂。而甘薯、马铃薯、老南瓜、洋葱及核桃、板栗等果实，或者具有愈伤的功能，或者由于表皮坚韧而具有较强的机械性能，对于机械损伤的抵抗性较好。

第三章　农产品贮藏的基本原理

　　果蔬、粮食等农产品在田间生长发育到一定阶段，达到鲜食、贮藏、加工等要求后，就需要进行采收。农产品采收后，虽然器官失去了来自土壤或母体的水分和养分供应，但其仍是一个有生命的有机体，在产品处理、运输、贮藏过程中，继续进行着各种生理活动，成为一个利用自身已有贮藏物质进行生命活动的独立个体。产品在贮藏过程中进行一系列复杂的生理生化变化，其中最主要的有呼吸作用、蒸腾作用、成熟和衰老、休眠和发芽等，这些生理活动影响着产品的耐贮性和抗病性，必须进行有效的调控，以最大限度地延长产品的成熟和衰老。农产品贮藏的任务在于延缓衰老等进程，保持产品的鲜活品质。贮藏技术是通过控制环境条件，对产品采后的生命活动进行调节，一方面使其保持生命活力以抵抗微生物侵染和繁殖，提高其抗病性，达到防止腐烂败坏的目的；另一方面使产品自身品质的劣变也得以推迟，达到保鲜的目的。因此，只有掌握了产品采后的各种生命活动规律，才能更好地对其进行调节和控制，便于采取措施增强产品的耐藏性和抗病性，延缓衰老。

第一节　呼吸作用

　　呼吸作用是农产品采后最主要的生理活动，也是生命存在的重要标志。农产品在贮藏和运输中，尽可能保持低而正常的呼吸代谢，是其贮藏和运输的基本原则与要求。研究农产品成熟期间的呼吸作用及其调控，对控制农产品采后的品质变化、生理失调、贮藏寿命、病原菌侵染、商品化处理等多方面具有重要意义。

一、呼吸作用的基本概念

　　呼吸作用是指植物生活细胞的呼吸底物，在一系列酶的参与下，经过许多中间反应将体内复杂的有机物逐步分解为简单物质，同时释放出能量的过程。

（一）呼吸类型

　　根据呼吸过程中是否有氧气的参与，可将呼吸分为有氧呼吸和无氧呼吸两种类型。

1.有氧呼吸

有氧呼吸是指在有氧气参与的条件下，通过氧化酶的催化作用，使农产品的呼吸底物被彻底氧化分解，生成二氧化碳和水，同时释放大量能量的过程。呼吸作用中被氧化的有机物称为呼吸底物，碳水化合物、有机酸、蛋白质、脂肪都可以作为呼吸底物。通常所说的呼吸作用，主要是指有氧呼吸。如以葡萄糖作为呼吸底物为例，有氧呼吸的总反应为：

$$C_6H_{12}O_6+6O_2 \rightarrow 6CO_2+6H_2O+2.82 \times 10^6J$$

2.无氧呼吸

一般指在无氧条件下，生活细胞使有机物分解成不彻底的氧化产物，同时释放少量能量的过程。高等植物无氧呼吸生成乙醇的反应如下：

$$C_6H_{12}O_6 \rightarrow 2C_2H_5OH+2CO_2+1.00 \times 10^5J$$

除乙醇外，无氧呼吸也可产生乙醛、乳酸等物质，并释放少量的能量。

无氧呼吸中除少部分呼吸底物的碳被氧化成 CO_2 外，大部分底物仍以有机物的形式存在，故释放的能量远比有氧呼吸少。为了获得同等数量的能量，需要消耗大量的呼吸底物来补偿，而且无氧呼吸的最终产物乙醇和乙醛对细胞有毒害作用，因此，无氧呼吸对植物是不利的。但果蔬的有些内层组织气体交换比较困难，长期处在缺氧的条件下，故进行部分无氧呼吸，这是果蔬对环境的适应表现，只是这种无氧呼吸在整个呼吸中所占的比重不大。在果蔬贮藏中，不论由何种原因引起的无氧呼吸的加强都被看成是正常代谢的被干扰和破坏，对贮藏都是有害的。

（二）呼吸强度和呼吸商

1.呼吸强度

呼吸强度也叫呼吸速率，农产品的贮藏寿命与呼吸强度成反比，呼吸强度大，呼吸作用旺盛，农产品贮藏寿命就短；反之，呼吸强度小的贮藏寿命就长。呼吸强度只能反映呼吸作用的量，而不能反映呼吸作用的性质。例如，在20～21℃下，马铃薯的呼吸强度（以产 CO_2 计）是8～16 mg/（kg·h），而菠菜的呼吸强度（以产 CO_2 计）是172～287 mg/（kg·h），约是马铃薯的20倍，因此，菠菜不耐贮藏，更易腐烂变质。测定农产品呼吸强度常用的方法有气流法、红外线气体分析仪、气相色谱法等。

2.呼吸商

呼吸中释放的 CO_2 与吸入的 O_2 容积比（CO_2/O_2）称为呼吸系数或呼吸商（RQ）。在一定程度上可根据呼吸商来估计呼吸的性质与呼吸底物的种类。例如己糖为呼吸基质时，RQ值为1：

$$C_6H_{12}O_6+6O_2 \rightarrow 6CO_2+6H_2O+2.82 \times 10^6 J$$

有机酸是氧化程度比糖高的物质，作为呼吸底物时，吸收的 O_2 少于释放出的 CO_2，RQ>1。如苹果酸氧化时，反应式为：

$$C_4H_6O_5+3O_2 \rightarrow 4CO_2+3H_2O$$

RQ 为 1.33。

脂肪是高度还原性的物质，分子内的 O/C 值比糖小，所以作为呼吸基质时，RQ<1。如硬脂酸氧化时，反应式为：

$$C_{18}H_{36}O_2+26O_2 \rightarrow 18CO_2+18H_2O$$

RQ 为 0.69。

因此，根据呼吸商的大小可大致了解呼吸底物或基质的种类。但上述只是有氧呼吸时的情况，如进行部分无氧呼吸，由于只释放 CO_2 而不吸收 O_2，整个呼吸过程的 RQ 值就要增大。假设有氧呼吸和无氧呼吸同时消耗 1 分子己糖，则 RQ=（6+2）CO_2/（6+0）O_2=1.33，大于单纯的有氧呼吸。无氧呼吸所占比重越大，RQ 值也越大。因此根据 RQ 值的大小还可大致了解无氧呼吸的程度。

然而，呼吸是一个很复杂的综合过程，它可以同时有几种氧化程度不同的底物参与反应，并且可以同时进行着几种不同的氧化代谢方式。因此测定所得到的呼吸商，只能综合地反映出呼吸的总趋向，并不能准确指出呼吸底物的种类或无氧呼吸的程度，因受到一些理化因素的影响，会使测定的呼吸强度发生偏差。此外，O_2 和 CO_2 还可能有呼吸以外的来源，或者呼吸产生的 CO_2 又被固定在细胞内或合成另外的物质。

（三）呼吸消耗与呼吸热

呼吸消耗即在呼吸过程中所消耗底物的量，对果蔬产品而言所消耗的底物主要为糖，呼吸消耗是果蔬在贮藏中发生失重（自然损耗）和变味的重要原因之一。呼吸热则特指在呼吸中不能用于维持生命活动及合成新物质，而以热能形式释放到环境中的能量。呼吸热的释放会使环境温度升高，所以，在果蔬贮运过程中应尽可能降低产品的呼吸强度，从而减少呼吸热的释放。其计算如下。

根据呼吸反应方程式，消耗 1 mol 己糖产生 6 mol（264 g）CO_2 并放出 $2.87 \times 10^6 J$ 能量计算，则每释放 1 $mgCO_2$，应同时释放 10.9 J 的热能。假设这些热能全部转变为呼吸热，则可以通过测定果蔬的呼吸强度（以 CO_2 计）计算呼吸热。

呼吸热 [J/（kg·h）]= 呼吸强度 [mg/（kg·h）] × 10.9 J/mg

例如甘蓝在 5℃时的呼吸强度为 24.8 mg/（kg·h），则每吨甘蓝每天产生的呼吸热为：

$$24.8 \times 10.9 \times 1\,000 \times 24=6\,487\,680 （J） \approx 6.49 \times 10^6 （J）$$

（四）呼吸跃变

一些果实进入完熟期时，呼吸强度急剧上升，达到高峰后又转为下降，直至衰老死亡，这个呼吸强度急剧上升的过程称为呼吸跃变，这类果实称为呼吸跃变型果实。

另一类果实在成熟过程中没有呼吸跃变现象，呼吸强度只表现为缓慢地下降，这类果实称为非呼吸跃变型果实。绝大多数蔬菜不发生呼吸跃变。

一般呼吸跃变前期是果实品质提高的阶段，到了跃变后期，果实衰老开始，品质变劣，抗性降低。一些果实的呼吸高峰发生在最佳食用品质阶段，而另一些果实的呼吸高峰则发生在最佳食用品质阶段略前一些。凡表现出后熟现象的果实都具有呼吸跃变，后熟过程所特有的除呼吸外的一切其他变化，都发生在呼吸高峰发生时期内，所以研究人员常把呼吸高峰作为后熟和衰老的分界。因此，要延长呼吸跃变型果实的贮藏期就要推迟其呼吸跃变。跃变型果实无论是长在树上还是采收后，都可以发生呼吸跃变，并完成整个后熟过程，但在树上的果实呼吸跃变出现较晚。果实的种类不同，呼吸跃变出现的时间和峰值也不同。原产于热带和亚热带的果实跃变峰值的呼吸强度分别比跃变前高 3 ~ 5 倍和 10 倍，但高峰维持时间很短。原产于温带的果实跃变顶峰的呼吸强度比跃变前只增加 1 倍，但跃变高峰维持时间较长。

呼吸跃变期是果实发育进程中的一个关键时期，对果实贮藏寿命有重要影响。它既是成熟的后期，同时也是衰老的开始，此后产品就不能继续贮藏。生产中要采取各种手段来推迟跃变型果实的呼吸高峰以延长贮藏期。

二、呼吸代谢的途径

在高等植物中存在着多条呼吸代谢的生化途径，这是植物在长期进化过程中对环境条件适应的体现。植物的呼吸途径主要有糖酵解途径、三羧酸循环、戊糖磷酸途径、乙醛酸循环等。

（一）糖酵解

糖酵解是糖的磷酸化衍生物形成的过程，在这个过程中将己糖转化为 2 分子丙酮酸，其反应式如下：

$$C_6H_{12}O_6+2H_3PO_4+2NAD^++2ADP \rightarrow 2CH_3COCOOH+2ATP+2NADH+2H^++2H_2O$$

由于 1 molNADH+H$^+$ 产生 3 molATP，由上式可知 1 mol 葡萄糖通过糖酵解氧化为丙酮酸时，可以释放出 8 mol ATP，为各种代谢作用提供能量。之后植物以分裂磷酸盐键的方式利用能量，其反应式如下：ATP $\rightarrow$ ADP+Pi+ 能量

（二）三羧酸循环

糖酵解途径的最终产物丙酮酸，在有氧的条件下进一步氧化脱羧，最终生成 CO_2 和 H_2O，在此过程中产生含有三羧酸的有机酸，且过程最后形成一个循环，故这一过程称为三羧酸循环（TCA）。三羧酸循环普遍存在于动物、植物、微生物细胞中，在线粒体基质中进行。三羧酸循环的起始底物 CoA 不仅是糖代谢的中间产物，也是脂肪酸和某些氨基酸的代谢产物。因此，三羧酸循环是糖、脂肪和蛋白质三大类物质的共同氧化途径，是生物利用糖和其他物质氧化获得能量的主要途径。其反应式如下：

$$CH_3COCOOH + \frac{5}{2} O_2 \rightarrow 3CO_2 + 2H_2O$$

每氧化 1 mol 丙酮酸可得到 15 mol ATP，2mol 的丙酮酸共得到 30 mol ATP，加上糖酵解途径得到的 8 mol ATP，因此每分解 1 mol 的葡萄糖总共可得到 38 mol 的 ATP。完全氧化 1 mol 葡萄糖可以释放 2 815.83 kJ 热量，每 1mol ATP 最少可以释放出 33.47 kJ 的热量，由此 38 mol ATP 最少可以将 1 271.94 kJ 的能量贮存起来，占总释放能量的 45.2%，其余的 1 543.90 kJ 能量以热的形式释放出来，约占总释放能量的 54.8%，这部分热量称为呼吸热。

在无氧或其他不良条件下（如果皮透性不良、农产品组织内的氧化酶缺乏活性），丙酮酸就进行无氧呼吸或分子内呼吸，即发酵，此时丙酮酸脱羧生成乙醛，再被 NADH 还原为乙醇或直接还原为有机酸（乳酸）。其反应的第一步是丙酮酸脱羧为乙醛，第二步是乙醛还原为乙醇。

（三）戊糖磷酸途径

戊糖磷酸途径（PPP）又称己糖磷酸途径（HMP）或己糖磷酸支路，是葡萄糖氧化分解的一种方式。此途径在胞质中进行，可分为两个阶段。第一阶段由 6-磷酸葡萄糖脱氢氧化生成 6-磷酸葡萄糖酸内酯开始，然后自发水解生成 6-磷酸葡糖酸，再氧化脱羧生成 5-磷酸核酮糖。$NADP^+$ 是所有上述氧化反应中的电子受体。第二阶段是 5-磷酸核酮糖经过一系列转酮基及转醛基反应，经过磷酸丁糖、磷酸戊糖及磷酸庚糖等中间代谢物最后生成 3-磷酸甘油醛及 6-磷酸果糖，后两者还可重新进入糖酵解途径而进行代谢。戊糖磷酸途径有以下特点和生理意义：① 戊糖磷酸途径是葡萄糖直接氧化分解的生化途径，每氧化 1 mol 葡萄糖可产生 12 mol $NADP + H^+$，有较高的能量转化率。② 该途径中的一些中间产物是许多重要有机物生物合成的原料，如可合成与植物生长、抗病性有关的生长素、木质素、咖啡酸等。③ 戊糖磷酸途径在诸多植物中存在，特别是在植物感病、受伤时，该途径可占全部呼吸的 50% 以上。由于该途径和糖酵解三羧酸循环的酶系统不同，因此，当糖酵解三羧酸循环受阻时，戊糖磷酸途径则可代替正常的有氧呼吸。在糖的有氧降解中，糖酵解三羧酸循环与戊糖磷酸途径所占的比例，随植物的种类、器官、年龄和环境而发生变化，这也体现了植物呼吸代谢的多样性。

三、影响呼吸作用的因素

农产品采后的呼吸变化，除由本身的代谢特性、发育阶段等内部因素所决定外，还受到外界因素（如温度、湿度、气体浓度、机械损伤等）的影响，而外界因素的影响仍是通过改变内部因素而发生作用的。

（一）内部因素

1.种类和品种

不同种类和品种的农产品呼吸强度差异较大，这主要是由其遗传特性所决定的。一般来说，热带、亚热带产品的呼吸强度比温带产品的大，高温季节成熟的产品比低温季节成熟的产品大。就种类而言，浆果类的呼吸强度较大，柑橘类和仁果类果实的呼吸强度较小；叶菜类呼吸强度最大，果菜类次之；作为贮藏器官的根和块茎蔬菜（如马铃薯、胡萝卜等）的呼吸强度相对较小，也较耐贮藏。同一器官的不同部位，其呼吸强度的大小也不同，如蕉柑的果皮和果肉的呼吸强度差异较大。

2.发育年龄和成熟度

在农产品个体发育和器官发育的过程中，幼龄时期的呼吸强度最大，随着发育的继续，其呼吸强度逐渐下降，但跃变型果实在衰老之前还有短暂的呼吸高峰，待高峰过后，呼吸强度就一直下降。幼嫩蔬菜的呼吸最强，由于其正处于生长最旺盛的阶段，各种代谢活动均十分活跃，且此时表皮保护组织尚未发育完全，组织内细胞间隙较大，便于气体的交换，内层组织也能获得较充足的 O_2。老熟的瓜果和其他蔬菜，新陈代谢强度降低，表皮组织和蜡质、角质层加厚并变得完整，因此，其呼吸强度较低，耐贮藏性加强。此外，块茎、鳞茎类蔬菜在田间生长期间呼吸作用不断下降，进入休眠期，呼吸强度降至最低点，休眠结束，呼吸强度再次升高。

（二）外界因素

1.温度

温度是影响农产品呼吸作用最重要的环境因素。在 0 ~ 35℃，随着温度的升高，酶活性增强，呼吸强度增大。在 0 ~ 10℃时，温度系数（Q_{10}）往往比其他范围的温度系数值要大，这说明越接近 0℃，温度的变化对农产品的呼吸强度影响越大。因此，在不出现冷害的前提下，农产品采后应尽量降低贮运温度，且保持温度的恒定。

高于一定温度时，呼吸强度在短时间内可能增加，但稍后呼吸强度很快就急剧下降。其原因有两个：一是温度过高导致酶的钝化或失活；二是过高的温度条件下 O_2 的供应不能满足组织对 O_2 消耗的需求，O_2 过度积累又抑制了呼吸作用的进行。降低温度不但使呼吸减慢，还使跃变型果实的跃变高峰延迟出现，峰的高度降低，甚至不出现跃变高峰，减少干物质消耗。但是如果温度太低，导致冷害，农产品反而会出现不正常的呼吸反应。

2. 湿度

与温度相比，湿度对呼吸的影响较为次要，由于不同种类的农产品对湿度的反应不同，因此无法得出两者之间的确切关系，但湿度对呼吸强度仍具有一定的影响。一般来说，农产品采收后轻微干燥比湿润条件下更有利于降低呼吸强度，这种现象在温度较高时表现得更为明显。例如，在大白菜采后稍微晾晒，使产品轻微失水，有利于降低呼吸强度。柑橘类果实，较湿润的环境条件对其呼吸作用有所促进，过湿的条件使果肉部分生理活动旺盛，果汁很快消失，此时果肉的水分和其他成分向果皮转移，果实的外表表现为较饱满、鲜艳、有光泽，但果肉干缩，风味淡薄，食用品质较差，形成"浮皮"果实，严重者可引起枯水病。低湿不仅有利于洋葱的休眠，还可降低其呼吸强度。但薯蓣类却要求高湿，干燥会促进呼吸，产生生理伤害。此外，湿度过低对香蕉的呼吸作用和完熟也有影响。香蕉在 90% 以上的相对湿度时，采后出现正常的呼吸跃变，果实正常完熟；当相对湿度下降到 80% 以下时，不能出现正常的呼吸跃变，不能正常完熟，即使能勉强完熟，但果实不能正常黄熟，果皮呈黄褐色而且无光泽。

3. 气体成分

气体成分是影响呼吸作用的另一个重要因素。从呼吸作用总反应式可知，环境 O_2 和 CO_2 浓度的变化对呼吸作用有直接的影响。在不干扰组织正常呼吸代谢的前提下，适当降低贮藏环境 O_2 浓度或适当提高 CO_2 浓度，可有效地降低呼吸强度和延缓呼吸跃变的出现，并且抑制乙烯的生物合成，从而延长农产品的贮藏寿命，更好地维持产品品质，这是气调贮藏的基本原理。

O_2 是进行有氧呼吸的必要条件，当 O_2 浓度降到 20% 以下时，植物的呼吸强度便开始下降；当浓度低于 10% 时，无氧呼吸出现并逐步增强，有氧呼吸迅速下降。在氧浓度较低的情况下，呼吸强度（有氧呼吸）随 O_2 浓度的增大而增强，但 O_2 浓度增至一定程度时，对呼吸就没有促进作用了，这一 O_2 浓度称为氧饱和点。

一般农产品贮藏环境中 O_2 浓度不可低于 3% ~ 5%，有的热带、亚热带作物要高达 5% ~ 9%。但也有例外的情况，如菠菜为 1%，芦笋为 2.5%，豌豆和胡萝卜为 4%。过高的 O_2 浓度（70% ~ 100%）对农产品有毒，这可能与活性氧代谢形成自由基有关。但目前也有研究发现，超大气高氧处理反而会降低果实的呼吸强度，如 80% 和 100% 的氧处理能够降低绿熟番茄的呼吸强度。

提高环境中的 CO_2 浓度，呼吸作用也会受到抑制。多数农产品比较适合的 CO_2 浓度为 1% ~ 5%，各种农产品对 CO_2 敏感性差异很大。CO_2 浓度过高会使细胞中毒，导致某些农产品出现异味，如苹果、黄瓜的苦味，西红柿、蒜薹的异味等。但发现高 CO_2 浓度（20% ~ 40%）对新鲜果蔬作短时间（几小时至几十小时）处理，有抑制产品呼吸及成熟之效，而产品不至受害，可以用作运输前处理。在空气中香蕉的呼吸跃变在采后第 15 天出现，把 O_2 浓度降低到 10%，可将呼吸跃变延缓至约第 30 天出现，如再配合高浓度的 CO_2（10% O_2+5% CO_2），则可将呼吸跃变延迟到第 45 天出现，在 10% O_2+10% CO_2 条件下，不出现呼吸跃变。

乙烯是一种促进成熟衰老的植物激素。农产品在采后，自身代谢并积累乙烯，其中一些对乙烯敏感的产品的呼吸作用受到较大的影响。农产品在积累了乙烯的环境中贮藏时，空气中的微量乙烯又能促进呼吸强度提高，从而加快农产品成熟和衰老。因此，贮藏库要通风换气或放入乙烯吸收剂以排除乙烯，防止其过量积累。

4.机械损伤

农产品在采收、采后处理及贮运过程中很容易受到机械损伤。一般认为，伤口和创面破坏了细胞结构，加速了气体的扩散，也增加了酶与底物接触的机会，必然会加强呼吸作用。组织因受伤引起呼吸强度不正常的增加称为"伤呼吸"。机械损伤对产品呼吸强度的影响因其种类、品种以及受伤程度的不同而不同。

5.化学物质

在采收前后和贮藏期间进行各种化学药剂处理，如青鲜素（MH）、矮壮素（CCC）、比久（B_9）、6-苄氨基嘌呤（6-BA）、赤霉素（GA）、2，4-D、重氮化合物、脱氢醋酸钠、一氧化碳等，对呼吸强度都有不同程度的抑制作用，其中一些也可作为农产品保鲜剂的重要成分。

四、呼吸作用与贮藏的关系

呼吸作用是采后农产品的一个最基本的生理过程，它与农产品的成熟、品质变化以及贮藏寿命有密切关系，呼吸作用并不单纯是消极的作用，还有它有利的方面。

（一）呼吸作用的积极作用

由于果实、蔬菜等农产品在采后仍是生命活体，具有抵抗不良环境和致病微生物的特性，才使其损耗减少，品质得以保持，贮藏期延长。产品的这些特性称为耐藏性和抗病性，耐藏性和抗病性是活的农产品具有的特性。呼吸作用是采后农产品生命存在的基础，也成为其耐藏性和抗病性存在的前提。通过呼吸作用还可防止对组织有害中间产物的积累，将其氧化或水解为最终产物，进行自身平衡保护，防止代谢失调造成的生理障碍，这在逆境条件下表现得更为明显。

呼吸与耐藏性和抗病性的关系还表现在当植物受到微生物侵染、机械伤害或遇到不适环境时，能通过激活氧化系统，主动加强呼吸，抑制微生物所分泌的酶引起的水解作用，防止积累有毒的代谢中间产物，加强合成新细胞的成分，加速伤口愈合而起到自卫作用，这就是呼吸保卫反应。

（二）呼吸作用的消极作用

呼吸作用虽然对产品的耐藏性和抗病性有一定的有益作用，但同时也是造成品质下降的主要原因。呼吸作用旺盛会不断消耗农产品的贮藏物质，加快产品的生命活动，促进其衰老，对采后产品的贮藏是不利的，是贮藏中发生失重和变味的重要原因。具体表现在使组织老化，风味下降，失水萎蔫，导致品质劣变，甚至失去食用价值。同时，呼吸作用会产生呼吸热，使产品的温度增高，又会促进呼吸强度增大，体内有机物消耗加快，贮藏时间缩短，造成耐藏性和抗病性下降，同时释放的大量呼吸热使产品温度较高，容易造成腐烂，对产品的保鲜不利。因此，在农产品贮藏过程中，首先应该保持产品有正常的呼吸代谢活动，不发生生理障碍，使其能够正常发挥耐藏性、抗病性的作用；在此基础上，采取一切可能的措施降低呼吸强度，维持缓慢的代谢，延长产品寿命，从而延缓耐藏性和抗病性的衰变，延长贮藏期。

第二节　蒸腾作用

蒸腾作用是指水分从活的植物体（采后果实、蔬菜和花卉）表面以水蒸气状态散失到大气中的过程，与物理学的蒸发过程不同，蒸腾作用不仅受外界环境条件的影响，而且还受植物本身的调节和控制，因此它是一种复杂的生理过程。

新鲜的农产品组织一般含水量较高（85%～95%），细胞汁液充足，细胞膨压大，组织器官呈现坚挺、饱满的状态，具有光泽和弹性，表现出新鲜健壮的优良品质。采收后，果蔬等农产品失去了母体和土壤所供给的营养和水分，而其蒸腾作用仍在持续进行，组织失水得不到补充。如果贮藏环境不适宜，贮藏器官就成为一个蒸发体，不断地蒸腾失水，细胞膨压降低，组织萎蔫、疲软、皱缩，光泽消退，逐渐失去新鲜度，并产生一系列不良反应。

一、蒸腾作用对农产品品质的影响

（一）失重与萎蔫

失重又称自然损耗，是指贮藏器官的蒸腾失水和干物质损耗所造成的质量减轻。蒸腾失水主要是由蒸腾作用所导致的组织水分散失；干物质消耗则是呼吸作用导致的细胞内贮藏物质的消耗。因此，农产品采后失重是由蒸腾作用和呼吸作用共同引起的，且失水是主要原因。柑橘贮藏过程中的失重，3/4 是由蒸腾作用导致的，1/4 是由呼吸作用所消耗的。蒸腾失水使采后农产品在质量上造成失重，在品质上造成失鲜。

一般农产品失水达 5% 时，就呈现出明显的萎蔫和皱缩现象，新鲜度下降。通常在温暖、干燥的环境中几小时，大部分果蔬会出现萎蔫。有些果蔬虽然没有达到萎蔫的程度，但失水会影响其口感、脆度、硬度、颜色和风味，使营养物质含量降低，食用品质和商品价值大大降低。

（二）引起代谢失调

农产品的蒸腾失水会引起其代谢失调。水是生物体内最重要的物质之一，在代谢过程中发挥着特殊的生理作用。失水后，细胞膨压降低，气孔关闭，因而对正常的代谢产生不利影响，造成原生质脱水，促使水解酶活性提高，加速大分子物质向小分子转化，而呼吸底物的增加又反过来刺激呼吸作用，使农产品加速衰老变质。例如，风干的甘薯变甜，就是由于脱水引起淀粉水解为糖所致。严重脱水时，细胞液浓度增高，有些离子（如 NH_4^+ 和 H^+）浓度过高会引起细胞中毒，甚至会破坏原生质的胶体结构。失水严重时，还会引起脱落酸含量增加，刺激乙烯合成，促进衰老。

（三）降低耐性和抗病性

失水萎蔫破坏了正常的代谢过程，水解作用加强，细胞膨压下降造成结构特性改变，必然影响农产品的耐贮性和抗病性。有研究表明，组织失水萎蔫程度越大，抗病性下降得越剧烈，腐烂率就越高。

（四）发汗和帐壁凝水

果蔬发汗是指在果蔬等农产品贮藏时表面出现水珠凝结的现象，特别是用塑料薄膜帐或袋贮藏产品时，帐或袋壁上的结露现象更为严重，这是因为当空气温度下降到露点以下，过多的水汽从空气中析出，并在农产品表面上凝成水滴。堆藏的农产品，由于呼吸的进行，在通风散热情况不好时，堆内湿度和温度高于堆外，因此当堆内湿空气转移到堆外时，与冷空气接触，温度下降，部分水汽就凝结成水珠，出现发汗现象。贮藏库内温度波动也可造成凝水现象。这种凝结水本身是微酸性的，附着或滴落到农产品表面时，有利于病原菌孢子的传播、萌芽和侵染，导致腐烂，所以在贮藏中应尽量避免凝结水的出现，通常可以采用通风散热或开窗散气等方法，以排除湿热气体。

二、影响果蔬蒸腾作用的因素

果蔬蒸腾作用的快慢主要受果蔬自身特性（内部因素）和贮藏环境（外部因素）两个方面的影响。

（一）果蔬自身因素

1.比表面积

比表面积是指果蔬单位质量或体积所占表面积的比例（cm^2/g 或 cm^2/cm^3）。从物理学的角度看，当同一种果蔬的比表面积值高时，其蒸发失水较多。因此在其他条件相同时，叶片的比表面积比果实的比表面积大，其失水也快；小个果实、块根或块茎较大的果蔬的表面积比大，因此失水也较快，在贮运过程中也更容易萎蔫。

2.表皮组织的结构与特点

（1）表皮单位面积上自然孔口的数量

水分蒸腾的主要途径为气孔、皮孔等自然孔口，因此，表皮单位面积上自然孔口的数量越多，水分就越容易蒸腾。核果类的水分蒸腾强度比仁果类高，除与其表面积比较大外，还与表皮单位面积上自然孔口数量较多有关。

（2）表皮覆盖层的完整度

产品表面角质层和蜡质层的完整程度越高，水分通过这些覆盖层及其裂纹蒸腾的可能性就越小。例如，表皮覆盖层扁平、无结构的梨比重叠、规则排列的苹果蒸腾强度要高。机械损伤、虫伤、病伤等会破坏产品表皮覆盖层的完整度，因而，受伤部位的水分蒸腾会明显增高。

（3）表皮覆盖层的厚度

幼嫩产品因表皮覆盖层较薄，部分水分便可通过幼嫩角质层而蒸发，一旦产品成熟，表面角质层和蜡质层充分发展达到一定厚度，水分则很难通过覆盖层蒸发。

3. 细胞持水力

对有些产品来说，水分蒸腾的强度并不完全以其水分含量大小为依据，如洋葱 86.3% 的含水量比马铃薯的 73% 要高，但在同样条件下，洋葱的水分蒸腾反而低于马铃薯，这是因为洋葱细胞原生质中的亲水胶体及可溶性固形物含量较多，其细胞持水力高。

（二）贮藏环境因素

1. 空气湿度

空气湿度是影响产品表面水分蒸散的直接因素。常见的表示空气湿度的指标包括：绝对湿度、相对湿度、饱和湿度、饱和差。绝对湿度是指单位体积空气中所含水蒸气的量（g/m^3）。相对湿度（RH）是指空气中实际所含的水蒸气量（绝对湿度）与当时温度下空气所含饱和水蒸气量（即饱和湿度，是指在一定温度下，单位体积空气中所能最多容纳的水蒸气的量）之比，反映空气中水分达到饱和的程度，生产实践中常以测定相对湿度来了解空气的干湿程度。

饱和差是空气达到饱和尚需要的水蒸气的量，即绝对湿度与饱和湿度的差值，直接影响产品水分的蒸散。若空气中水蒸气超过饱和湿度，就会凝结成水珠，温度越高，容纳的水蒸气越多，饱和湿度越大。

采后新鲜果蔬产品组织中充满水，其蒸汽压一般是接近饱和的，相对湿度在 99% 以上，当贮藏在一个相对湿度低于 99% 的环境中，水蒸气便会从组织内向贮藏环境中移动，即水蒸气与其他气体一样从高密度处向低密度处移动。因此，在一定温度下，绝对湿度或相对湿度大时，达到饱和的程度高、饱和差小，蒸散就慢；贮藏环境越干燥，即相对湿度越低，水蒸气的流动速度越快，组织的失水也越快，果蔬中的水分就越易蒸发，果蔬就越易萎蔫，由此可见，农产品的蒸腾失水率与贮藏环境中的湿度呈反比。

2. 温度

温度直接影响到空气中的水汽含量及水汽压。温度越高，空气饱和所需的水汽量便越大，水汽压也越高。此外，温度还影响到水分子的运动速度，高温下组织中水分外逸的概率增大。同时，较高温度下细胞液的胶体黏性降低，细胞持水力下降，水分在组织中也容易移动。当果蔬温度与环境温度一致，并且该温度是果蔬的最适贮温时，水分蒸腾就趋于缓慢，此时环境中的相对湿度是影响蒸腾速率的主要因素。

3. 空气流动速度

空气流动速度快，可将潮湿的空气带走，降低空气的绝对湿度。在一定的时间内，空气流速越快，果蔬水分损失越大。

4. 气压

气压也是影响果蔬水分蒸散的一个重要因素。在一般贮藏条件下，气压正常时对产品影响不大。当采用真空冷却、真空干燥、减压预冷等减压技术时，水分沸点降低，蒸散很快，要注意采取相应的加湿措施，以防止失水萎蔫。

5. 光照

光照可以调节气体的开闭，同时还可带来一定的温度效应，从而对水分蒸腾也会造成间接的影响。

6. 包装

包装对水分蒸发的影响十分明显。由于包装物的障碍作用，可以通过改变小环境空气流速及提高空气湿度达到减少水分蒸发的目的。包装的果蔬的蒸发失水量比未包装的要小，果蔬的包纸、装塑料袋、涂蜡、保鲜剂等都有防止或降低水分蒸发的作用。

三、控制蒸腾失水的措施

（一）严格控制果蔬采收的成熟度
使保护层发育完全。

（二）增大贮藏环境的空气湿度
贮藏中可采用地面洒水、放湿锯末、库内挂湿帘等简单措施，或用自动加湿器向库内喷雾或水蒸气的方法，以增加贮藏环境的相对湿度，抑制水分蒸散。

（三）增加外部小环境的湿度
可利用包装等物理障碍作用减少水分蒸散，最普遍而简单有效的方法是用塑料薄膜或其他防水材料包装产品，也可将果蔬放入袋子、箱子等容器中，在小环境中产品可依靠自身蒸散出的水分来提高绝对湿度，起到减轻蒸散的作用。用塑料薄膜或塑料袋包装后的产品需要低温贮藏时，在包装前一定要先预冷，使产品的温度接近库温，然后在低温下包装。不同包装材料保水能力不同，聚乙烯薄膜单果包装是应用非常广泛的一种方法，用包果纸和瓦楞纸箱包装也比不包装堆放失水少得多，且一般不会造成结露。

（四）采用低温贮藏
一方面，低温抑制呼吸等代谢作用，对减轻失水起一定作用；另一方面，低温下饱和湿度小，产品自身蒸散的水分能明显增加空气相对湿度。但低温贮藏时，应避免温度较大幅度的波动，因为温度上升，蒸散加快，环境绝对湿度增加，在此低温下本来空气的相对湿度较高，蒸散的水分很容易使其达到饱和，当温度下降，空气湿度达到过饱和时，就容易引起产品表面结露，引起腐烂。

（五）采用涂被剂

采用涂被剂可增加商品价值，同时减少水分蒸散。给果蔬打蜡或涂膜在一定程度上可阻隔水分从表皮向大气中蒸散。在国外也是常用的采后处理方法，在国内由于受到处理设备的限制，还未普遍使用。

第三节　成熟和衰老作用

一、成熟与衰老的概念

农产品离开母体后，可以单独维持很久的生命时长，色、香、味等方面完全表现出固有的特性，称为生理成熟。根据食用组织器官、鲜食或加工目的的不同，而采用不同的成熟标准，这种成熟称为园艺成熟。多数情况下，生理成熟和园艺成熟是一致的，但由于其作为商品的要求不同，有时也有差别，如香蕉的采收期为生理成熟的 8 成左右，而豆芽是生长初期，这种成熟即被称为园艺成熟。

（一）成熟

成熟有的称为"绿熟"或"初熟"，是指果实在开花受精后的发育过程中，完成了细胞、组织、器官分化发育的最后阶段，达到充分长成之时。习惯上把成熟定为果实达到可以采摘的程度，而不是食用品质最好的时候。

（二）完熟

完熟是指农产品成熟以后的阶段，果实停止生长后还要进行一系列生物化学变化，逐渐形成本产品固有的色、香、味和质地特征，然后达到最佳食用阶段。所以，成熟和完熟的概念很难准确划分，但二者在成熟的程度上有实质的区别。成熟大多在植株上完成，完熟是成熟的继续，是成熟的终了。完熟既可能发生在植株上，也可能在采后发生。有些果实，如巴梨、京白梨、猕猴桃等果实虽然已完成发育达到成熟，但果实很硬，风味不佳，并没用达到最佳食用阶段，在采后必须经过一段时间贮藏或处理才能达到完熟。完熟时果肉变软，色、香、味达到最佳食用品质，才能食用。这种经过贮藏或处理才能完熟的过程称为后熟。成熟的果实在采后可以自然后熟，而幼嫩果实则不能后熟，如绿熟期的番茄采后可达到完熟，但采收过早，果实未达到绿熟，则不能后熟着色而达到可食用状态。果实完熟后将会表现出本产品的典型风味、质地和芳香气味等特征。

（三）衰老

衰老是植物的器官或整个植株体在生命的最后阶段，组织细胞失去补偿和修复能力，胞间的物质局部崩溃，细胞彼此松离，细胞的物质间代谢和交换减少，膜脂破坏，膜的透性增加，最终导致细胞崩溃及整个细胞死亡的过程。食用的植物根、茎、叶、花及其变态器官没有成熟问题，但有组织衰老问题。

农产品的成熟、完熟、衰老不容易划分出严格的界限。虽然概念上有所区别，但三者又相互联系。成熟从广义上说包括了完熟，完熟是成熟的最后阶段。果实最佳食用阶段以后的品质劣变或组织崩溃阶段称为衰老，成熟是衰老的开始，两个过程是连续的，二者不可分割。果实的成熟与衰老都是不可逆的变化过程，一旦被触发，便不可停止，直至变质、解体和腐烂。

二、成熟与衰老的调控

（一）农产品成熟衰老过程中细胞组织结构的变化

农产品进入成熟衰老阶段时，其细胞和组织结构都将发生许多的变化。植物细胞衰老的第一个可见征象是核糖体数目减少以及叶绿体开始崩溃，此后依次发生内质网和高尔基体消失，液泡膜在细胞器彻底解体之前崩溃，线粒体随之崩溃，细胞核和质膜最后被破坏，细胞发生质膜的崩溃宣告死亡。这种变化顺序在许多植物种类和组织中带有普遍性。

对番茄成熟各阶段果皮细胞进行电镜观察，可以发现在即将达到绿熟期的果实中，叶绿体具有发育良好的片层系统，含有大量的淀粉和少量的嗜锇球。当果实成熟时，淀粉粒消失而嗜锇球增多并变大。到了绿熟阶段后期，一些基粒不再表现为分离的膜，进入了溶胞作用阶段。在转色期，基粒数目减少，在基质中大类囊体的膜仍然可见，结构很像类囊体丛。到了坚熟期，此时正值呼吸跃峰期，有色体形成，其内膜的电子致密区可能是类胡萝卜素的沉积处。在显微镜下观察新鲜材料中转变的质体，常见到基粒与色素晶体共同存在。在质体近周缘的部位出现大量由质体内膜的内褶作用面形成的泡囊，在未熟绿果和绿熟果的叶绿体内泡囊较少。番茄有色体中这些泡囊的作用还不十分清楚，可能与膜的重组和生长有关。从坚熟期到软熟期的一周内，番茄红素大量增加，同时伴随着基质中膜的减少，与类胡萝卜素晶体相联系的电子致密区的缩小以及嗜锇球变大和增多，都表明基质在崩溃和溶解。在番茄、辣椒、甜橙、梨等果实中，叶绿体的衰老与有色体的出现是相一致的。因此，似乎可以肯定果实的颜色因有色体发育而发生变化，这表明衰老的开始。但有些果实的衰老可能发生在果实变色之前。

成熟与衰老是极为复杂的生理生化过程，在此过程中，细胞内各细胞器也先后不同程度地发生解体或破坏。但可以肯定的是，细胞超微结构的变化并不是启动衰老的原因，而是衰老的结果，成熟和衰老必定是由细胞质发生的生命过程所诱导和启动的。

成熟的果蔬产品细胞的细胞壁由三部分组成，即胞间层、初生壁及次生壁。在成长和成熟过程中，相关学者对细胞壁超微结构的变化研究较少，但观察到微纤丝结构随着其间的果胶和半纤维素物质的溶解变得松弛而软化。不同发育阶段的农产品，由于细胞壁的结构不同，所形成的细胞和构成的组织也不同。幼嫩的蔬菜柔软多汁，大多为薄壁细胞。随着成熟进程的进一步加快，厚角细胞和厚壁细胞分化增多，使组织更加坚韧，从而质地发生改变。例如，芹菜多纤维，菜豆荚老化多筋，都是由于硬化细胞增多所导致的。

（二）农产品成熟衰老过程中化学成分的变化

1.物质的合成与水解、转移和再分配

果蔬在贮藏过程中，各类物质的合成与水解的动态平衡是不断变化的。就绝大多数果蔬来说，它们在贮藏中主要都是合成过程逐渐减弱，水解过程不断加强，结果是组织内各类物质的复/简比值减小，积累简单的水解产物。简单物质的积累，特别是单糖的积累，会刺激呼吸作用，又有利于微生物的侵染。果胶物质的转化使原来硬实的组织软化，从而降低果蔬的抗机械损伤性能。

果蔬收获后，其所含物质会在组织之间或器官之间转移和再分配，这对果蔬的品质变化也有极大的影响。例如，黄瓜在贮藏中出现梗端果肉组织萎缩发糠，花端部分发育膨大，内部成熟老化，两段均匀的瓜条变成了棒槌形，食用和商品品质大大降低；大白菜在贮藏中裂球抽薹，肉质根变糠。这些都是物质转移的结果，其共同的特点是物质转移几乎都从作为食用部分的营养贮藏器官转移向非食用部分的生长点。

2.外观品质

农产品外观最明显的变化是色泽，常作为成熟指标的主要依据之一。果实未成熟时叶绿素含量高，外观表现为绿色，成熟期间叶绿素含量下降，果实底色出现，同时花青素和类胡萝卜素积累，呈现本产品固有的色泽。成熟期间果实产生一些挥发性的芳香物质，使产品出现特有的香味。茎、叶菜衰老时与果实一样，叶绿素分解，色泽变黄并萎蔫，花则出现花瓣脱落和萎蔫现象。

3.质地

果肉硬度下降是许多果实成熟的明显特征。有关的酶类在果实的软化中起重

要的作用。伴随着果实成熟，一些能水解果胶物质和纤维素的酶类活性增强，水解作用使中胶层溶解，纤维素分解，细胞壁发生明显变化，结构松散失去黏结性，果胶结构发生很大变化，造成果肉软化。引起这些变化的酶主要是果胶甲酯酶（PE）、多聚半乳糖醛酸酶（PG）和纤维素酶（β-1，4-D 葡萄糖酶）。PE 能从酯化的半乳糖醛酸多聚物中除去甲基，PG 催化果胶水解，使半乳糖醛酸苷连接键断裂，生成低聚的半乳糖醛酸。对果实软化起主要作用的还有纤维素酶，即 β-1，4-D 葡萄糖酶，其活性水平在果实完熟期间显著提高。

4. 风味

随着果实的成熟，果实的甜度逐渐增强，酸度变弱。采收时不含淀粉或含淀粉较少的果蔬，如番茄和甜瓜等，随贮藏时间的延长，含糖量逐渐减少；采收时淀粉含量较高的果蔬，如绿色香蕉果肉淀粉含量高达 20% ~ 25%，采后淀粉水解，碳水化合物成分发生变化，含糖量暂时增加，果实变甜，达到最佳食用阶段后，含糖量因呼吸消耗而下降。通常果实发育完成后含酸量最高，随着成熟或贮藏期的延长逐渐下降，因为果蔬贮藏更多地以有机酸为呼吸底物，其消耗快于可溶性糖。大多数果蔬由成熟向衰老过渡时会逐渐失去风味。衰老的果蔬，味变淡，色变浅，纤维增多。幼嫩的黄瓜，稍带涩味并散发出浓郁的芳香，但当它向衰老过渡时，首先失去涩味，然后变甜，表皮逐渐脱绿发黄，到衰老后期果肉发酸失去食用价值。未成熟的柿、梨、苹果等果实细胞内含有可溶性单宁物质，使果实有涩味，成熟过程中被氧化或凝结成不溶性单宁物质，涩味消失。

5. 香气

不同果实都具有其特定的香气，这是由于它们在成熟衰老过程中产生一些挥发性物质。不同果实所产生的挥发性物质的成分和数量不同，其香气也有差别。果蔬产生的挥发性成分中含有多种化合物，包括酯类、醇类、酸类、醛类、酮类、酚类、杂环族、萜类等，有 200 种以上。成熟度对芳香物质的产生有很大影响。桃在未成熟时极少甚至不产生芳香物质；香蕉挥发物质的产生高峰大约在呼吸跃变后 10 d 出现。有些果实（如菠萝），甚至可以用香气的明显释放作为完熟开始的标志。一般产生挥发性物质多的品种耐贮性较差，如耐贮的小国光苹果在土窑中贮藏 210 d，乙醇含量仅为 0.89 mg/100g；检测不出乙酸乙酯，同期红元帅苹果乙醇含量达 14.5 mg/100g，乙酸乙酯含量为 4.6 mg/100g。

（三）乙烯对农产品成熟衰老的影响

乙烯是一种简单的不饱和烃类化合物，在正常情况下以气体状态存在。高等植物的器官、组织和细胞都能产生乙烯，乙烯生成量微小，但植物对它非常敏感，微量的乙烯（0.1 mg/m^3）就可诱导果蔬的成熟。因此，乙烯被认为是最重要的植物成熟衰老激素。

1.乙烯的生物合成与调控

（1）乙烯的生物合成途径

乙烯的结构非常简单，有几百种化合物可以反应生成乙烯。乙烯的生物合成研究经历了很长的历史时期，直到现在仍然是采后生理研究的热点。目前对所有微管植物研究发现，乙烯生物合成途径的主要步骤可以概括如下：

① S- 腺苷蛋氨酸（SAM）的生物合成

植物体内的蛋氨酸，首先在三磷酸腺苷（ATP）参与下，由蛋氨酸腺苷转移酶催化而转变为 S- 腺苷蛋氨酸（SAM），SAM 被转化为 1- 氨基环丙烷羧酸（ACC）和甲硫腺苷（MTA），MTA 进一步被水解为甲硫核糖（MTR），通过蛋氨酸途径，又可重新合成蛋氨酸。蛋氨酸→ MTA →蛋氨酸的循环使植物体内的 SAM 一直维持着一定水平。

② ACC 的合成

由 SAM 合成的 ACC 是乙烯生物合成的直接前体，因此植物体内乙烯合成时从 SAM 转变为 ACC 的过程非常重要，催化这个过程的酶是 ACC 合成酶（ACS），这个过程是乙烯形成的限速步骤。ACS 的相对分子质量为 55 000～58 000，专一地以 SAM 为底物，以磷酸吡哆醛为辅基，强烈地受到磷酸吡哆醛酶类抑制剂 [如氨基氧代乙酸（AOA）和氨基乙氧基乙烯基甘氨酸（AVG）] 的抑制。外界环境对 ACC 合成有很大的影响，机械损伤、冷害、高温、缺氧、化学毒害等逆境和成熟等因素均可刺激 ACS 活性增强，导致 ACC 合成量的增加。鳄梨、苹果、番茄等果实在跃变前乙烯产生速率很低，ACS 活性和 ACC 含量也很低，但在跃变期 ACC 含量迅速上升，与乙烯产量升高一致，此时 ACS 活性也相应增加。因此，ACS 的合成或活化是果实成熟时乙烯产量增加的关键。

③ 乙烯的合成（ACC →乙烯）

ACC 转化为乙烯的过程是一个酶促反应的过程，也是一个需氧的过程，催化此反应的酶为 ACC 氧化酶（也称乙烯形成酶，EFE），而且多胺、解联偶剂（如氧化磷酸化解偶联剂二硝基苯酚 DNP）、自由基清除剂和某些金属离子（特别是 Co^{2+}）等都能抑制乙烯的产生。EFE 是乙烯生物合成的关键酶，但该步骤不是乙烯生物合成的限速步骤。以细胞匀浆为材料进行试验，发现乙烯的合成停止，但有 ACC 的累积，这说明细胞组织结构对乙烯的合成有影响，但不影响 ACC 的生成。从 ACC 转化为乙烯需要在细胞保持结构高度完整的状态下才能完成，EFE 可能就位于液泡膜和质膜上。

④ 丙二酰基 ACC

物体内游离态 ACC 除被转化为乙烯以外，还可以转化为结合态的 ACC，生成无活性的末端产物丙二酰基 ACC（MACC）。此反应是在细胞质中进行的，MACC 生成后，转移并贮藏在液泡中。在逆境条件下所产生的 MACC，在胁迫因素消失后仍然累积在细胞中。植物体内一旦形成 MACC 后，就不能被逆转为 ACC，MACC 的形成成为一个反应胁迫程度和进程的指标。MACC 的生成可看成是调节乙烯形成的另一条途径。

综上所述，乙烯在植物中的生物合成遵循蛋氨酸→ SAM → ACC →乙烯途径，其中 ACS 是乙烯生成的限速酶，EFE 是催化 ACC 转化为乙烯的酶。因此，通过调控 ACS 和 EFE，可以达到调控制乙烯生物合成的目的。此外，一些环境条件和因子在乙烯合成的各阶段中，可促进或抑制乙烯的生物合成。

（2）乙烯生物合成的调控

在植物发育过程中，乙烯的生物合成有严格的调控体系。许多外界因素（如逆境、胁迫）也会影响乙烯的生物合成。

① 外源乙烯对乙烯合成的调控

乙烯对乙烯生物合成的作用具有双重性，可自身催化，也可自我抑制。用少量的乙烯处理成熟的跃变型果实，可诱发内源乙烯的大量增加，使呼吸跃变提前，乙烯的这种作用称为自身催化。

乙烯自身催化作用的机理很复杂。在跃变型果实苹果和梨上发现，乙烯自我催化作用是在 SAM → ACC 和 ACC →乙烯这两步反应中进行的，而参与这两个反应的 ACC 合成酶和 EFE 在跃变前是被抑制的，外源乙烯对这两种酶具有激活作用，因而能促进内源乙烯的生成。非跃变型果实施用乙烯后，虽然能促进呼吸，但不能增加内源乙烯。

乙烯的自我抑制作用进行得十分迅速，如柑橘、橙皮切片因机械损伤产生的乙烯受外源乙烯抑制。在无外源乙烯作用下这种伤乙烯生成量较对照大 20 倍。外源乙烯对内源乙烯的抑制作用是通过抑制 ACS 的活性而实现的，对乙烯生物合成的其他步骤则无影响。

② 贮藏环境对乙烯合成的调控

农产品贮藏环境的温度和气体条件能影响乙烯生物合成。许多果实乙烯合成在 20 ~ 25℃时最快。苹果合成乙烯的最适温度为 30℃，高于 30℃时乙烯生成会下降，40℃时乙烯停止生成。在贮藏实践中发现，用 35 ~ 38℃热处理苹果、番茄、杏等果实，能显著抑制乙烯的合成和果实后熟衰老。一定范围内的低温贮藏也能够大大降低乙烯合成。一般在 0℃左右乙烯生成很弱，随温度上升，乙烯合成加速，如荔枝在 5℃下，乙烯合成只有常温下的 10% 左右。因此，低温贮藏是控制乙烯生成的有效方式，但冷敏果实于临界温度下贮藏较长时间时，如果受到不可逆伤害，细胞膜结构遭到破坏，EFE 活性不能恢复，乙烯产生量少，果实不能正常成熟，使口感、风味、色泽受到影响。

低 O_2 可抑制乙烯合成，因为乙烯生成的最后一步是需氧过程。一般 O_2 浓度低于 8% 的环境中，果实乙烯的生成和对乙烯的敏感性下降，一些果蔬在 3% 的 O_2 中，乙烯合成能降到正常空气中的 5% 左右。如果 O_2 浓度太低或在低 O_2 环境中放置太久，果实就不能合成乙烯或丧失合成能力。CO_2 是乙烯作用的拮抗物，提高 CO_2 浓度能抑制 ACC 向乙烯的转化和 ACC 的合成。适宜地提高 CO_2 和抑制乙烯合成都可推迟果实后熟，但这种效应在很大程度上取决于果实种类和 CO_2 浓度，3% ~ 6% 的 CO_2 抑制苹果乙烯的效果最好，6% ~ 12% 效果反而下降。

③ 胁迫因素导致乙烯产生

逆境胁迫可促进乙烯的合成。胁迫因素很多，包括机械损伤、电离辐射、病原微生物和昆虫侵害、高湿、低湿、化学刺激等。胁迫因子对乙烯合成作用的促进机理也是增加 ACS 的活性。在逆境胁迫条件下，植物组织产生胁迫乙烯具有时间效应，一般在胁迫发生后 10 ~ 30 min 开始产生，此后数小时内达到高峰。但随着胁迫条件的解除，又恢复到正常水平。因此胁迫条件下生成的乙烯，可看成是植物对不良条件刺激的一种反应。水解细胞壁的酶类，如多聚半乳糖醛酸酶、纤维素酶以及细胞壁的水解产物（如小分子的多糖残基）都可刺激乙烯的产生，所以在胁迫或受伤时产生的细胞壁的碎片，都可能是刺激乙烯生成的信号。

病原微生物侵染可明显促进寄主释放乙烯。例如，甜橙在 20℃下释放很少量的乙烯 [0.05 ~ 0.8 μL/（kg·h）]，而接种意大利青霉 3 d 后乙烯增长 10 ~ 15 倍。果实受病原微生物侵染后，病斑部位和邻近病斑部位乙烯增长 10 ~ 15 倍，远离病斑部位乙烯释放量少。

④ 化学药物影响乙烯合成

氨基乙氧基乙烯甘氨酸（AVG）和氨基氧乙酸（AOA）、解偶联剂、自由基清除剂、钴离子均可抑制乙烯的生成。乙烯的生理作用也被一些特殊抑制剂所抑制，如作为硝酸银或硫代硫酸银形式的银离子是乙烯生理作用的抑制剂。

⑤ 其他植物激素对乙烯合成的影响

脱落酸（ABA）、生长素（auxin）、赤霉素（GA）和细胞分裂素（CTK）对乙烯的生物合成也有一定的影响。

2. 乙烯的生理作用

（1）促进果实成熟

乙烯可以促进果实成熟、完熟和衰老。无论是跃变型还是非跃变型果实，都会产生一定量的乙烯，这一部分乙烯叫内源乙烯。跃变型果实在发育期和成熟期的内源乙烯相差很大。在果实未成熟时，内源乙烯含量很低，通常在果实进入成熟和呼吸高峰之前乙烯含量开始增加，并且出现一个与呼吸高峰相似的乙烯高峰。

植物组织中乙烯积累到一定浓度时，才能启动完熟或呼吸对乙烯产生反应，这个浓度即为乙烯浓度阈值。不同果实的乙烯阈值是不同的，当乙烯的浓度一旦达到阈值就启动果实成熟，随着果实成熟的进程，内源乙烯迅速增加，而且果实在不同的发育期和成熟期对乙烯的敏感度是不同的。一般来说，随着果龄的增大和成熟度的提高，果实对乙烯的敏感性提高，而诱导果实成熟所需的乙烯浓度也随之降低。幼果对乙烯的敏感度很低，即使使用较高浓度的外源乙烯也难以实现催熟。但对于即将进入呼吸跃变期的果实，只需用很低浓度的乙烯处理，就可诱导呼吸跃变的出现。用浓度为 300 mg/L 的乙烯分别催熟不同成熟度的温州蜜柑，在相同的温度条件下，采时已经开始转黄的果实，处理后 4 ~ 5 d 完全变黄，而完全青绿的果实，处理后 8 ~ 10 d 仍未正常变黄。

（2）乙烯与呼吸作用

果实在成熟过程中随着乙烯的释放，果实的呼吸强度也相应提高。对跃变型和非跃变型果实，乙烯对呼吸作用的促进存在着差异。

① 跃变型果实与非跃变型果实组织内存在两种不同的乙烯生物合成系统

跃变型果实在成熟期间自身能产生较多的乙烯，而非跃变型果实在成熟期间自身不能产生乙烯或产生极微量乙烯，因而果实自身不能启动成熟进程。非跃变型果实必须用外源乙烯或其他因素刺激它产生乙烯才能促进成熟，而跃变型果实则能正常成熟。跃变型果实和非跃变型果实在成熟期间内源乙烯生成量的差异巨大，植物体内存在有两套乙烯合成系统。所有植物组织在生长发育过程中都能合成并释放出微量乙烯，这种乙烯的合成系统称为乙烯系统 I。非跃变型果实或未成熟的跃变型果实所产生的乙烯，都是来自乙烯合成系统 I。但是，跃变型果实在完熟期前期合成并释放的大量乙烯，则是由另一个系统产生的，称为乙烯合成系统 II，它既可以随果实的自然完熟而产生，也可被外源乙烯所诱导。当跃变型果实内源乙烯积累到一定限值时，便出现了自动催化作用，产生大量内源乙烯，诱导呼吸跃变和完熟期生理生化变化的出现。系统 II 引发的乙烯自动催化作用一且开始即可自动催化下去，即使停止施用外源乙烯，果实内部的各种完熟反应仍然继续进行。非跃变型果实只有乙烯合成系统Ⅰ，缺少系统Ⅱ，如将外源乙烯除去，则各种完熟反应便终止。

跃变型果实系统Ⅱ产生乙烯，主要是受到ACC合成酶和EFE激活作用所致，它们是乙烯生物合成途径中的两个关键酶。当系统Ⅰ生成的乙烯或外源乙烯的量达到一定限值时，便激活了这两种酶。跃变型果实在呼吸高峰出现以前或外源乙烯处理以前，这两种酶的活性均很低。但进入完熟期以后，这两种关键酶被激活，产生大量内源乙烯，促进果实成熟。

②跃变型果实与非跃变型果实对外源乙烯的刺激反应不同

对跃变型果实来说，外源乙烯只有在呼吸跃变前期施用才有效果，它可引起呼吸作用加强、内源乙烯的自动催化作用以及相应成熟变化的出现，这种反应是不可逆的，一旦反应发生即可自动进行下去，而且在呼吸高峰出现以后，果实就达到完全成熟阶段。非跃变型果实任何时候都可以对外源乙烯发生反应，出现呼吸跃变，但将外源乙烯除去，则由外源乙烯所诱导的各种生理生化反应便停止，呼吸作用又恢复到原来的水平，非跃变型果实呼吸跃变的出现并不意味着果实已完全成熟。

③跃变型果实与非跃变型果实对外源乙烯浓度的反应不同

不同浓度的外源乙烯对两种类型的果实的呼吸作用的影响有所差异。对跃变型果实，提高外源乙烯浓度，果实呼吸跃变提前出现，但跃变峰值的高度不改变。

乙烯浓度的改变与跃变期提前的时间大致呈对数关系。对非跃变型果实来说，可提高呼吸跃变峰值的高度，但不改变呼吸跃变出现的时间。

④跃变型果实与非跃变型果实内源乙烯含量不同

跃变型和非跃变型果实在生长到完熟期间内源乙烯的含量差异很大，一般跃变型果实内源乙烯的含量要高得多，而且在此期间内源乙烯浓度的变化幅度比非跃变型果实大得多。

（3）乙烯的其他生理作用

乙烯不仅能促进果实的成熟，而且还有许多其他的生理作用，如加速叶绿素的分解，使果蔬产品转黄，降低品质。例如，甘蓝在1℃下，用10～100 mg/kg的乙烯处理，5周后甘蓝的叶子变黄；25℃下，用0.5～5 mg/kg的乙烯处理会使黄瓜褪绿变黄，膜透性增加，瓜皮呈现水浸状斑点；0.1 mg/kg的乙烯可使莴苣叶褐变。乙烯也能促进植物器官的脱落，0.1～1.0 mg/kg的乙烯引起甘蓝和大白菜的脱帮。此外，乙烯可引起农产品的质地发生改变，在18℃下用分别5、30、60 mg/kg的乙处理黄瓜三天，可使黄瓜的硬度下降，处理猕猴桃也有同样效果，主要是由于乙烯提高了果胶酶的活性。

3. 乙烯作用的机理

乙烯是一种小分子气体，在植物体中具有很大的流动性。用乙烯局部处理已长成的绿色香蕉，处理部分的果实先开始成熟，并逐步扩展到未经处理的部分。在香蕉的顶端施用乙烯 3 h 后，可以发现茎端释放出大量的乙烯，这说明乙烯在果实内的流动快和作用大。对于乙烯促进植物成熟衰老的机理，目前还不十分清楚，主要有以下几种观点。

（1）乙烯改变细胞膜的透性

这种观点认为乙烯的生理作用是通过影响膜的透性而实现的。乙烯是脂溶性物质，在类脂中的溶解度比在水中大 14 倍，而细胞膜是由蛋白质、脂类、糖类等组成的，是磷脂双分子层结构，因此其中的脂质可能是乙烯的作用位点。从细胞水平上看，乙烯的生物合成与细胞原生质膜结构的完整性相联系，同时乙烯又增进细胞膜和亚细胞膜的透性，加强了底物与相应酶的接触，使生化反应容易进行。例如，有人发现乙烯促进香蕉切片呼吸上升的同时，从细胞中渗出的氨基酸量增加，表明膜透性增加，用乙烯处理甜瓜果肉也发现类似的现象。但这是否是乙烯直接作用的结果，仍未能肯定。

（2）促进 RNA 和蛋白质的合成

乙烯促进番茄 RNA 的合成，乙烯对呼吸跃变前的果实有增加 RNA 合成的作用，在无花果和苹果中都曾观察到此现象。这一现象表明乙烯可能诱导 RNA 的合成，在蛋白质合成系统的转录阶段起调节作用，导致与成熟有关的特殊酶的合成，促进果实的成熟和衰老。

（3）乙烯对代谢和酶的影响

乙烯诱导高等植物各种生理反应。从理论上说，呼吸上升和其他生理代谢加强，是由于新酶合成或活化，或两者兼而有之。已证实呼吸上升与糖酵解加强相联系，糖酵解又依赖于磷酸果糖激酶（PFK）和丙酮酸激酶（PK）的活性。乙烯对糖酵解和呼吸的刺激作用，可能与乙烯使电子传递从细胞色素系统转向非磷酸途径有关，因为无抗氰呼吸的植物组织乙烯不能刺激呼吸上升。

乙烯作用还涉及其他酶活性的影响。许多实验证明乙烯能促进苯丙氨酸解氨酶（PAL）的活性显著提高，积累酚类物质。甘薯块根的薄片切块置于乙烯中，过氧化物酶、多酚氧化酶、绿原酸酶及苯丙氨酸解氨酶的活性都有所提高。乙烯也刺激各种水解酶活性的提高，如淀粉酶、叶绿素分解酶、纤维素酶等与果实成熟有关的酶都可被乙烯所活化。

（4）乙烯受体

根据激素作用受体概念，在乙烯起生理作用之前，首先要与某种活化的受体分子结合，形成激素受体复合物，然后由这种复合物去触发初始生化反应，后者最终被转化为各种生理效应。乙烯对植物发生作用是乙烯在活体内与一个含金属的受体部位结合，对受体产生限制作用，从而影响乙烯作用的发挥。乙烯对受体键的作用取决于 CO_2 和 O_2，其中 CO_2 起抑制作用，O_2 则相反。在高浓度 CO_2 条件下贮藏能延迟果实成熟，这可能是 CO_2 与乙烯竞争受体结合部位的结果。

4. 贮藏运输实践中对乙烯以及成熟的控制

无论是内源乙烯还是外源乙烯都在促进植物的成熟中起了关键的作用。因此，为了延长农产品的贮藏寿命，提高贮藏品质，必须抑制内源乙烯生物合成并清除贮藏环境中的外源乙烯。通过生物技术调节乙烯生物合成是果蔬贮藏保鲜研究的新突破。

（1）控制适当的成熟度或采收期

根据贮藏运输期的长短决定适当的采收期和成熟度。如果果实在本地上市，一般应在成熟度较高时采收，此时的果实表现出最佳的色、香、味状态，充分体现出该品种特性。如用于外销或较长时间贮藏运输的果实，必须适时采收，严格控制采收期，在果实充分长大、养分充分积累、生理上接近跃变期但未达到完熟阶段时采收，这时果实内源乙烯的生成量一般较少，耐藏性较好。但也要注意采收期不宜过早，否则会严重影响果实的质量。如香蕉一般在达到 70% ~ 80% 成熟度时采收，荔枝在 85% 成熟度时采收最宜贮藏，菠萝应在约 60% 成熟度时采收贮运。

（2）避免不同种类果蔬的混放

不同种类或同一种类不同成熟度的果蔬，它们的乙烯生成量差别很大。因此，在果蔬贮藏运输中，尽可能避免把不同种类或同一种类但成熟度不一致的果蔬混放在一起，否则果蔬本身会释放较多的乙烯，便相当于外源乙烯，促进乙烯释放量较少果实的成熟，缩短贮藏保鲜时间。

（3）防止机械损伤

农产品在采收、采后处理、运输、贮藏过程中不可避免地会受到机械损伤。机械损伤可刺激植物组织或器官乙烯的大量增加，内源乙烯含量可提高 3 ~ 10 倍。伤乙烯产生后能直接刺激呼吸作用上升，促进酶活性提高，导致果实内营养消耗加速，缩短贮藏寿命。此外，果实受机械损伤后，易受真菌和细菌侵染，真菌和细菌本身可以产生大量的乙烯，又可促果实的成熟和衰老，形成恶性循环。在贮藏运输过程中，少数果实因机械损伤出现的伤乙烯启动了内源乙烯的自动催化，其结果不仅促使本身提前成熟，还促使整个包装的果实提前衰老成熟，丧失了贮运能力。因此，在采收、分级、包装、装卸、运输和销售等环节中，必须做到轻拿轻放和良好包装，避免产生机械损伤。

（4）控制贮藏环境条件

贮藏环境的温度和气体成分对果实内源乙烯的释放都有影响。对大部分果蔬来说，采收后应尽快预冷，在不出现冷害的前提下，尽可能降低贮藏运输的温度，并降低贮藏环境的 O_2 浓度和提高 CO_2 浓度，可显著抑制乙烯的产生及其作用，降低呼吸强度，从而延缓果蔬的成熟和衰老。

（5）乙烯吸收剂和抑制剂的应用

采用乙烯吸收剂清除农产品贮藏环境中较多的乙烯，可显著地延长农产品贮藏时间。乙烯吸收剂已在生产上广泛应用，最常用的是高锰酸钾。高锰酸钾是强氧化剂，可以有效地使乙烯氧化而失去催熟作用。但由于高锰酸钾本身表面积小，吸附能力弱，导致其去除乙烯的速度缓慢，因此一般很少单独使用，而是将饱和高锰酸钾溶液吸附在某种载体上来脱除乙烯。常用的载体有硅石、硅造土、硅胶、氧化铝、珍珠岩等表面积较大的多孔物质。利用载体表面积较大和高锰酸钾的氧化作用，显著提高了脱除乙烯的效果。高锰酸钾乙烯吸收剂可将香蕉、芒果、番木瓜和番茄等果蔬的贮藏保鲜时间延长 1 ～ 3 倍。在使用中要求贮藏环境密闭，果蔬的采收成熟度宜掌握在生理上接近跃变期的青熟阶段，如香蕉应在 70% ～ 80% 饱满度时采收，番茄宜在绿熟期采收，若成熟度过高或成熟已经开始，乙烯吸收剂的效果就不明显。

1- 甲基环丙烯（1-methylcyclopr-opene，1-MCP）是一种乙烯受体抑制剂，它对果蔬的采后贮藏、货架寿命以及保持商品价值有显著的影响。1-MCP 是一种环状烯烃类似物，分子式为 C_4H_6，物理状态为气体，在常温下稳定，无不良气味，无毒。1-MCP 能强烈竞争乙烯受体，它通过金属原子与乙烯受体紧密结合，从而抑制内源和外源乙烯的生理作用，控制果实的成熟衰老，其起作用的浓度极低，建议应用浓度范围为 100 ～ 1 000 μL/L 在 0 ～ 3℃下贮藏，1-MCP 对乙烯的抑制作用大多是不可逆的。1-MCP 可抑制番茄、草莓、苹果、鳄梨、李、杏、香蕉等果实采后乙烯的释放，还可延缓气调贮藏下甘蓝叶片的脱绿和减轻叶片的黄化。

（6）利用乙烯催熟剂促进果蔬成熟

用乙烯进行催熟对调节果蔬的成熟具有重要的作用。目前，乙烯已被广泛应用于柑橘、番茄、香蕉、芒果、甜瓜等产品上。用乙烯催熟果蔬的方式可用乙烯气体或乙烯利（液体），在国外有专用的水果催熟库，将一定浓度的乙烯（100～500 mL/L）用管道通入催熟库内。用乙烯利催熟果实的方法是将乙烯利配成一定浓度的溶液，浸泡或喷洒果实，乙烯利的水溶液进入组织后即被分解，释放出乙烯。

（7）生物技术

随着分子生物学技术的不断发展，采用基因工程手段控制乙烯生成已取得了显著的效果，为乙烯合成的控制提供了新途径，如导入反义ACC合成酶基因，导入反义ACC氧化酶基因；导入正义细菌ACC脱氨酶基因，导入正义噬菌体SAM水解酶基因等

（四）其他植物激素对农产品成熟衰老的作用

尽管乙烯对促进果蔬采后成熟衰老起重要作用，但其他主要植物激素（包括脱落酸、生长素、赤霉素和细胞分裂素）对果实成熟与衰老也有一定的调节作用。

1. 脱落酸

脱落酸（ABA）除影响果实脱落外，对促进果实成熟也有一定的影响。许多跃变型果实和非跃变型果实在后熟中ABA含量剧增，且外源ABA促进其成熟，而乙烯则无效。一些能促进或延缓完熟的处理同时也促进或延缓了ABA水平的变化。例如，用冷处理刺激梨完熟或用乙烯刺激葡萄完熟时，果实的ABA水平也提高了；反之，用气调法抑制梨的成熟或用苯并噻唑氧乙酸处理葡萄，可以推迟ABA水平的上升。因此，ABA水平与完熟的开始有密切关系，并能刺激完熟过程。相对乙烯来说，ABA对果实后熟过程中的调控作用更为重要。

2. 生长素

研究表明，内源吲哚乙酸（IAA）可延缓跃变型果实的后熟进程，IAA的失活是果实成熟启动的必要条件。另外，外源生长素对跃变型果实促进成熟的效应与施用方法和浓度有关。用IAA和2,4-D真空渗入绿色香蕉切片，发现生长素能促进乙烯生成，使呼吸作用增强，但延缓呼吸跃变出现，同时也延缓成熟；用2,4-D溶液浸泡整个香蕉果实，则促进乙烯生成，果肉也迅速成熟，但果皮却保持绿色。这是由于生长素对香蕉果皮和果肉的作用不同：在处理切片时，生长素均匀分布于果皮和果肉，它抑制成熟的作用胜过刺激乙烯生成的作用，因而延缓成熟，但用其处理整个果实时，生长素大部分停留在果皮内，促进果皮生成乙烯，因而加速成熟。

3. 赤霉素

赤霉素（GA）有时能促进果实内源乙烯的生成，有时又能抑制乙烯的生成。

有研究报道，用 GA3 处理苹果和橙子，能促进乙烯生成。但用 GA3 处理采收后的鳄梨和香蕉切片则降低乙烯的生成。幼小的果实中赤霉素含量高，种子是其合成的主要场所，果实成熟期间水平下降。采后浸入外源赤霉素明显抑制一些果实的呼吸强度和乙烯释放，这在甜柿、番茄、香蕉、杏等果实上都有应用。

4. 细胞分裂素

细胞分裂素（CTK）处理的保绿效果明显。用 6-BA 或激动素（KT）处理香蕉果皮、番茄和绿色的橙子，均能延缓叶绿素的消失和类胡萝卜素的变化。施用细胞分裂素亦能使绿色油橄榄的花色素苷显著增加，但对于呼吸作用及乙烯的生成和果实变软无影响，甚至在高浓度的乙烯中也可延缓果实的变色。用 CTK 渗入香蕉切片，然后放在足以启动成熟的乙烯浓度下，虽然出现呼吸跃变淀粉水解等成熟现象，但果皮的叶绿素消失显著推迟，形成了绿色成熟果。

许多研究结果表明，果蔬成熟是几种激素平衡的结果。果实采后，GA，CTK，IAA 含量都高，组织抗性大，虽有 ABA 和乙烯却不能诱发后熟。随着 GA，CTK，IAA 逐渐降低，ABA 和乙烯逐渐积累，组织抗性逐渐减小，ABA 和乙烯达到后熟的阈值，果实后熟启动。

第四节　休眠和发芽

植物在生长发育过程中遇到不良条件时，为了适应环境，有的器官会暂时停止生长，这种现象称作休眠（dormancy）。例如，一些块茎、鳞茎、球茎、根茎类蔬菜、花卉、木本植物的种子及坚果类果实（如板栗），产品器官在生长过程中体内积累了大量的营养物质，发育成熟后，随即转入休眠状态，新陈代谢明显降低，水分蒸腾减少，呼吸作用减弱，一切生命活动都进入相对静止的状态。休眠中物质消耗少，能忍受外界不良环境条件，保持其活力，当外界环境条件对其生长有利时，又恢复其生长和繁殖能力。因此，休眠是一个积极的过程，是植物在长期进化过程中形成的一种适应逆境生存条件的特性，以度过严寒、酷暑、干旱等不良条件而保存其生命力和繁殖力。对农产品贮藏来说，休眠是一种有利的生理现象。

一、休眠的类型与阶段

根据休眠发生的原因，可将其分为自发休眠（restperiod）和被动休眠（dormancy）两种。自发休眠指农产品在适合生长的环境条件下也不会发芽，又称为生理休眠；被动休眠是由于外界环境条件的不适因素（如低温、干燥等）引起的，一旦遇到适宜的条件即可发芽，也称为他发性休眠。

农产品的休眠通常要经历以下三个阶段：休眠前期（准备阶段）、生理休眠期（深休眠）、休眠苏醒期（强迫休眠）。

第一阶段为休眠前期。此阶段是从生长向休眠的过渡阶段，农产品刚刚收获，代谢旺盛，呼吸强度大，体内的物质由小分子向大分子转化，同时伴随着伤口的愈合，木栓层形成，表皮和角质层加厚，或形成膜质鳞片，以增强对自身的保护，使水分蒸发减少。马铃薯的休眠前期为 2 ~ 5 周，在此期间，若经一定的处理，可以抑制其进入生理休眠而开始萌芽或缩短生理休眠期。

第二阶段为生理休眠期。在此阶段农产品的生理作用处于相对静止的状态，一切代谢活动已降至最低限度，外层保护组织完全形成，水分蒸发减少，在这一时期即使有适宜的条件也不会发芽生长，生理休眠期的长短与种类和品种有关。

第三阶段为休眠苏醒期。此时农产品由休眠向生长过渡，体内的大分子物质又开始向小分子转化，可以利用的营养物质增加，为发芽、伸长、生长提供了物质基础。如果环境条件不适，代谢机能恢复受到抑制，器官仍然处于休眠状态，外界条件一旦适宜，便会打破休眠，开始萌芽生长。

二、休眠的生理生化机制

在农产品的休眠期，会观察到原生质和细胞壁分离，胞间连丝中断，原生质不能吸水膨胀。原生质膜上的类脂物质（如脂肪、类脂类疏水胶体）增多，对水的亲和能力下降，组织木栓化，使得保护组织加强，对气体的通透性下降。休眠期过后，原生质重新贴紧细胞壁，胞间连丝恢复，原生质中疏水胶体减少，亲水胶体增加，使细胞内外的物质交换变得方便，对水和氧的通透性增加。

植物体内各种激素对植物的休眠现象起重要的调节作用。休眠一方面是由于器官缺乏促进生长的物质，另一方面是由于器官积累了抑制生长的物质。高浓度 ABA 和低浓度外源 GA 可以抑制 mRNA 合成，可诱导休眠；反之，低浓度的 ABA 和高浓度 GA 可以打破休眠，促进各种水解酶、呼吸酶的合成和活化，促进 RNA 合成，并且使各种代谢活动活跃起来，提高 γ - 淀粉酶的活性，为发芽作物质准备。ABA 和 GA 都是由异戊间二烯单位构成的，它们由 3，5- 二羟基 -3- 甲基戊酸在代谢中衍生而成，而且通过同样的代谢途径形成，因此这两种物质在生理上又相互作用。例如，洋葱茎盘中的 IAA 含量在休眠初期较高，此后在休眠中逐渐减少，发芽时转为增加。洋葱芽中的 GA 含量也有同样的规律，与生长抑制物质

ABA 的消长规律正好相反。内源激素的动态平衡是通过活化或抑制特定的蛋白质合成系统来起作用的，酶的作用反映了代谢活性并直接影响到呼吸作用，由此使整个机体的物质能量变化表现出特有的规律，实现休眠与生长之间的转变。

三、休眠的控制

农产品一过休眠期就会发芽，质量减轻，品质下降，如马铃薯的休眠期一过，不仅薯块表面皱缩，而且产生一种生物碱（龙葵素），食用时对人体有害；洋葱、大蒜和生姜发芽后肉质会变空、变干，失去食用价值。因此，必须设法控制休眠，防止产品发芽、抽薹，延长贮藏期。

1. 贮藏环境条件

低温、低氧、低湿和高 CO_2 等环境条件均能延长休眠期，抑制发芽。温度是控制休眠的最重要的因素，是延长休眠期、抑制发芽的最安全且有效的措施。虽然高温干燥对马铃薯、大蒜和洋葱的休眠有一定促进作用，但只是在深休眠阶段有效，一旦进入休眠苏醒期，高温便加速了萌芽。板栗在入贮初期，只要保湿条件较好，发芽的可能性不大，但如贮藏到 12 个月以上，就必须进行冷藏。气调贮藏对抑制洋葱发芽和蒜薹薹苞膨大都有显著的效果。

2. 辐照处理

辐照处理马铃薯、洋葱、大蒜、生姜及番薯等根茎类作物，可以在一定程度上抑制其发芽，减少贮藏期间由于其根或茎发芽而造成的腐烂损失。辐照处理的剂量应根据农产品的种类及品种适当选择，一般辐照处理的最适剂量为 0.05 ~ 15 kGy。抑制洋葱发芽的 γ 射线辐照剂量为 40 ~ 100 Gy，在马铃薯上的应用辐照剂量为 80 ~ 100 Gy。农产品辐照以后在适宜条件下贮存，可保藏半年到一年。辐照处理技术已在世界范围内获得公认和推广，目前已有 19 个国家批准了经辐照处理的马铃薯出售。

3. 化学药剂处理

化学药剂处理具有明显的抑芽效果。青鲜素（MH）是国内外广泛采用的化学药剂，用 MH 处理洋葱、大蒜等鳞茎类蔬菜，抑芽效果明显，并且能防止根菜糠心变质。采前应用时，一般是在采前两周喷洒，必须将 MH 喷到鳞茎类蔬菜的叶子上，药剂吸收后渗透到鳞茎内的分生组织中并转移到生长点，起到抑芽作用。如果喷药过晚，叶子干枯，没有吸收与运转 MH 的功能，此时鳞茎还处于迅速生长过程中，MH 对鳞茎的膨大便有抑制作用，会影响产量。MH 的浓度以 0.25% 为最好。

萘乙酸甲酯（MENA）对马铃薯发芽有明显的抑制效果。它具有挥发性，薯块经其处理后 10℃下一年不发芽，15 ~ 21℃下也可以贮藏几个月，同时可以抑制萎蔫。在生产上使用时，可以先将 MENA 喷到作为填充用的碎纸上，然后与马铃薯混在一块，或把 MENA 药液与滑石粉或细土拌匀，然后涂到薯块上，也可将药液直接喷到薯块上。MENA 的用量与处理时期有关，休眠初期用量要多一些，在块茎开始发芽前处理，用量则可大大减少，美国 MENA 的用量为 100 mg/kg，我国上海等地的用量为 0.1 ~ 0.15 mg/kg。

氯苯胺灵（CIPC）是一种在采后使用的马铃薯抑芽剂，应该在薯块愈伤后使用，因为它会干扰愈伤。CIPC 的使用量为 1.4g/kg，使用方法为将 CIPC 粉剂分层喷在马铃薯上，密封覆盖 24 ~ 48 h，待 CIPC 汽化后，打开覆盖物。CIPC 和 MENA 两种药物都不能在种薯上应用，使用时应与种薯隔开。

第五节　粮食的陈化

一、粮食陈化的概念

粮食在贮藏期间，随着时间的延长，虽未发热霉变，但由于酶的活性降低，呼吸渐弱，原生质胶体松弛，物理化学性状改变，生活力减弱，其种用品质和食用品质将会下降。粮食的这种由新到陈、由旺盛到衰老的现象，称为粮食陈化（stale）。粮食的陈化不但表现为品质降低，而且还表现为生活力的下降。不含胚的粮食，虽无生活力而言，但表现出品质的下降。粮食陈化是粮食自身发生生理和生化变化的一种自然现象。大体可认为除小麦以外，大多数粮食贮藏 1 年，即有不同程度的陈化表现。成品粮比原粮更容易陈化，米的陈化以糯米最快。在长期贮藏中，小麦陈化速度比较缓慢，贮藏 1 年，其种用品质稳定，工艺与食用品质还逐渐改善。

二、粮食陈化过程中的变化

1.生理变化

含胚或不含胚的粮食，其陈化的生理变化主要表现为酶的活性和代谢水平的变化。粮食在贮藏期间，生理变化多是在各种酶的作用下进行的。若粮食中酶的活性减弱或丧失，其生理作用也随之减弱或停止。稻谷贮藏初期含有活性较高的

过氧化氢酶和 α - 淀粉酶，随着贮藏时间的延长，这些酶的活性大大减弱，生活力下降。据测定，稻谷贮藏 3 年后，过氧化氢酶活性降至原来的 1/5，α - 淀粉酶活性丧失，而大米在贮藏期间过氧化氢酶活性完全丧失，呼吸亦趋于停止。CT 淀粉酶在有胚或无胚的粮食中均存在，对粮食品质的影响很大。陈米煮饭不如新米好吃，主要原因就是陈米中的淀粉酶失去活性，淀粉液化值降低。

2. 化学变化

含胚或不含胚的粮食，其化学成分的一般变化规律是脂肪变化最快，淀粉次之，蛋白质最慢。

（1）脂肪的变化

粮食中脂肪含量虽然较少，但其对粮食陈化影响显著。粮食贮藏期间，脂肪易水解生成游离脂肪酸。特别是环境条件适宜时，贮藏霉菌开始繁殖，大量分泌脂肪酶，加速脂肪水解，使粮食中游离脂肪酸增多，粮食陈化加深。游离脂肪酸不仅使稻米蒸煮品质降低，而且游离脂肪酸进一步氧化可产生戊醛、己醛等挥发性羰基化合物，从而形成难闻的陈米气。脂肪的氧化、水解常同时发生相互影响，但脂肪水解往往引起氧化现象，其氧化产物可使脂肪酶失去活性。

（2）淀粉的变化

贮藏初期，新鲜粮食由于淀粉酶活性强，淀粉很快水解为麦芽糖和糊精，因而加工或食用时，黏度较大，食用品质好。如果继续贮藏，糊精与麦芽糖继续水解，还原糖增加，糊精相对减少，导致黏度下降，粮食开始陈化。如果水分大，温度适宜（25 ~ 30℃），还原糖继续氧化，生成 CO_2 和 H_2O，或酵解产生乙醇和乳酸，使粮食带酸味，品质变劣，陈化加深，失去食用价值。

（3）蛋白质的变化

粮食陈化过程中，蛋白质的变化表现为蛋白质水解和变性。粮食在贮藏期间，受外界物理、生物等因素的影响，蛋白质会发生水解和变性。蛋白质水解后，游离氨基酸含量增加，酸度增高。蛋白质变性后，空间结构松散，肽键展开，非极性基团外露，亲水性基团内藏，蛋白质由溶胶变为凝胶，溶解度降低，粮食开始陈化。

3. 物理性状变化

粮食陈化时物理性状变化很大，表现为粮粒组织硬化，柔韧性变弱，粮粒质地变脆，稻米起筋、脱糠；淀粉细胞变硬，细胞膜增强，糊化、吸水力降低，持水力下降，粮粒破碎，黏性较差，有陈味。用其制作面包时，面粉发酵力减弱，面包品质下降。粮食陈化的程度与保管时间成正比，保管时间越长，陈化越深。

一般隔年陈粮由于水分降低，硬度增加，千粒质量减轻，密度增大，生活力减弱。虽然这对稳定贮藏有利，但因其新鲜度减弱，发芽率降低，因而品质变差。

三、粮食劣变指标

粮食在日常贮存和长期贮备中都需要识别贮粮的耐贮性和早期劣变以避免粮食损坏与经济损失，一些试验方法可用来测定贮粮的品质状况并预测贮藏性能。这些方法包括：用感官表现来评定粮食的贮藏状况；用活力与发芽率（活的胚有还原力，可用四唑试验来判断粮食生活力的强弱）及非还原糖来衡量粮食的劣变程度；用酸度和脂肪酸值作为早期劣变指标，通过淀粉—碘－蓝试验及蒸煮品质品尝来反映粮食在贮藏中的陈化程度；通过黏度值、降落值（黏度计测定 α－淀粉酶引起的黏度下降）、酶（α－淀粉酶、过氧化物酶、过氧化氢酶等）的活力测定来预测原粮及加工品的食品加工用途。

四、影响粮食陈化变质的因素

粮食陈化虽然是粮食内部生理生化变化的结果，但贮藏环境条件及贮藏技术措施和粮食陈化均有密切的关系。影响粮食陈化的因素分为内在和外在两个方面。

1. 内在因素

影响粮食陈化的内在因素是种子的遗传性和本身质量。在正常贮藏条件下，小麦、绿豆贮藏的时间长，而稻谷、玉米贮藏的时间短，就是由粮食本身的遗传性决定的。种子本身的质量也决定了陈化速度，籽粒饱满的粮食陈化速度较慢。此外，有些粮食在田间生长的条件也会影响其贮藏性能，如在风调雨顺年景生长的粮食，其贮藏性能要好于气候不利年景生长的粮食。

2. 外在因素

（1）粮堆的温度和湿度

温度和湿度都是影响粮食陈化的主要因素。贮藏环境的温度和湿度较高，会促进粮食的呼吸，加速内部物质分解，且温度达到一定程度又会使蛋白质凝固变性，陈化速度加快。粮食在正常状态下贮藏，温度每降低 5～10℃，湿度每降低 1%，贮藏期可延长 1 倍。因此，减缓粮食的陈化速度，首先要把粮食的贮藏温度、湿度控制在一定范围内。

（2）粮堆中的气体成分

当粮食中水分处在安全条件下时，降低粮堆 O_2 浓度，提高 CO_2 浓度，可减缓粮食内部营养物质的分解，降低陈化速度。

（3）粮堆中微生物和病虫害

粮堆中的微生物主要是霉菌，它们不仅能分解粮食中的有机物质，而且有时还会产生毒性物质（如黄曲霉素 B1）。粮堆中微生物的大量繁殖导致粮食发热，这是加速粮食陈化的主要因素。病虫害不仅会减少粮食的数量，增加虫蚀率，降低发芽率，而且还容易导致粮食的发热、霉变、变色、变味，降低粮食质量。

（4）粮堆中杂质

粮堆中的杂质直接关系到贮藏的稳定性。一些杂质（如草籽）体积小，胚占比例大，呼吸强度大，产生湿热多；另一些杂质（如叶子、灰尘、粉屑等）往往携带大量的微生物、螨、害虫等随粮食入库进仓，而粉状细小的杂质往往又容易堵塞粮堆内的孔隙，影响粮堆的散热、散湿，使粮堆局部结露、霉变、发热，从而发生病害。

（5）化学杀虫剂

一些化学杀虫剂能与粮食发生化学反应，加速粮食分解劣变的过程，如溴甲烷中的溴可以和粮食中不饱和脂肪酸的双键发生加成反应，小麦、面粉能吸收少量的磷化氢，生成磷酸化合物。因此，从延缓粮食陈化的角度而言，要尽量减少化学药剂使用的剂量和次数。一般同一批粮食，每年只宜熏蒸一次。

综上所述，影响粮食陈化的因素是多方面的，陈化的趋势是不可逆转的，但我们可以采取相应的手段和措施来减缓粮食陈化的速度。

第六节　农产品贮藏的病害及其预防

果蔬、粮食等农产品在贮藏期的损失多由病害造成，并且不只局限于贮藏期和运输期间，而是包括了收获、分级、包装、运输、贮藏、进入市场销售等许多环节所发生的病害。农产品贮藏病害也称贮运病害，一般是指在贮运过程中发病、传播、蔓延的病害，包括田间已被侵染，在贮运期间发病或继续危害的病害。根据发病的原因可分为两大类：一类是非生物因素造成的生理病害（即非传染性病害），另一类为寄生物侵染引起的侵染性病害。

一、生理性病害及其预防

生理性病害是指果蔬在采前或采后，由于不适宜的环境条件或理化因素造成的生理障碍。生理性病害的病因很多，主要有收获前因素，如果实生长发育阶段营养失调，栽培管理措施不当，收获时成熟度不当，气候异常，药害等；收获后因素如贮运期间的温湿度失调，气体组分控制不当等。生理性病害有低温伤害、气体伤害等，现将其致病原因及防治措施分述如下。

（一）低温伤害

果蔬贮藏在不适宜的低温下产生的生理病变叫低温伤害。果蔬的种类和品种不同，对低温的适应能力亦有所不同，如果温度过低，超过果蔬的适应能力，果蔬就会发生冷害和冻害两种低温伤害。

1.冷害

冷害是指由冰点以上的低温引起的果蔬细胞膜变性的生理病害，是指0℃以上不适宜的低温对果蔬产品造成的伤害，是由于贮藏的温度低于产品最适贮温的下限所致。冷害伤害温度一般出现在0～13℃。冷害可发生在田间或采后的任何阶段，不同种类的果蔬产品对冷害的敏感性不一样。一般说来，原产于热带的水果蔬菜对冷害（如香蕉、菠萝等）比较敏感，亚热带地区的水果蔬菜次之，温带果蔬较轻。

（1）症状和温度

果蔬遭受冷害后，常表现为果皮或果肉、种子等发生褐色病变，表皮出现水浸状凹陷、烫伤状，不能正常后熟。伴随冷害的发生，果蔬的呼吸作用、化学组成及其他代谢都发生异常变化，降低了产品的抗病能力，导致病菌侵入，加重果蔬的腐烂。发生冷害的果蔬产品的外观和内部症状也因其种类不同而异，并随着组织的类型而变化，如黄瓜、番瓜、白兰瓜、辣椒产品表面出现水浸状的斑点；苹果、桃、梨、菠萝、马铃薯等内部组织发生褐变或崩溃；香蕉、番茄等产品不能正常后熟。不同果蔬发生冷害的温度也不一样，见表3-1。

表3-1　常见果蔬的冷害临界温度及冷害症状

品种	冷害临界温度/℃	冷害症状
苹果类	2.2～3.3	内部褐变，褐心，表面烫伤
桃	0～2	果皮出现水浸状，果心褐变，果肉味淡
香蕉	11.7～13.3	果皮出现水浸暗绿色斑块，表皮内出现褐色条纹，中心胎座变硬
芒果	10～12.8	果皮色黯淡，出现褐斑，后熟异常，味淡，缺乏甜味
荔枝	0～1	果皮黯淡，色泽变褐，果肉出现水浸状
龙眼	2	内果皮出现水浸状或烫伤斑点，外果皮色变暗

品种	冷害临界温度/℃	冷害症状
柠檬	10～11.7	表皮下陷，细胞层发生干疤，心皮壁褐变
凤梨	6.1	皮色黯淡，褐变，冠芽萎蔫，果肉水浸状
红毛丹	7.2	外果皮和软刺褐变
蜜瓜	7.2～10	凹陷，表皮腐烂
南瓜类	10	瓜肉软化，腐烂
黄瓜	4.4～6.1	表皮水浸状，变褐
木瓜	7.2	凹陷，不能正常成熟
白薯	12.8	凹陷，腐烂，内部褪色
马铃薯	0	产生不愉快的甜味，煮时色变暗
番茄	7.2～10	成熟时颜色不正常，水浸状斑点，变软，腐烂
茄子	7.2	表面烫伤，凹陷，腐烂
蚕豆	7.2	凹陷，赤褐色斑点

（2）冷害机理

膜相变理论，其机理主要是由于果蔬处于临界低温时，氧化磷酸化作用明显降低，引起以 ATP 为代表的高能量短缺，细胞组织因能量短缺分解，细胞膜透性增加，结构系统瓦解，功能被破坏，在角质层下面积累了一些有毒的能穿过渗透性膜的挥发性代谢产物，导致果蔬表面产生干疤、异味和增加对病害腐烂的易感性。一般冷害只影响外观，不影响食用品质。

（3）冷害的影响因素

① 产品的内在因素

不同种类和品种的产品冷敏感性差异很大。如黄瓜在 1℃下就发生冷害，而桃则在 2 周后才发生。此外，产品成熟度越低，对冷害越敏感，例如红熟番茄在 0℃下可贮藏 42 d，而绿熟番茄在 7.2℃就可能产生冷害。

② 外部环境因素

A. 贮藏温度和时间。一般来说，在临界温度以下，贮藏温度越低，冷害发生越快，温度越高，耐受低温而不发生冷害的时间越长。

B. 湿度。贮于高湿环境中，特别是 RH 接近 100% 时，会显著抑制果实冷害时表皮和皮下细胞崩溃，冷害症状减轻。低湿加速症状的出现，如出现水浸状斑点或发生凹陷。由于脱水温度低，会加速冷害发生。

C. 气体成分。对大多数产品来说，适当提高 CO_2 和降低 O_2 浓度可在某种程度上抑制冷害，一般认为 O_2 浓度为 7% 时最安全，CO_2 浓度过高也会诱导冷害发生。

D. 化学药物。有些药物会影响产品对冷害的抗性，如 Ca^{2+} 含量越低，产品对冷害越敏感。

（4）冷害的控制

主要使贮藏温度高于冷害临界温度，具体措施有以下 6 种。

① 采用变温贮藏

升温可以减轻冷害的原因，可能是升温减轻了代谢紊乱的程度，使组织中积累的有毒物质在加强代谢活性中被消耗，或是在低温中衰竭了的代谢产物在升温时得到恢复。变温贮藏有分步降温、逐渐升温、间歇升温等。贮藏前一般在 30℃ 左右或以上的高温条件下处理几小时至几天，有助于抑制冷害。

② 低温锻炼

在贮藏初期，对果蔬采取逐步降温的办法，使之适应低温环境，可避免冷害。

③ 提高果蔬成熟度

提高果蔬成熟度可降低对冷害的敏感性。

④ 提高果蔬微环境的相对湿度

对产品表面涂蜡，水分不易蒸腾；对产品进行塑料薄膜包装可提高果蔬微环境的相对湿度，从而减轻冷害。

⑤ 调节气调贮藏气体的组成

适当提高 CO_2 浓度，降低 O_2 浓度有利于减轻冷害。保持 7% 的氧能防止冷害。

⑥ 化学物质处理

化学物质处理果蔬产品可减轻冷害，如 $CaCl_2$ 处理可减轻苹果、梨、鳄梨、番茄的冷害，乙氧基喹、苯甲酸能减轻黄瓜、甜椒的冷害。

2. 冻害

（1）症状

冻害是果蔬处于冰点以下，因组织冻结而引起的一种生理病害。对果蔬的伤害主要是原生质脱水和冰晶对细胞的机械损伤。果蔬组织受到冻害后，引起细胞组织内有机酸和某些矿质离子浓度增加，导致细胞原生质变性，出现汁液外流、萎蔫、变色和死亡，失去新鲜状态。且果蔬受冻害造成的失水变性为不可逆的，大部分果蔬产品在解冻后也不能恢复原状，从而失去商品和食用价值。

（2）影响因素

果蔬是否容易发生冻害，与其冰点有直接关系。冰点指果蔬组织中水分冻结的温度，一般为 -1.5 ~ -0.7℃。由于细胞液中一些可溶性物质（主要是糖类）的存在，果蔬的冰点一般比水的冰点（0℃）要低，其可溶性物质含量越高，冰点越低。不同果蔬种类和品种之间差别也很大，如莴苣在 -0.2℃下就产生冻害，可溶性物质含量较高的大蒜和黑紫色甜樱桃发生冻害的温度分别在 -4℃、-3℃以下。根据果蔬产品对冻害的敏感性可将它们分为三类（见表3-2），因此，在果蔬的贮藏过程中，只有对不同种类和品种的果蔬保持适宜而恒定的低温，才能达到保鲜目的。

表3-2 几种主要果蔬对冻害的敏感程度

敏感性	常见果蔬种类
敏感	杏、鳄梨、香蕉、苹果、桃、李、柠檬、蚕豆、黄瓜、莴苣、甜椒、土豆、红薯、夏南瓜、番茄
中等敏感	苹果、梨、葡萄、花椰菜、嫩甘蓝、胡萝卜、芹菜、洋葱、豌豆、菠菜、萝卜
最敏感	枣、椰子、甜菜、大白菜、甘蓝、大头菜

（3）冻害的控制

首先要掌握产品贮藏的最适温度，将产品在适温下贮藏，严格控制环境温度，避免产品长时间处于冰点温度以下。产品受冻后应注意以下两点。

① 解冻过程应缓慢进行，一般认为在 4.5 ~ 5℃下解冻较为适宜。

② 冻结期间避免搬动，以防止遭受机械损伤。

（二）气体伤害

1.低氧伤害

氧气可加速果蔬的呼吸和衰老，降低贮藏环境中的 O_2 浓度，可抑制呼吸并推迟果蔬内部有机物质消耗，延长其保鲜寿命，但 O_2 浓度过低，当贮藏环境浓度低于 1% ~ 2% 时，又会导致许多产品呼吸失常和产生无氧呼吸，无氧呼吸的中间产物如乙醛、乙醇等有毒物质在细胞组织内逐渐积累可造成中毒，引起代谢失调，发生低氧伤害。发生低氧伤害的果蔬表皮坏死的组织因失水而局部塌陷，组织褐变、软化，不能正常成熟，产生酒味和异味。O_2 的临界浓度（O_2 最低浓度）随果蔬产品种不同而有所差异，一般 O_2 浓度在 1% ~ 5% 时，大部分果蔬会发生低氧伤害，造成酒精中毒等。

2.高二氧化碳伤害

CO_2 和 O_2 之间有拮抗作用，提高环境中 CO_2 浓度，呼吸作用也会受到抑制。多数果蔬适宜的 CO_2 浓度为 3% ~ 5%，浓度过高，一般超过 10% 时，会使一些代谢受阻，引起代谢失调，造成伤害。发生高二氧化碳伤害的果蔬表皮或内部组织或两者都发生褐变，出现褐斑、凹斑或组织脱水微软，甚至出现空腔。果蔬产品对高浓度 CO_2 的忍耐力因种类、品种和成熟度的不同而异，各种产品对 CO_2 敏感性差异很大。

3.乙烯毒害

乙烯被用作果实（番茄、香蕉等）的催熟剂，若外源乙烯使用不当或贮藏库环境控制不善，会使产品过早衰变，也会出现中毒。乙烯毒害表现为果色变暗，失去光泽，出现斑块，并软化腐败。

4.氨伤害

在机械制冷贮藏保鲜中，采用 NH_3 作为制冷剂的冷库，NH_3 泄露后与果蔬接触，会引起产品的变色和中毒。氨伤害的表现为果品变色、水肿、出现凹陷斑等，如 NH_3 泄露时，苹果和葡萄红色减退、蒜薹出现不规则的浅褐色凹陷斑等。

5. SO_2 毒害

SO_2 常用于贮藏库消毒，若处理不当，浓度过高，或消毒后通风不彻底，容易引起果蔬中毒。环境干燥时，SO_2 可通过产品的气孔进入细胞，干扰细胞质与叶绿素的生理作用；如环境潮湿，则形成亚硫酸，进一步氧化为硫酸，使果实灼伤，产生褐斑。如葡萄用 SO_2 防腐处理浓度偏高时，可使果粒漂白，严重时呈水渍状。

在贮藏中，果蔬产品一旦受到低 O_2、高 CO_2、乙烯、NH_3 或 SO_2 等气体的伤害，就很难恢复。因此，预防措施主要是在贮藏期间要严格控制气体组分，经常取样分析，发现问题及时调整气体成分或通风换气。如在贮藏库内放干熟石灰吸收多余的 CO_2，定期检测制冷系统的气密性，防止以 NH_3 为制冷剂的贮藏库中产品受到 NH_3 伤害，进行硫黄熏蒸库体消毒后，要通风排气，预防 SO_2 伤害等。

（三）其他生理性病害

除低温伤害、气体伤害外，果蔬贮藏过程中还有一些非传染性的生理病害，如营养失调、高温热伤等。

1.营养失调

营养失调会使果蔬在贮藏期间生理失去平衡而致病，矿质元素的过量或缺乏会发生一系列的生理病害。国内外研究较多的是钙、氮钙比值、硼引起的生理病害。缺钙往往使细胞膜结构削弱，抗衰老能力变弱。钙含量低、氮钙比值大会使苹果发生苦痘病、水心病，鸭梨发生黑心病，柑橘发生浮皮病，芹菜发生褐心病，胡萝卜发生裂根，番茄和辣椒发生脐腐等。氮素过量会使组织疏松、口味变淡，苹果在贮藏中诱发虎皮病等。缺硼往往使糖运转受阻，叶片中糖累积而茎中糖减少，分生组织变质退化，薄壁细胞变色、变大，细胞壁崩溃，维管束组织发育不全，果实发育受阻；硼素过多亦有害，如可使苹果加速成熟，增加腐烂。

2.高温热伤

果蔬都有各自能忍受的最高温度，超过最高温度，产品会出现热伤。热伤使细胞器变形，细胞壁失去弹性，细胞迅速死亡，严重时会发现蛋白质凝固。表现为产生凹陷或不凹陷的不规则形褐斑，内部全部或局部变褐、软化、淌水，也会被许多微生物侵入危害，发生严重腐烂，尤其是一些多汁的水果对强烈的阳光特别敏感，极易发生日灼斑影响贮运。

3.水分关系失常

新鲜果蔬一般含水量高，细胞都有较强的持水力，可阻止水分渗透出细胞壁，但当水分的分布及变化关系失常，产品在田间就出现病害，并在贮运期间继续发展。如雨水或灌溉过多会造成马铃薯的空心病，使块茎含水量激增，以致淀粉转化为糖，逐步形成空心。

二、侵染性病害及其预防

由病原微生物侵染而引起的病害称为侵染性病害，是导致采后果蔬腐烂与品质下降的主要原因之一。果蔬采后侵染性病害的病原物主要为真菌和细菌，极个别的为线虫和病毒。果蔬贮运期间的传染性病害几乎全由真菌引起，真菌还可以产生毒素，有的真菌毒素甚至可以使人畜中毒、致癌。

（一）病原菌侵染特点

病原菌的侵染过程按侵染时间顺序可以分为采前侵染（田间感染）、采收时侵染和采后侵染等。从侵染方式上则分为伤口侵染、自然孔口或穿越寄主（果蔬）表皮直接侵染等。了解病原菌侵染的时间和方法对制订防病措施是极为重要的。

1.采前侵染

采前侵染分为直接侵入、自然孔口侵入和伤口侵入三种方式。

（1）直接侵入

直接侵入是指病原菌直接穿透果蔬器官的保护组织（角质层、蜡层、表皮、表皮细胞）或细胞壁的侵入方式。许多真菌、线虫等都有这种能力，如炭疽菌和灰霉病菌等。其典型过程是孢子萌发产生芽管，通过附着器和黏液把芽管固定在可侵染的寄主表面，然后再从附着器上的侵入丝穿透被害体的角质层，此后在菌丝加粗后在细胞间蔓延或再穿透细胞壁而在细胞内蔓延。

（2）自然孔口侵入

自然孔口侵入是指病原菌从果蔬的气孔、皮孔、水孔、芽眼、柱头、蜜腺等孔口侵入的方式，其中以气孔和皮孔最重要。真菌和细菌中相当一部分都能从自然孔口侵入，只是侵入部位不同，如葡萄霜霉病和蔬菜锈病病菌的孢子从气孔侵入，马铃薯软腐病菌从皮孔侵入，十字花科蔬菜黑腐病菌从水孔侵入，苹果花腐病菌从柱头侵入，菠菜小果褐腐病细菌从蜜腺管侵入等。

（3）伤口侵入

伤口侵入是指病原菌从果蔬表面的各种创伤伤口（包括收获时造成的伤口，采后处理、加工包装以至贮运装卸过程中的擦伤、碰伤、压伤、刺伤等机械伤，脱蒂、裂果、虫口等）侵入的方式，这是果蔬贮藏病害的重要侵入方式。青绿霉病、酸腐病、黑腐病真菌及许多细菌性软腐病细菌就是从伤口侵入的。

2.采收时侵染和采后侵染

果蔬产品采后侵染的大部分病害是从表皮的机械损伤和生理损伤组织侵入。在采收、分级、包装、运输过程中，机械损伤是不可避免的，机械采收较手工采收会造成更大的损伤。从植株上采收，割切果柄带来的损伤是采后病害的重要侵染点，如香蕉的褐腐病，菠萝花梗腐烂，芒果、番木瓜、油梨、甜椒、甜瓜和洋梨的茎端腐。过度挤压苹果和马铃薯表皮组织，皮孔和损伤部位潜伏的病原会恢复生长。冷、热、缺氧、药害及其他不良的环境因素所引起的生理损伤，使新鲜果蔬产品失去抗性，病原容易侵入，如一些原产亚热带的果蔬贮藏在低于10℃以下发生冷害，即使没有显现冷害症状，采后病害也会骤然增加。冷害后的葡萄柚易发生茎腐病，甜椒、甜瓜、番茄易出现黑斑病和软腐病。

（二）影响发病的因素

果蔬贮藏病害的发生是果蔬与病原菌在一定的环境条件下相互作用，最后以果蔬不能抵抗病原菌侵袭而发生病害的过程。病害的发生不能由果蔬体单独进行，而是受病原菌、寄主（果蔬）的抗性和环境条件三个因素的影响和制约。

1.病原菌

病菌是引起果蔬病害的病源，许多贮藏病害都源于田间的侵染。因此，可通过加强田间的栽培管理，清除病枝病叶，减少侵染源，同时，配合采后药剂处理来达到控制病害发生的目的。

2.寄主（果蔬）的抗性

果蔬的抗性又称抗病性，是指果蔬抵御病原侵染的能力。影响果蔬抗性的因素主要有成熟度、伤口和生理病害等。一般来说，未成熟的果蔬有较强的抗病性，但随着果蔬成熟度增加，感病性增强。伤口是病菌入侵果实的主要门户，有伤的果实极易感病。果蔬产生生理病害（冷害、冻害、低 O_2 浓度或高 CO_2 浓度伤害）后对病害的抵抗力降低，也易感病，发生腐烂。寄主的 pH 值也会影响到病原菌的繁殖，蔬菜类的 pH 值接近中性（6.7～7），如大白菜、甘蓝、马铃薯、甜椒、黄瓜、茄子、菜豆等容易发生细菌性软腐病；水果类的 pH 通常低于 4.5～5，真菌病害侵染较多。番茄果实组织偏酸性，一般 pH 为 4.3～4.5，真菌病害较多，细菌病害也比较敏感。

3. 环境条件

（1）温度

病菌孢子的萌发力和致病力与温度的关系极为密切。各种真菌孢子都具有最高、最适及最低的萌发温度。离开最适温度愈远，孢子萌发所需时间愈长，超出最高和最低温度范围，孢子便不能萌发。在病菌与寄主的对抗中，温度对病害的发生起着重要的调控作用，一方面温度影响病菌的生长、繁殖和致病力；另一方面也影响寄主的生理代谢和抗病性，从而制约病害的发生与发展。一般而言，较高的温度加速果蔬衰老，降低果蔬对病害的抵抗力，有利于病菌孢子的萌发和侵染，从而加重发病；较低的温度能延缓果蔬衰老，保持果蔬抗病性，抑制病菌孢子的萌发与侵染。因此，选择贮藏温度一般以不引起果蔬产生冷害的最低温度为宜，这样能最大限度地抑制病害发生。

（2）湿度

大多数真菌孢子的萌发要求比较潮湿的环境，细菌的繁殖以及细菌和孢子的游动，都需要在水滴里进行，因此空气湿度对病原侵入的影响很大。在果蔬生长期间，温度条件不是潜伏侵染的限制因素，主要影响因素是空气相对湿度、雨水。寄主的水分状况也影响到病害的发展，许多果蔬产品含水量高或组织饱满时对病原菌的侵入更为敏感，采前大量灌水会明显降低果蔬对病原菌的抗性，稍微脱水可以减少腐烂。

（3）气体成分

提高贮藏环境中 CO_2 浓度对菌丝生长有较强的抑制作用，但当 CO_2 浓度超过 10% 时，大部分果蔬会发生生理损伤，腐烂速度加快。各种微生物对 CO_2 的敏感性也表现出很大的差异，对于少数真菌生长和孢子萌发来说，CO_2 浓度甚至是一个促进因子，如高 CO_2 可刺激白地霉的生长，许多细菌、酵母菌的生长还可用 CO_2 作碳源。通常高 CO_2 对真菌性腐烂的抑制优于对细菌性腐烂的抑制，但单纯

依靠提高 CO_2 浓度、降低 O_2 浓度来抑制病原菌或防腐是有困难的。调节气体成分的主要作用在于有效地延缓果蔬的成熟与衰老,保持寄主的抗性。乙烯作为成熟激素与感病性有正相关关系,高乙烯会促进果蔬的成熟与衰老,使抗病能力下降,并诱发病原菌在果蔬组织内生长。

(三)防治措施

侵染性病害的防治是在充分掌握病害发生、发展规律的基础上,抓住关键时期,以预防为主,综合防治,多种措施合理配合,以达到防病治病的目的。

1.农业防治

农业防治是指在果品蔬菜生产中,采用农业措施,创造有利于果蔬生长发育的环境,增强产品本身的抗病能力,同时创造不利于病原菌活动、繁殖和侵染的环境条件,减轻病害发生程度的防治方法。该法是最经济、最基本的植物病害防治方法,也不涉及残毒问题。常用的措施有无病育苗、保持田园卫生、合理修剪、合理施肥与排灌、果实套袋、适时采收、利用与选育抗病品种等。

2.物理防治

物理防治是指采用控制贮藏环境中温度、湿度和空气成分,或热力处理、辐射处理等方法来防治果蔬贮运病害。

(1)低温贮运

果蔬贮、运、销过程中的损失表现在病原菌危害引起的腐烂损失、蒸发引起的重量损失、生理活动自我消耗引起养分及风味变化造成商品的品质损失三个方面。温度是以上三大损失的主要影响因素,采后适宜的低温贮运不但可以抑制病菌的生长、繁殖、扩展和传播,还可以通过保持果蔬新鲜状态而延缓衰老,因而具有较强的抗病力。同时必须注意,果蔬种类、品种不同,对低温的敏感性也不同,如果用不适当的低温贮运,果蔬将遭受冷害而降低对微生物的抗病力,这样低温不但起不到积极作用,而且有可能造成更严重的损失。

(2)气调处理

果蔬贮藏期间,采用高 CO_2 短时间处理或采用低 O_2 或高 CO_2 的贮藏环境条件对许多采后病害都有明显的抑制作用,特别是用高 CO_2 处理,如用 30% CO_2 处理柿子 24h,可以控制黑斑病的发生。

(3)辐射防腐处理

γ 射线可穿透果蔬组织,消灭深层侵染的病原菌,因此,通常利用放射性同位素产生的 γ 射线,对贮藏前的果蔬进行照射,可以达到防腐保鲜的目的。常见抑菌剂量为 150 ~ 200 krad。

（4）紫外线防治

低剂量 254nm 的短波紫外线与激素或化学抑制剂，可诱导植物组织产生抗性，减少对黑斑病、灰霉病、软腐病、镰刀菌的敏感性。

3. 化学防治

化学防治是指使用杀菌剂杀死或抑制病原菌，对未发病产品进行保护或对已发病产品进行治疗；或利用植物生长调节剂和其他化学物质，提高果蔬抗病能力，防止或减轻病害造成损失的方法。

化学防治所采用的杀菌剂通常分为保护性杀菌剂和内吸性杀菌剂两类，保护性杀菌剂的作用主要在于预防与保护，杀死或抑制果蔬表面的病原真菌和细菌，减少其数量，如次氯酸和次氯酸盐等。内吸性杀菌剂由果蔬吸入体内，抑制或杀死已侵入果蔬体内的病原真菌和细菌，起预防和治疗的双重作用，如噻菌灵（特克多）、多菌灵、抗菌灵（托布律）、疫霉灵等。化学防治通常处理的方法有熏蒸和药液洗果，洗果既可杀菌除去果蔬表面的污物，又有预冷作用。果蔬的种类及发生病害的种类不同，所使用的化学药剂也不相同。

化学防治是果蔬采后病害防治的有效方法，物理防治只能抑制病菌的活动和病害的扩展，而化学防治对病菌有毒杀作用，因此防治效果更为显著。

4. 生物防治

生物防治是指利用有益生物及其代谢产物防治植物病害的方法。利用果蔬的天然抗性和微生物生态平衡原理进行果蔬采后病害的生物防治，是非常有前途的方法之一。

5. 综合防治

综合防治是指将采前、采后、物理、化学多种防治方法相结合，运用一系列保护性和杀灭性防治措施，并贯彻"以防为主、防治结合"的原则。

根据以上原则，可以运用的综合防治方式有采前采后相结合、化学方法与物理方法相结合、杀灭与保护相结合三种。

第四章 农产品加工的基本知识

对农产品（粮油产品和果蔬产品）进行必要的处理及合理的加工，可有效提高农产品的附加值，是保证农产品丰收的一个重要手段。要使农产品（粮油产品和果蔬产品）得到合理的加工，首先要对其分类和特点有所了解，然后根据各自的特点采取不同的加工技术和手段进行科学合理的加工，以达到预想的目的。目前常用的加工技术包括干燥、粉碎、蒸馏、压榨、萃取、膨化、焙烤、脱水、高渗透压、密封杀菌、微生物发酵、低温速冻、化学防腐等。

第一节 粮油加工基本知识

一、粮油加工品的分类及特点

（一）粮食作物加工品

1.稻谷加工品

我国稻谷产量居世界第一位，稻谷含有大量的淀粉、少量脂肪、蛋白质、纤维素和钙、磷等无机物及各种维生素。稻谷加工品主要以大米为原料。

（1）抛光米、强化米、婴儿米及米饭、方便米饭、米粉、米线等大米制品。

（2）发酵制品。黄酒（清酒、米酒）、醪糟等。

2.小麦加工品

小麦是我国主要的粮食作物之一，小麦面粉营养丰富、品质优良。小麦的加工与利用主要是制粉，利用面粉可继续加工成各种成品或半成品。

（1）挂面、方便面、面条、面皮等面粉制品。

（2）焙烤食品。面包、饼干、蛋糕、月饼等。

3.玉米、薯类加工品

玉米、薯类富含淀粉，是淀粉工业、饲料工业的首选原料，精、深加工的玉米、薯类产品是淀粉工业发展的方向。

（1）粉条、粉丝、粉皮等淀粉制品。

（2）淀粉衍生物。氧化淀粉、环状糊精等。

（3）淀粉制糖。麦芽糖、葡萄糖、淀粉糖浆、果葡糖浆及其糖果等。

（4）淀粉发酵制品。氨基酸、柠檬酸、维生素 C、维生素 B_7、维生素 B_{12} 等、抗生素类、有机溶剂、酶制剂、酵母制品、调味品及酒类等。

4.豆类加工品

（1）豆油。大豆油等。

（2）豆制品。豆浆、豆腐、豆干、豆筋、豆粉、粉丝等。

（3）发酵制品。酱油、豆豉、豆腐乳、酸豆奶等。

（4）蛋白制品。浓缩蛋白、分离蛋白、组织蛋白、人造肉等。

（5）其他。如罐头制品、油炸制品、膨化制品等。

（二）油料作物加工品

油料作物含有丰富的油脂，主要有大豆、花生、油菜籽等，平均含油量为22%，32%，42%。

1.粗制油

大豆油、花生油、芝麻油、向日葵籽油、菜籽油、棉籽油等。

2.精炼油

精制油、色拉油、起酥油、人造奶油等。

（三）副产物综合利用

1.粮食加工副产物

（1）谷壳。耐火灰砖、糠醛等。

（2）米糠。米糠油、维生素 B_1 等。

（3）麸皮。植酸钙、肌醇、谷维素等。

（4）玉米胚芽。胚芽油、胚芽蛋白、亚油酸等。

（5）其他。粉渣、黄浆等可作饲料。

2.油料加工副产物

（1）饼粕。豆腐、酱油、酱、植物蛋白、饲料等。

（2）皂角。肥皂等。

二、粮油加工基本原理

（一）干燥

干燥即利用加热、通风和放置干燥剂等方法使固体物料中的水分蒸发，以达到除去水分的目的。常用于果蔬制品的加工。

（二）固体物料粉碎

固体物料粉碎是利用机械的方法克服固体物料内部的凝聚力而将大尺寸固体变为小尺寸固体的一种操作。在一定的压力下，通过机械作用将粮油产品的原料破碎成直径为 2 ~ 150 mm 的固体颗粒。固体颗粒减小后，有效表面积增大，有利于反应、抽提、溶解等过程的进行，因此，粉碎操作在粮油加工中极为重要，它往往是整个加工过程的先行工序。例如用薯类、玉米、小麦等物料加工制取淀粉、糖类，或用于发酵时，都需要粉碎。粉碎可按粉碎后物料的直径分为粗粉碎（直径 40 ~ 150 nm）、中粉碎（直径 10 ~ 40 nm）、微粉碎（直径 5 ~ 10 nm）、超微粉碎（直径 0.5 ~ 5 nm）。

（三）蒸馏

蒸馏是根据液体组分挥发度的不同，将混合液体加热至沸腾，使液体不断汽化产生的蒸汽经冷凝后作为顶部产物的一种分离、提纯操作。

白酒的蒸馏一般采用简单蒸馏方法。操作时将成熟醪液放在一个密闭的蒸馏甑中加热，使醪液沸腾，所产生的酒精蒸气通过引导管引入冷凝器冷凝，并冷却成低温的成品酒。用此法进行蒸馏时，由于随时不断地将产生的酒精蒸气移出，而蒸馏甑中又无醪液补充，故甑内液相中的酒精成分浓度逐渐降低，于是成品酒的浓度也愈来愈低，故需按要求将不同浓度范围的成品分别盛装。随着蒸馏过程的进行，甑中液体浓度下降到某规定值时（或成品酒的浓度降至某一值时），停止蒸馏，将酒糟排出，然后再加入新的醪液重新蒸馏。

（四）压榨

压榨是利用挤压力，使植物内的汁液被榨取出来的操作过程。例如制取蔗糖、榨取植物油等均需采用压榨法。存在于细胞原生质中的油脂，经过预处理过程的轧坯、蒸炒，其中的油脂大多数形成凝聚态。此时，大部分凝聚态油脂仍存在于细胞的凝胶束孔道之中，压榨取油的过程，就是借助机械外力的作用将油脂从榨料中挤压出来的过程。此过程主要是物理变化，如物料变形、油脂分离、摩擦发热、水分蒸发等。但在压榨过程中，由于水分、温度的影响，也会产生某些生化方面的变化，如蛋白质变性，酶的破坏和抑制等。

（五）萃取

根据不同物质在同一溶剂中溶解度的差异，使混合物中各组分得到部分或全部分离的分离过程，称为萃取。在混合物中被萃取的物质称为溶质，其余部分则为萃余物，而加入的第三组分为溶剂或萃取剂。

混合物为液体的萃取称为液－液萃取，所用的溶剂与被处理的溶液必须不相容或很少互溶，而对处理溶液中的溶质具有选择性的溶解能力；混合物料为固体的萃取称为液－固萃取，一般需将固体粉碎以增加接触面积。在油脂工业中，常以标准己烷为溶剂，提取大豆、花生中的油类。

（六）膨化

含有一定水分的物料，在挤压机套管内受到螺杆的推动作用和卸料磨具及套管内截留装置（如反向螺旋）的反向阻止作用，另外还受到来自外部的和物料与螺杆、套管内部摩擦热的加热作用，使物料处于 3 ~ 8 Mpa 和 120 ~ 200℃的高温下（根据需要还可达到更高）。由于压力超过了挤压温度下的饱和蒸汽压，物料在挤压机筒内不会产生水分的沸腾和蒸发。在如此高的温度、剪切力及高压的作用下，物料呈现熔融状态。当物料被强行挤出模具口时，压力骤然降为常压，此时水分便会发生急骤的闪蒸，产生类似于"爆炸"的情况，产品随之膨胀。水分从物料中蒸发，带走了大量的热量，物料瞬间从挤压过程中的高温迅速降至80℃左右的相对低温。由于温度的降低，物料从挤压时的熔融状态而固化成形，并保持了膨胀后的形状。

（七）焙烤

焙烤又称为烘烤、烘焙，是指在物料燃点之下通过干热的方式使物料脱水变干、变硬的过程。烘焙是面包、饼干、蛋糕类产品制作不可缺少的步骤，通过烘焙后淀粉产生糊化、蛋白质变性等一系列化学变化，使面包、蛋糕达到熟化的目的。

第二节 果蔬加工基本知识

一、果蔬加工品的分类及特点

（一）干制品

干制品是指原料经洗涤、去皮、切分、热烫、烘烤、回软、分级、包装等工艺而制成的加工品，一般成品含水量为10% ~ 20%。成品重量轻、体积小，便于运输，食用方便，营养丰富而又易于长期保藏。成品具有一定的复水性。

（二）罐藏品

罐藏品指果蔬原料经洗涤、去皮、去核、热烫、装罐、排气、密封、杀菌、冷却等工艺处理而制成的产品。罐藏品在常温下可保藏 1 ~ 2 年，食用、携带方便，安全卫生。

（三）糖制品

糖制品是指利用高浓度糖液的渗透脱水作用，将预处理后的果蔬原料加工制成的制品。制品具有高糖、高酸的特点，含糖量大多在 60% ~ 65% 以上。按其加工方法和产品状态分为蜜饯类和果酱类。蜜饯类经糖制后仍保持原来的果块形状，而果酱类则不保持原来形状。

（四）果蔬汁

果蔬汁是指未添加任何外来物质，直接从新鲜水果或蔬菜中用压榨或其他方法取得的汁液。具有近似新鲜果蔬的营养和风味，主要成分为水、有机酸、糖分、矿物质、维生素、芳香物质、色素、单宁、含氮物质和酶等。果蔬汁属于生理碱性食品，能防止因食肉过多而引起的酸中毒。可溶性固形物的含量一般可达 10% ~ 15%。

（五）腌制品

利用食盐浸入蔬菜组织内部，以降低其水分活度，提高其渗透压，有选择地控制微生物的发酵并添加各种配料，以抑制腐败菌的生长，增强保藏性能，保持其食用品质的保藏方法，称为蔬菜腌制，其制品称为腌制品。分为发酵性腌制品和非发酵性腌制品。

（六）速冻制品

速冻制品是指原料经处理后，在 -35 ~ -25℃低温下速冻，使果蔬内的水分迅速结成微小的冰晶，然后在 -18℃的条件下保存的加工品。速冻制品可更好地保持果蔬原有的色、香、味和营养。

（七）酿造品

酿造品是指以果实为原料，经微生物作用酿制而成的制品。根据微生物的不同，可分为酒精发酵、乳酸发酵和醋酸发酵，其产品分别是果酒、发酵饮料和果醋。

二、果蔬加工的基本原理

（一）干制脱水

果蔬通过干制处理，脱去果蔬内绝大多数游离水及部分结合水，使微生物正常代谢受到抑制，酶的活性也受到抑制，从而达到长期保存果蔬的目的。

（二）高渗透压

利用食糖、食盐能产生较高渗透压，导致微生物细胞的反渗透作用而抑制其活性及酶的活性。微生物生存的渗透压一般在 1 013 ~ 1 692kPa，而糖制品食糖浓度在 65% 以上，可产生 4 609kPa 以上的渗透压；5% 以上食盐溶液可产生 3 090kPa

以上的渗透压（1%的食糖可产生 70.9kPa 的渗透压，1%的食盐可产生 618kPa 的渗透压）。高渗透压的食糖或食盐溶液抑制了微生物的活动，并达到长期保存的目的。如糖制品、腌制品。

（三）密封杀菌

将原料密封于容器中，经排气、密封，隔绝空气和微生物的侵染，并杀死内部微生物，使酶失去活性，达到长期保存的目的。如罐藏制品，其基本保藏原理在于杀菌消灭了有害微生物的营养体，同时应用真空，使可能残存的微生物芽孢在无氧的状态下无法生长活动，从而使罐头内的果蔬保持相当长的货架寿命。

（四）微生物发酵

利用酵母菌、乳酸菌、醋酸菌等有益微生物产生的酒精、乳酸、醋酸来抑制其他有害杂菌的活动，以达到长期保存加工品的目的。如果酒、酸泡菜等。

（五）低温速冻

利用低温（一般 -30℃以下）使原料内的水分迅速结成微小冰晶体使微生物及酶失去活性或受到抑制，以达到长期保存的目的。果蔬低温速冻要求在 -35 ~ 25℃的低温下，30 min 或更短时间内，将新鲜果蔬的中心温度降至冻结点以下，把水分中的 80% 尽快冻结成冰，这样就必须应用很低的温度进行迅速的热交换，将其中热量排除。在如此低温条件下进行加工和贮藏，能抑制微生物的活动和酶的作用，可以在很大程度上防止腐败及生物化学作用，新鲜原料则能长期保藏，一般在 -18℃下，可以保存 10 ~ 12 个月以上。

（六）化学防腐

利用一些能杀死或防止果蔬中微生物生长发育的防腐剂添加到果蔬中，并经其他工艺处理，达到长期保存果蔬的目的。所采用的防腐剂必须是无毒或低毒，不妨碍人体健康，不破坏食品成分，所使用的量必须在国家规定的标准范围内。

三、果蔬加工对原辅料的基本要求及处理

（一）果蔬加工对原料的要求及预处理

1.果蔬加工对原料的要求

总的要求是要有合适的种类、品种，适当的成熟度和良好、新鲜完整的状态。

2.果蔬加工原料及预处理

（1）原料的选别、分级与清洗

① 选别与分级

其目的首先，剔除不合乎加工标准的果蔬，包括未熟和过熟的，已腐烂或长

霉的果蔬，以及混入原料内的沙石、虫卵和其他杂质，从而保证产品的质量；其次，将进厂的原料进行预先的剔选分级，有利于以后各项工艺过程的顺利进行。

剔选时，将进厂的原料进行粗选，剔除虫蛀、霉变和伤口大的果实，对残次果和损伤不严重的则先进行修整后再应用。

果蔬的分级包括按大小分级、按成熟度分级和按色泽分级三种，视不同的果蔬种类及这些分级内容对果蔬加工品的影响而采用一种或多种分级方法。

② 清洗

清洗的目的在于洗去果蔬表面附着的灰尘、泥沙和大量的微生物以及部分残留的化学农药，保证产品的清洁卫生，从而保证制品的质量。洗涤时常在水中加入盐酸、氢氧化钠、漂白粉、高锰酸钾等化学试剂，既可减少或除去农药残留，又可除去虫卵，降低耐热芽孢数量。近年来，更有一些脂肪酸系的洗涤剂如单甘油酸酯、磷酸盐、糖脂肪酸酯、枸橼酸钠等应用于生产。

果蔬的清洗方法可分为手工清洗和机械清洗两大类。手工清洗简单易行，成本低，适合于任何种类的果蔬，但劳动强度大，效率低。对于一些易损伤的果品，如杨梅、草莓、樱桃等，此法较适宜。果蔬清洗的机械种类较多，有适合于质地比较硬和表面不怕机械损伤的李、黄桃、甘薯、胡萝卜等原料的滚筒式清洗机，番茄酱、柑橘汁等连续生产线常应用的喷淋式清洗机等多种类型。应根据生产条件、果蔬形状、质地、表面状态、污染程度、夹带泥土量以及加工方法而选用适宜的清洗设备。

（2）果蔬的去皮

除叶菜类外，大部分果蔬外皮较粗糙、坚硬，虽然有一定的营养成分，但口感不良，对加工制品有一定的不良影响，因而，一般要求去皮。去皮时，只要求去掉不可食用或影响制品品质的部分，不可过度，否则只能增加原料的消耗，且造成产品质量低下。果蔬去皮的方法有以下三种。

① 手工去皮

手工去皮是应用特别的刀、刨等工具进行人工削皮。此法去皮干净，损失率少，并兼有修整的作用，还可去心、去核、切分等同时进行。但手工去皮费工、费时，效率低，不适合大规模生产。

② 机械去皮

采用专门的机械进行，常用的去皮机械有：旋皮机，适合于苹果、梨、菠萝等大型果品；擦皮机，适于马铃薯、胡萝卜、荸荠等原料的去皮；专用去皮机，青豆、黄豆等的去皮采用专用的去皮机来完成，菠萝也有专用的菠萝去皮切端通用机等。

③ 碱液去皮

碱液去皮是果蔬原料去皮中应用最广的方法。桃、李、杏、苹果、胡萝卜等果蔬，外皮由角质、半纤维素等组成，果肉由薄壁组织组成，果皮与果肉之间为一层中胶层，富含果胶物质，将果皮与果肉连接。当果蔬与碱液接触时，果皮的角质、半纤维素易被碱液腐蚀而变薄乃至溶解，中胶层的果胶被碱液水解而失去胶凝性，而果肉的薄壁细胞膜比较抗碱。因此，碱液处理能使果蔬的表皮剥落而保持果肉。

碱液去皮常用的碱有氢氧化钠、氢氧化钾或二者的混合物、碳酸氢钠。碱液去皮有碱液浓度、处理时间和碱液温度三个重要参数，应视不同的果蔬原料种类、成熟度和大小而定。碱液浓度高、处理时间长及温度高会增加皮层的松离及腐蚀程度。适当增加任何一项，都能加速去皮作用。如温州蜜柑囊瓣去囊衣时，0.3%左右的碱液在常温下需 12 min 左右，而 35～40℃时只需 7～9 min，0.7%的浓度在45℃下、5 min 即可。故生产中必须视具体情况灵活掌握，以处理后经轻度摩擦或搅动能脱落果皮，且果肉表面光滑为适度的标志。

经碱液处理后的果蔬必须立即在冷水中浸泡、清洗，反复换水、淘洗，除去果皮及黏附碱液，漂洗至果块表面无滑腻感，口感无碱味为止，或用0.25%～0.5%的柠檬酸或盐酸浸渍几秒钟中和碱液，再用水漂洗除去盐类。

碱液去皮的处理方法有浸碱法和淋碱法两种。

A.浸碱法。又分冷浸和热浸。将一定浓度的碱液装在特制的容器（热浸常用夹层锅）中，投入果蔬，并振荡使碱液均匀，浸泡一定时间后取出搅动、摩擦去皮、漂洗既可。

B.淋碱法。将热碱液喷淋于输送带上的果蔬上，淋过碱的果蔬进入转筒内，在冲水的情况下与转筒的边翻滚摩擦去皮。杏、桃等去皮常用此法。

此外，在果蔬的去皮中还运用热力去皮、酶法去皮、冷冻去皮、真空去皮等方法。

（3）原料的切分、破碎、去心（核）、修整

体积较大的果蔬原料在罐藏、干制、腌制及加工果脯蜜饯时，为了保持适当的形状，需要适当的切分。切分的形状则根据产品的标准和性质而定。加工果酒、果蔬汁等制品，加工前需破碎，使之便于压榨和打浆，提高出汁率。核果类加工前需去核、仁果类则需去心。有核的柑橘类果实制罐时需去除种子。枣、金柑、梅等加工蜜饯时则需划缝、刺孔。

果蔬的破碎常由破碎机完成。刮板式打浆机常用于打浆、去籽。制作果酱时

果肉的破碎也可采用绞肉机进行。葡萄的破碎、去梗、送浆联合机为葡萄酒厂的常用设备。

上述工序在小量生产和设备较差时一般手工完成，常借助专用的小型工具如通核器、去核心器、刺孔器等；规模生产常用如劈桃机、多功能切片机、专用切片机等专用机械。

（4）烫漂

果蔬的烫漂，即将已切分的或经其他预处理的新鲜果蔬原料放入沸水或热蒸汽中进行短时的热处理。目的在于钝化活性酶、防止褐变；软化和改进组织结构；稳定和改进色泽；除去部分辛辣味和其他不良风味；降低果蔬中的污染物和微生物数量。但烫漂同时要损失一部分营养成分，热水烫漂时，果蔬视不同的状态要损失相当的可溶性固形物。据报道，切片的胡萝卜用热水烫漂 1 min 即损失矿物质 10%，整条的也损失 7%。另外，维生素 C 及其他维生素也受到一定损失。

果蔬烫漂可用手工在夹层锅内进行，现代化生产采用专门的连续化预煮设备，依其输送物料的方式，目前主要的预煮设备有链带式连续预煮机和螺旋式连续预煮机等。果蔬漂烫的程度，应根据果蔬的种类、形状、大小、工艺等条件而定。烫漂后的果蔬要及时浸入冷水中冷却，防止过度受热，组织变软。

（5）工序间的护色

果蔬去皮和切分之后，与空气接触会迅速变成褐色，从而影响外观，也破坏了产品的风味和营养品质，这种褐变主要是酶促褐变。为防止酶促褐变，可采取以下措施。

①烫漂护色

烫漂可钝化活性酶、防止酶褐变、稳定和改进色泽。

②食盐溶液护色

将去皮或切分后的果蔬浸于一定浓度的食盐溶液中可护色。原因是食盐对酶的活力有一定的抑制和破坏作用；另外，氧气在食盐水中的溶解度比空气小，故有一定的护色作用。果蔬加工中常用 1% ~ 2% 的食盐溶液护色。蘑菇也可用近于 30% 的高浓度盐渍并护色。

③亚硫酸盐护色

亚硫酸盐既可防止酶褐变，又可抑制非酶褐变。常用的亚硫酸盐有亚硫酸钠、亚硫酸氢钠和焦亚硫酸钠等。

④有机酸溶液护色

有机酸既可降低 pH 值，抑制多酚氧化酶活性，又可降低氧气的溶解度而兼有抗氧化作用。常用的有机酸有柠檬酸、苹果酸和抗坏血酸。生产上一般采用浓度为 0.5% ~ 1% 的柠檬酸。

⑤ 抽空护色

某些果蔬如苹果、番茄等，组织较疏松，含空气较多，易引起氧化变色，需抽空处理。所谓抽空是将原料置于糖水或无机盐水等介质中，在真空状态下，使表面和果肉内的空气释放出来，从而抑制多酚氧化酶的活性，防止酶褐变。

（二）果蔬加工对水质的要求及处理

1.果蔬加工对水质的要求

凡与果蔬直接接触的用水，应符合饮用水标准：无色，澄清，无悬浮物，无异味异臭，无致病细菌，无耐热性微生物及寄生虫卵；不含对健康有害的有毒物质。此外，水中不应含有硫化氢、氨、硝酸盐和亚硝酸盐等，因为这些物质的存在表示水中曾有腐败作用发生或被污染；也不应含有过多的铁、锰等盐。

硬度过大的水也不适合做加工用水，硬水中的钙盐与果蔬中的果胶酸易结合生成果胶酸钙而使果肉变硬。镁盐味苦，若 1L 水中含有 MgO 40 mg 便尝出苦味。钙、镁盐易与果品中的酸化合生成溶解度小的有机酸，并与蛋白质生成不溶性物质，引起汁液浑浊或沉淀。蜜饯制坯、泡菜腌制可以使用硬水。

来源于地下深井的水和自来水，若硬度符合要求，可直接用于加工；来源于河流、湖泽、水库的水必须经过澄清、软化、清毒等处理与净化，才能使用。水中杂质分为悬浮杂质和溶解杂质两大类，悬浮杂质如泥沙、虫卵、原生动物、藻类、细菌、病毒、高分子有机物如蛋白质、腐殖酸等，可通过澄清过滤除去。溶解杂质有盐类及气体，可通过软化和脱盐处理除去。通过这些处理后，水中还存在部分的致病菌，可通过消毒等净化处理除去。

2.水的处理

（1）澄清

将水经置于贮水池中，待其自然澄清，约可除去 60% ~ 70% 的粗大的悬浮物及泥沙。但水中的细小悬物和胶体物质，放置长时间也难以达到透明程度，有时还带色度和臭味。要除去这些细小悬浮物和胶体物质可采用两种途径，一种是在水中加入混凝剂，使水中细小悬浮物及胶体物质互相吸附结合成较大的颗粒，从水中沉淀出来，此过程称为混凝；另一种方法是使细小悬浮物和胶体物质直接吸附在一些相对巨大的颗粒表面而除去，称为过滤。

① 自然澄清

将水置于贮水池中，待其自然澄清，仅能除去水中较大的悬浮物。

② 过滤

水流经一种多孔或具有孔隙结构的介质（如砂、木炭）时，水中的一些悬浮物或胶态杂质便被截留在介质的孔隙或表面上，使其澄清。常用的过滤介质有砂、石英砂、活性炭、磁铁矿粒、大理石等。

③ 加混凝剂澄清

自然水中悬浮物质表面一般带负电荷，当加入的混凝剂水解，生成不溶性带正电荷的阳离子时，便发生电荷中和而聚集下沉，使水澄清。常用的混凝剂为铝盐及铁盐。铝盐主要有硫酸铝和明矾。铁盐有硫酸盐铁、硫酸铁及三氯化铁等。

混凝澄清是在沉淀槽中完成的，沉淀槽底稍倾斜以便清除泥沙。混凝剂先配成一定浓度的溶液，与河水同时进入沉淀槽充分混合，使水中的泥沙及悬浮物凝集沉凝于槽底。

（2）消毒

经澄清处理的水，仍含有大量微生物，特别是致病菌与抗热微生物，须进行消毒。一般采用氯化法，常用的有漂白粉、漂白精、液态氯等。漂白粉的用量，以输水管的末端放出水的余氯量在 $0.1 \sim 0.3$ mg/L 为宜。此外臭氧、紫外线、微波常用于专用水消毒。

（3）软化

水的硬度有暂时硬度和永久硬度之分。水中含有钙、镁碳酸盐的称暂时硬水，含钙、镁硫酸盐或氯化物的称为永久硬水，暂时硬度和永久硬度称总硬度。天然水经澄清、消毒后，水的硬度若不合要求，须软化处理。

① 加热法

可除去暂时硬度。

$$Ca(HCO_3)_2 \rightarrow CaCO_3 \downarrow + H_2O + CO_2 \uparrow$$
$$Mg(HCO_3)_2 \rightarrow MgCO_3 \downarrow + H_2O + CO_2 \uparrow$$

② 加石灰与碳酸钠法

加石灰可使硬水暂时软化，反应如下：

$$Ca(HCO_3)_2 + Ca(OH)_2 \rightarrow 2CaCO_3 \downarrow + 2H_2O$$
$$Mg(HCO_3)_2 + Ca(OH)_2 \rightarrow MgCO_3 \downarrow + CaCO_3 \downarrow + 2H_2O$$

加碳酸钠能使硬水永久软化，反应如下：

$$CaSO_4 + Na_2CO_3 \rightarrow CaCO_3 \downarrow + Na_2SO_4$$
$$MgSO_4 + Na_2CO_3 \rightarrow MgCO_3 \downarrow + Na_2SO_4$$

③ 离子交换法

当硬水通过离子交换器内的离子交换剂层时即可软化。离子交换剂有阳离子交换剂与阴离子交换剂两种，用来软化硬水的为阳离子交换剂，阳离子交换剂常用钠离子交换剂和氢离子交换剂。离子交换剂软化水的原理，是软化剂中的 Na^+ 或 H^+ 与水中的 Ca^{2+}、Mg^{2+} 等离子进行交换，把水中的 Ca^{2+}、Mg^{2+} 交换出来，硬水即被软化了，反应如下：

$$CaSO_4+2R-Na \rightarrow Na_2SO_4+R_2Ca$$

$$Ca（HCO_3）_2+2R-Na \rightarrow 2NaHCO_3+R_2Ca$$

$$MgSO_4+2R-Na \rightarrow Na_2SO_4+R_2Mg$$

$$Mg（HCO_3）_2+2R-Na \rightarrow 2NaHCOs+R_2Mg$$

式中，R-Na 为钠离子交换剂分子式的简写，R 代表它的残基。硬水中 Ca^{2+}、Mg^{2+} 被 Na^+ 置换出来，残留在交换剂中，当钠离子交换剂中的 Na^+ 全部被 Ca^{2+}、Mg^{2+} 代替后，交换层就失去了继续软化水的能力，这时就要用较浓的食盐水溶液进行交换剂的再生。反应如下：

$$R_2Ca+NaCl \rightarrow 2R-Na+CaCl_2$$

$$R_2Mg+NaCl \rightarrow 2R-Na+MgCl_2$$

④ 反渗透法

反渗透法是以一种半透膜为介质，对被处理水的一侧施以压力，使水穿过半透膜，而达到除盐的目的。它具有透水量大和脱盐率高（90%）的特点，并且水的利用率也高。

第五章　农产品的贮藏方法

果蔬属于易腐性食品，目前主要采用常温贮藏、低温贮藏、气调贮藏及果蔬贮藏新方法等，了解各种贮藏方法的原理及管理技术要点，根据不同果蔬采后的生理特性和其他具体条件，可以选择不同的贮藏方式和设施，以创造适宜的环境条件，最大限度地延缓果蔬的生命活动，延长其寿命。

第一节　常温贮藏

常温贮藏也称简易贮藏，是在长期生产实践基础上积累经验而形成的一种利用自然环境的温度、湿度实现贮藏的方法，是目前我国农村及家庭普遍采用的贮藏方式，具有悠久的历史。

常温贮藏的主要特点是贮藏场所因地制宜、结构简单、建造容易、费用低廉，采用自然调节方式控制贮藏温度，贮藏效果差，应用受限制。

常温贮藏的形式主要包括堆藏、沟藏、窖藏和通风贮藏四种类型。在实际应用中，应根据农产品的种类选择不同的常温保藏方式。

一、堆藏

（一）定义及原理

堆藏是将农产品堆在室内或室外平地上，利用气温调节堆内温度、湿度的简单贮藏方式。该贮藏方法适用于价格低廉或自身较耐贮藏的果蔬产品，如大白菜、洋葱、甘蓝、冬瓜、南瓜，也可以将苹果、梨和柑橘临时堆藏。

（二）特点与性能

堆藏产品的温度主要是受气温的影响，受地面温度影响也较大，所以秋季容易降温而冬季保温困难。一般适用于温暖地区晚秋收获的农产品的暂时贮藏和越冬贮藏，在寒冷地区只作为秋冬之际的短期贮藏。

（三）贮藏工艺

通常堆藏产品的堆高为 1 ~ 2 m，宽度为 1.5 ~ 2 m，长度根据果蔬产品的数量而定。一般在堆体表面顶盖一定的保温材料，如塑料薄膜、秸秆、草席和泥土等。根据堆藏的目的及气候条件控制堆体的通风和掩盖，以维持堆内适宜的温湿度条件。防止果蔬的受热、受冻和水分过度蒸发，保证产品品质。

（四）应用举例

通常大白菜采收的数量大，适于采用堆藏的方法暂时性保藏。由于大白菜在贮藏过程中易发生失水萎蔫和脱帮腐烂，适宜的贮藏条件为 0（±1）℃温度，95% ~ 98% 相对湿度。堆藏一般作为大白菜预贮藏、少量贮藏和短期贮藏的方式，冬季最低气温不低于 -7℃ 的地区均可采用。

白菜采收后，经过整理、晾晒，在露天或室内将白菜堆成数排，底部相距 30 cm 左右，其根朝内，头朝外，逐层向上，逐渐缩小距离。堆放时，菜要挤紧，每层菜间要交叉斜放一些细架杆，以便支撑菜体。堆 5 ~ 6 层后，两排菜根部相接，然后在堆顶菜根朝下竖放一层菜，菜堆上部和两头用草帘等覆盖保温，并通过席帘的启闭来调节菜堆内的温度和湿度。

菜堆的北侧有时可设置风障，阻挡冷风吹袭，以利保温。有的在菜堆的南侧设置荫障，遮蔽阳光直射，以利降温和保持低温。荫障主要是在入贮初期设置，在严冬时可拆除或移到北面改为风障。风障和荫障应有一定的高度，以便菜堆在其遮挡范围之内，同时也应有一定的紧密度和厚度，才能起到遮挡作用。

二、沟藏

（一）定义及原理

沟藏又称埋藏，是将农产品置于沟槽内，并用土、塑料薄膜、秸秆、草席等覆盖农产品，以保温保湿的一种地下封闭式贮藏方式。利用沟的深度和堆土的厚度调节产品环境的温度。

（二）特点与性能

沟藏主要是利用土及其他覆盖物的保温、保湿性以维持贮藏环境中的温度和湿度相对稳定。封闭式沟藏方式具有一定的自发气调作用，从而获得适宜的控制果蔬的综合环境条件。产品堆放在地面以下，所以秋季降温效果较差而冬季的保温效果较好。

（三）贮藏工艺

沟藏时需要贮藏沟，贮藏沟应该选在平坦干燥、地下水位较低的地方；沟以长方形为宜，长度视果蔬贮藏量而定；沟的深度视当地冻土层的厚度而定，一般为 1.2 ~ 1.5 m，应避免产品受冻，沟的宽度一般为 1 ~ 1.5 m；沟的方向要根据当地气候条件确定，在较寒冷地区，为减少冬季寒风的直接袭击，沟的方向以南北向为宜，在较温暖地区，多为东西向，并将挖起的沟土堆放在沟的南侧，以减少阳光的照射和增大外迎风面，从而加快贮藏初期的降温速度。

沟藏产品在采收后首先要进行预贮，使其充分散去田间热，降低呼吸热，在土温和产品温度都接近贮温时，再入沟贮藏。贮藏期主要是采取分层掩盖、通风换气和风障、荫障设置等措施尽可能地控制适宜的贮藏温度。随着外界气温的变化逐步进行覆草或铺土、设立风障和荫障、堵塞通风设施，以防降温过低而使产品受冻。为了能观察沟内产品的温度变化，可用竹筒插一支温度计，以随时掌握产品的温度情况，同时在贮藏沟的左右开挖排水沟，以防外界雨水的渗入。

（四）应用举例

萝卜（胡萝卜）性喜冷凉多湿的环境条件，比较耐贮藏和运输。萝卜（胡萝卜）没有明显的生理休眠期，在贮藏期遇到适宜的条件便发芽，同时使肥大肉质根中的水分和营养向生长点转移，造成产品糠心。此外，贮藏温度过高、空气干燥、水分蒸发过快也会造成糠心。萝卜（胡萝卜）适宜的沟藏条件是 0 ~ 3℃温度，90% ~ 95% 相对湿度。

沟藏方法选择地势平坦干燥、土质较黏重、排水良好、地下水位较低、交通便利的地方挖贮藏沟，将经过挑选的萝卜（胡萝卜）堆放在沟内，最好与湿沙层积。直根在沟内的堆积厚度一般不超过 0.5 m，以免底层产品出现热伤。若在产品面上盖土时，则以后随气温下降分次加土，最后与地面齐平，并在 1 周后浇水 1 次，浇水前应先将坡土平整踩实，以使水均匀缓慢地下渗。

三、窖藏

（一）定义及原理

窖藏是利用窖体的保护作用，使窖内温度、湿度、气体组成受外界环境影响较小，因而创造一个温度、湿度、气体组成都比较稳定的环境的贮藏方法。其原理是利用构成窖体的土及空气的热不良导性和窖的密封性，使窖内温度、湿度恒定，进而延缓窖内农产品的变质。窖藏时可以配备一定的通风设施，管理人员可以进出，以便物料的存取。

（二）特点与性能

窖藏在地面以下，受土温的影响很大；若设有通风设施，受气温的影响也很大。其影响的程度因窖的深度、地上部分的高度以及通风口的面积和通风效果而异。窖藏与沟藏相比，既可利用土壤的隔热保湿性以及窖体的密闭性保持其稳定的温度和较高的湿度，同时又可以利用简单的通风设施来调节和控制窖内的温度和湿度，并能及时检查贮藏情况，随时将产品放入或取出，操作方便。

（三）贮藏方式

窖藏的方式很多，常见的主要有棚窖和井窖。

1. 棚窖

棚窖是在地面挖一长方形的窖身，以南北向为宜，并用木料、秸秆、泥土掩盖成棚顶的窖型。棚窖是一种临时性的贮藏场所，在我国北方地区广泛用于贮藏苹果、梨、大白菜、萝卜、马铃薯等。

棚窖根据入土深浅可分为半地下式和地下式两种类型。在温暖或地下水位较高的地方多用半地下式，一般入土深 1.0 ～ 1.5 m，地上堆土墙高 1.0 ～ 1.5 m。在寒冷地区多用地下式，宽度有 2.5 ～ 3 m 和 4 ～ 6 m 两种。长度不限，视贮量而定。

窖内的温度、湿度可通过通风换气来调节。因此，在窖顶开设若干个窖口（天窗），供产品出入和通风之用，对大型的棚窖还常在两端或一侧开设窖门，以便果蔬下窖，并加强贮藏初期的通风降温作用。

2. 井窖

井窖是一种深入地下的封闭式的土窖，窖身全部在地下，窖口在地上。窖身可以是一个，也可以是几个连在一起。通常在地面下挖直径为 1 m 的井筒，深 3 ～ 4 m，底宽 2 ～ 3 m。四川南充地区的吊井窖是目前普遍采用的井窖形式。井窖主要是通过控制窖盖的开、闭进行适当通风换气，从而将窖内的热空气和积累的 CO_2 排出，使新鲜空气进入。在窖藏期间，应根据外界气候的变化采用不同方法进行窖藏。入窖初期，应在夜间经常打开窖口和通风孔，加大通风换气，以尽量利用外界冷空气冷却，快速降低窖内及产品温度；贮藏中期，外界气温下降，应注意保温防冻，适当通风；贮藏后期，外界气温回升，为保持窖内低温环境，应严格控制窖口，关闭通风孔，同时及时检查，剔除腐烂变质产品。

（四）应用举例

1. 梨的棚窖贮藏

中国梨的贮藏温度一般为 0℃ 左右，而大多数洋梨品种适宜的贮温为 -1℃，适宜于窖藏的空气相对湿度为 85% ～ 95%。

窖藏梨时，窖深 2 m、宽 5 m、长 15 m 左右，窖顶用椽木、秸秆、泥土做棚，其上设两个天窗，面积均为 2.5 m × 1.3 m，窖端设门，高 1.5 m、宽 0.9 m。堆垛上部距窖顶留出60～70 cm的空隙，垛之间也保留通道，以便贮藏期间入窖检查。

入窖初期，门窗要敞开，利用夜间低温通风换气。当窖温降到0℃时，关闭门窗，并随气温下降，窖顶分次加厚土层，最后使土层厚达30 cm左右。冬季最冷时注意防寒保温，有好天气且温度为0℃时适当开窗通风，调整温度、湿度及气体条件。春季气温回升，利用夜间低温适当通风，以延长梨的贮藏期。

2. 井窖

柑橘类属热带、亚热带果实，不同品种、不同种类的耐贮性差异很大。一般甜橙适宜的贮藏条件为1～3℃温度，90%～95%相对湿度。

四川南充地区的甜橙主要采用井窖贮藏。通常在入窖前需进行井窖的灌水增湿以及消毒杀菌。先在窖底铺一层薄稻草，将甜橙沿窖壁排成环状，果蒂向上依次排列放置5～6层，在果实交接处留25～40 cm的空间，以供翻窖时移动果实。窖底中央留一块空地，供检查时备用。贮藏初期果实呼吸旺盛，窖口上的盖板应留有空隙，以便降温排湿，当果实表面无水汽后，即将窖口盖住。以后每隔15～20 d检查一次，及时拣出褐斑、霉变、腐烂的果实。若发现温度过高、湿度过大，则应揭开窖盖，通风换气，调节温度、湿度。同时注意排除窖内过多的CO_2。

四、通风贮藏

（一）定义及原理

通风贮藏是将产品置于通风库内，利用自然低温空气，通过通风库对流换气并带走热量，达到控制贮温的一种贮藏形式。

（二）特点与性能

通风库是通风贮藏的核心单元，它与窑窖相似，但建筑结构比窑窖复杂，有较为完善的隔热建筑和较灵敏的通风设备，操作比较方便，可充分利用冷热空气对流进行库内外的热交换，库房设有隔热结构，保温效果好。因此，通风库降温和保温效果比起一般的窑窖等简易贮藏库大有提高。但是，通风库贮藏的原理仍然是依靠自然气流调节库内温度。在气温过高或过低的地区和季节，如果不附加其他辅助设施，通风库也很难维持理想的贮藏温度。

（三）贮藏工艺

通风贮藏的工艺控制主要分为入库前、入库时和入库后三个阶段。

1. 入库前

果蔬贮藏前，要彻底清扫库房，刷洗和晾晒所有设备，将门窗打开进行通风，然后进行库房消毒。以 0.1% ~ 0.4% 的过氧乙酸或 3% ~ 5% 的漂白粉溶液喷洒，也可用浓度为 40 mg/m³ 臭氧处理，兼有消毒和除异味的作用；在进行熏蒸消毒时，可将各种器具一并放入库内，密闭 24 ~ 48 h，再通风排尽残药。库坡、库顶及架子、仓柜等用石灰浆加 1% ~ 2% 的硫酸铜刷白。由于通风库贮量较大，为使果蔬产品入库时尽可能获得较低的温度，应该在产品入库前对空库进行通风，充分利用夜间冷空气预先使库温降低，保证通风库的低温条件。

2. 入库时

为了保证果蔬的质量，除应适时采收外，还应及时入库。果蔬采收后，应在阴凉通风处进行短时间预贮，然后在夜间温度低时入库。各种果蔬都应先用容器盛装，再在库内堆成垛，垛与垛之间或与库壁、库顶及地面间都应留有不小于 40 mm 的空隙，以利空气流通。几种果蔬同时贮藏时，原则上各种果蔬应分库存放，不要混合，以便分别控制不同果蔬的温度、湿度使各种果蔬不致互相影响。产品入库时，通常会带入一定的田间热，因此入库时间最好安排在夜间，以利于入库后立即利用夜间的低温通风降温。入库后应将通风设施（包括排风扇、门、窗）全部打开，尽量加大通风量，使产品温度尽快降下来，以免影响贮藏效果。

3. 入库后

贮藏稳定一段时间后，应随气温、库温的变化，灵活开闭调节通风口以控制温度。一般秋季气温较高时，可在凌晨 4—5 时通风；而白天气温较高时则应关闭所有通风口，以维持库内的较低温度。相反，冬季严寒时，则可在午后 1—2 时通风。气温低于产品冷害温度时一般须停止通风。温度更低时，则须加强保暖措施，把所有的进排气口用稻草等隔热性能较好的材料堵塞。通风贮藏库的温度与湿度之间的关联度比较大。通风库的通风主要服从于温度的要求，但也会改变库内的相对湿度。一般来说，通风量越大，库内湿度越低，所以贮藏初期常会感到湿度不足，而中后期又觉湿度太高。湿度低可以喷水增湿，但湿度过高则比较麻烦，除应适当加大通风量外，还可辅以除湿措施，如用石灰、氯化钙等以降低湿度。

（四）应用举例

以马铃薯的通风贮藏为例。马铃薯的食用部分为地下块茎，收获后一般有 2 ~ 4 个月的生理休眠期，时间长短因品种不同而异。新鲜马铃薯的适宜贮藏温度为 3 ~ 5℃，但用作煎薯片或炸薯条的马铃薯，应贮藏于 10 ~ 13℃的环境中。贮藏的空气相对湿度为 80% ~ 85%。湿度过高易腐烂，过低易失水皱缩。同时，应避光贮藏，因为光会促使马铃薯发芽，增加龙葵苷等毒素的含量。

第二节　低温贮藏

低温贮藏在农产品保藏中应用广泛。农产品在采收后生命并未终结，而会经过成熟、后熟及变质的生理变化。这些变化与温度有密切关系。如果采后贮运温度偏高，往往会使果蔬出现过早衰老现象，如糠心、内部褐变、粉绵化等病状。温度过高还会影响某些果蔬的正常催熟，如香蕉在催熟时，一般于 20 ～ 22℃下即可变黄，若温度高于 28℃，则会抑制有关酶的活性，使果皮颜色难以变黄（青皮熟）。长期贮藏的番茄一般于绿熟期采收，在正常温度下，半个月左右就可达到完熟，而在 30℃以上催熟时，番茄红素的形成将受到抑制而影响其脱绿变红。肉类在高温时容易变质。

低温是影响农产品采后生命活动的重要环境限制因素之一。当环境温度低于 10℃时，大多数生物体的生命活力就会受到影响，甚至造成死亡。温度也与很多生化反应密切相关，反应速度随温度降低而下降。农产品贮藏的稳定性严重受微生物和酶类引起的生化反应影响，而低温可以在很大程度上降低由微生物和酶引起的农产品腐败变质。因此，低温贮藏在农产品保藏中应用广泛。

根据温度的不同，低温贮藏主要可以分为冷藏和冻藏两种。从食品贮藏角度考虑，常常把用人为方式获得的、高于食品冻结点又低于 10℃的温度环境中的贮藏称为冷藏，通常也称为机械冷藏；而把温度低于农产品冻结点以下的温度环境中的贮藏称为冻藏。

一、冷藏

农产品冷藏时，通常需要将其置于冷库，并采用制冷机释放冷量，从而实现对冷库的降温。同时，利用冷库中的控温、控湿系统，实现对冷库温度和湿度的控制。

冷库按结构不同可分为土建冷库和组合冷库（活动冷库）；按使用性质可分为生产性冷库、分配性冷库和零售性冷库；按冷藏容量可分为大型冷库（容量为 10 000 t 以上）、中型冷库（容量在 1 000 ～ 10 000 t）和小型冷库（容量在 10(8) t 以下）。

在冷库冷藏中，制冷机是产生冷量和实现冷藏的关键。

（一）制冷机的原理与设备

1.制冷机的原理

制冷机的工作原理是以氟利昂 R22 等制冷剂为冷媒，在热交换器中连续蒸发氟利昂，并通过热交换器来冷却室内空气。

具体操作如下：在冷藏库中配备安装制冷设备，通过制冷设备的工作，使制冷剂循环地发生气态—液态互变，不断吸收库内热量并将其传递到库外，从而使库内温度降低，并维持所需要的恒定低温。

压缩机将冷藏库内蒸发系统中的气化制冷剂通过吸收阀抽到压缩汽缸中，压缩到可以凝结的程度，然后将压缩的气体制冷剂经过油分离器送到冷凝器，经过风冷或水冷等冷却过程促使其液化并使其流入贮液器中保存起来。液态制冷剂在高压下通过膨胀阀之后，压力骤减，制冷剂由液态变为气态，蒸发器吸收周围空气的热量，降低库中的温度，汽化后的制冷剂流回压缩机中，进行下一次循环。

2.制冷设备

（1）制冷压缩机

目前广泛应用的是压缩式制冷机，按其机械结构可分为活塞式和旋转式，前者更常用。压缩机是制冷系统的心脏，来自蒸发器的低压气态制冷剂被抽吸进入汽缸并被压缩为高压气体，高压气体经排气阀送入冷凝器。压缩机重复不断地进行抽吸、压缩、排气过程，从而使低压气态制冷剂成为高温高压气态制冷剂。

（2）冷凝器

高温高压气态制冷剂在冷凝器中与水或空气进行热交换，温度降低液化，然后流入贮液器中贮存。

（3）蒸发器

蒸发器是高压制冷剂释压气化吸热，从而完成热交换的设备，被吸热降温的物质可以是空气、水或浓盐液，再以它们为冷媒去降低库内温度。

（4）节流阀和膨胀阀

节流阀和膨胀阀的作用均为控制制冷剂流量，它们同时也是压力变化的转折点。节流阀为手控阀门，膨胀阀由于带有温度感应部件而具有自动节流的作用。

3.制冷剂

制冷剂是指在制冷机械反复不断运动中起着热传导介质作用的物质。理想的制冷剂沸点低，气化潜热大，临界压力小，易于液化，无毒、无刺激性气味，不易燃烧、爆炸，对金属无腐蚀作用，漏气容易检测，来源广、价格较低。

在实际应用中，很难有一种物质同时具备以上特点，在应用时只能根据具体需要选择制冷剂。以往的果蔬冷藏库较多地使用氮气和氟利昂系列作为制冷剂，大型冷库则主要用氮气。出于环保考虑，含氟的制冷剂已被淘汰，开发了 HFC-134a 等过渡性制冷剂。基于可持续发展考虑，NH_3、CO_2、碳氢化合物等环境友好型制冷剂又重新受到重视，并逐步在制冷系统中应用。

（二）冷藏库的建设

冷藏库是农产品冷藏的最重要设施，冷藏库的建设应考虑多种因素。基于运营成本的考虑，冷库目的容量和能耗无疑是最关键的技术经济指标。这与建设材料的选择及隔热结构设置是否合理关系密切。

二、冻藏

农产品和食品经过冻结后，应置于冻藏间贮藏，简称冻藏。贮藏期间应尽可能使产品温度和贮藏间温度处于平衡状态以抑制产品的各种变化。由于冻结产品在冻藏时，其 80% 以上的水冻结成冰，故能达到长期贮藏的目的。

（一）农产品和食品的冻藏温度

我国目前冷库冻藏间的温度一般为 -18 ~ -12℃，而且要求昼夜温差不得超过 1℃。如库温升高，不得高于 -12℃。当冻藏温度为 -18℃时，要求空气相对湿度为 96% ~ 100%，而且只允许有微弱的空气循环，产品在冻结时，其温度必须降到不高于冻藏间的温度 3℃，再转库贮藏。例如，冻藏间的温度为 -18℃，则产品的冻结温度应在 -15℃以下。但在生产旺季，对于就地近期销售的产品，冻结温度允许在 -10℃以下；长途运输中装车、装船的产品冻结温度不得高于 -15℃；外地调入的冻结产品，其温度如高于 -8℃时，应复冻到温度 -15℃后方可进行冻藏。

产品在出库过程中，低温库的温度升高不应超过 4℃，以保证库内产品的质量。另外，冻藏温度的变动也会给冻结水产品的品质带来很大的影响。例如，在 -23℃或 -18℃下贮藏的鳕鱼片，如把它放置在 -12 ~ -9℃温度下两周，其贮藏期缩短为原来的一半。因此，冻品在冻藏中的品质管理，不仅要注意贮藏期，更重要的是要注意冻藏温度及其变动对冻品品质的影响。因此，必须十分重视冻品的冻藏温度，严格加以控制，使其稳定、少变动，只有这样才能使冻结食品的优良品质得到保证。

根据不同产品品种和国际市场客户的要求，我国水产品冷库的冻藏温度正在逐步降低，已有部分冷库的库温达到 -22℃、-25℃、-28℃，最低的达到 -40℃以下。

（二）农产品和食品冻藏时的变化

1.物理变化

（1）冰结晶变大

这种现象会对冻品的品质带来很大的影响。因为巨大的冰结晶使细胞受到机械损伤，蛋白质发生变性，解冻时汁液流失量增加，使口感、风味变差，营养价值下降。

（2）干耗和冻结烧

农产品和食品在冷却、冻结、冻藏的过程中都会发生干耗。冻品的干耗主要是由于产品表面的冰结晶直接升华而造成的。冷藏室的围护结构隔热不好、外界传入的热量多、冷藏室内收容了品温较高的冻结产品、冷藏室内空气温度变动剧烈、冷藏室内蒸发管表面与空气之间温差太大、冷藏室内空气流动速度太快等，都会使冻品的干耗现象加剧，开始时仅仅在冻品的表面层发生冰晶升华，长时间后深部冰晶逐渐升华。这样不仅使冻品脱水，造成质量损失，而且冰晶升华后留存在细微空穴里，增加了冻品与空气的接触面积。在氧的作用下，冰晶中的脂肪氧化酸败，表面发生黄褐变，使外观品质下降，口味、风味、质地、营养价值都变差，这种现象称为冻结烧。冻结烧部分的产品含水率非常低，接近2%～3%，断面呈海绵状蛋白质脱水变性，食品质量严重下降。

2.化学变化

（1）蛋白质的冻结变性

在冻藏过程中，冻藏温度的变动和冰结晶的变大，会增加蛋白质的冻结变性程度。

（2）脂类的变化

冷冻鱼脂类的变化主要表现为水解、氧化以及由此产生的油烧、褐变，使鱼体的外观品质及风味、口感和营养价值下降，对人的健康有害。

3.色泽变化

果蔬在冻藏过程中，有时因氨气泄漏会造成食品变色，如胡萝卜由红变蓝，洋葱、卷心菜、莲藕由白变黄等。凡是在常温下所发生的变色现象，在长期的冻藏过程中都会发生，只是速度十分缓慢。

蔬菜烫漂不足，在冻藏中就会变色；相反，烫漂时间过长，会立即促进变色反应而变成黄褐色。

葡萄、草莓、李子、苹果等呈现紫红色，主要是因为在果皮、果肉中存在花色素。花色素是水溶性色素，在加工中如水洗、烫漂时都会大量流失，如草莓、茄子、樱桃等水煮后，其色泽减退、变暗或者完全消失。花色素对温度和光都敏感，含花色素的果蔬随冻藏时间的延长而变色，变色速度随冻藏温度的降低而减慢。大多数花色素能与金属离子反应生成盐类，并呈现灰紫色，所以含有花色素的速冻果蔬，不宜用铁罐包装，如果用铁罐，应在内壁涂上涂料。

桃和苹果以片状冻结时，在冻藏中产生褐变，这是酚醛类物质和酶氧化作用的结果，这种氧化程度随品种的不同而有相当大的差别。将桃和苹果片在糖液中浸渍或脱气除氧，使其具有防止氧化的效果，若在糖液中添加一些抗氧化剂，则能进一步抑制冻藏中的变色。速冻果蔬要尽量贮藏在 −18℃以下，若温度过高，就会产生明显的褐变。

4.变味

果蔬的香味是由本身所含有的各种不同的芳香物质所决定的。这些芳香物质在加工过程中，如温度过高，则很快分解，香味消失。因此，水果在速冻前一般不经过烫漂处理；有的蔬菜，如青椒、黄瓜等，若经过烫漂，就会失去原有的清香味。果蔬在冻藏中，酶的作用会使其产生一些生物化学变化，导致味道发生变化。例如，毛豆、甜玉米等冻结时，即使在 −18℃的低温下，在 2～4 周内也会产生异味而使味道发生变化。这种变化主要是毛豆、甜玉米中的油脂，在酶的作用下，酸值、过氧化值和 TBA 等增加的结果。为了防止这些变化，在速冻前要进行烫漂处理。又如，杨梅在冻藏中产生异味，是由于冻结杨梅中的芳香油与羰基类化合物的平衡受到破坏，如果冻藏温度降低，这种破坏作用就会减弱。

第三节　气调贮藏

农产品的气调贮藏（controlledatmosphere，CA）是在传统冷藏保鲜的基础上发展起来的保鲜技术，是利用其他交换系统，改变贮藏室内空气中的 O_2 和 CO_2 组成而进行冷却贮藏的技术。CA 贮藏可以通过调节气体成分，降低贮藏环境中的氧气含量，大幅度降低果蔬的呼吸强度和自我消耗，抑制催熟激素乙烯的生成，减少病害的发生，延缓果蔬的衰老进程，比单纯的冷藏能更好地保持果蔬鲜度，从而延长了果蔬的贮藏期。

一、气调贮藏的原理

空气中一般 O_2 约占 21%，CO_2 约占 0.03%，其余为氮气和一些惰性气体。鲜果采后仍是有生命的，在贮藏过程中仍然进行着正常的以呼吸作用为主导的新陈代谢活动，主要表现为果实消耗 O_2，同时释放出一定量的 CO_2 和热量。在环境气体成分中，CO_2 和由果实释放出的乙烯对果实的呼吸作用具有重大影响。

影响气调贮藏的主要因素有 O_2、CO_2 和温度。降低贮藏环境中的 O_2 浓度和适当提高 CO_2 浓度，可以抑制果实的呼吸作用，从而延缓果实的成熟、衰老，达到延长果实贮藏期的目的。较低的温度和低 O_2、高 CO_2 能够抑制果实乙烯的合成，削弱乙烯对果实成熟衰老的促进作用，从而减轻或避免某些生理病害的发生。另外，环境中低 O_2、高 CO_2 具有抑制真菌病害的滋生和扩展的作用。

（一）O_2 的作用

果蔬在采收后，会继续吸收空气中的 O_2 以维持生命，当空气中 O_2 的浓度低于大气水平时，果蔬的呼吸作用就会受到抑制。在生理生化方面，O_2 浓度降低会产生以下主要效应：① 降低呼吸强度，减少底物的氧化消耗。② 减少乙烯的生成量。③ 减少维生素 C 的氧化损失。④ 延缓叶绿素的降解。⑤ 改善不饱和脂肪酸间的比例；⑥ 延缓原果胶的降解；⑦ 抑制酶促褐变。

对于呼吸跃变型果实，低 O_2 可推迟呼吸高峰的出现并降低 CO_2 峰值。

国内外许多研究指出，当 O_2 浓度从 21% 下降至 7% 时，果蔬的呼吸作用会受到明显的抑制。引起大多数果蔬无氧呼吸的 O_2 临界浓度为 2% ~ 2.5%。在调节 O_2 浓度时，须注意不同果蔬对 O_2 的敏感性和对低浓度 O_2 的耐受性。环境中 O_2 浓度的降低对好氧型微生物的活动不利。

（二）CO_2 的作用

CO_2 浓度升高对呼吸产生抑制作用，同时在生理生化方面产生如下主要效应：① 抑制成熟过程中的合成反应，如蛋白质、色素的合成。② 抑制琥珀酸脱氢酶、细胞色素氧化酶等呼吸酶的活性。③ 降低呼吸强度，延缓呼吸高峰的出现。④ 延缓原果胶降解。⑤ 抑制乙烯的产生，并且是乙烯催熟作用的竞争性抑制剂。⑥ 明显影响早采果蔬的叶绿素稳定性。⑦ 减少挥发性成分的生成。

CO_2 的生理效应受不同果蔬对 CO_2 的敏感性的影响。大量实验表明，过高的 CO_2 浓度将导致果蔬 CO_2 中毒。许多果蔬在 CO_2 浓度高于或等于 15% 时，就会出现变色、风味恶化、不能正常成熟等症状。但短时间的高 CO_2 处理，往往产生明显的保鲜效果。据报道，用 25% ~ 35% 的 CO_2 处理脱粒菜豆，有效地防止了运输途中的腐烂，且无中毒现象发生。

（三）温度

在农产品保鲜中，温度是不可替代的基本因素。温度具有主导性作用，但温度与 O_2、CO_2、相对湿度、乙烯之间的相互作用才是引起农产品生理变化的原因。

1.贮藏温度

不同种类的产品，都有其可以忍受的最低温度。在此温度以上，存在着一个狭窄的温度区间，该温度区间是农产品新陈代谢受抑制和品质保持的最适合温度区间，这一温度区间就是贮藏温度。

2.环境因素间的相互作用

在农产品贮藏期间，温度、O_2、CO_2、乙烯等因子之间是相互联系和制约的，在贮藏上，这些因子组合的变化会表现出拮抗或增效作用。拮抗是指一种有利因素的作用被另一种不利因素削弱，或一种不利因素的危害可为另一种有利因素所减轻。例如，当苹果内部开始产生乙烯时，将其转移到适宜的低温环境中，此时苹果产生乙烯的速率即受抑制。增效是指一种有利因素的作用会因另一种有利因素的协同而增强。例如，在贮温适宜的时候配合低 O_2 或在 O_2 和 CO_2 配比满足果蔬生理要求的前提下，再提供适宜低温，均会有效地增强单一因子的作用，更好地保持果蔬品质、延长贮藏期。

3.稳定的贮温

贮温忽高忽低的变化会对果蔬生理产生刺激，尤其是在接近 0℃的温度附近，刺激作用更加明显。CA 贮藏由于兼顾了温度、O_2 和 CO_2 三个主要因素，各因素间可以产生相互作用。在相同条件下，CA 贮藏温度可以比冷藏提高 1℃左右。

（四）确定气调技术参数的原则

1. O_2、CO_2 与贮藏的关系

在一般情况下，低 O_2、高 CO_2 可以抑制产品的呼吸作用，从而延缓衰老。但新鲜农产品对低 O_2、高 CO_2 的耐受有一个限度，超过这一临界点，产品就会发生无氧呼吸，积累乙醛、乙醇而使风味劣化，进而失去商品价值。这一临界点称为临界 O_2 浓度和临界 CO_2 浓度。临界浓度因产品不同而差异极大，大多数产品的临界 O_2 浓度为 1.5% ～ 2.5%，有些产品，如绿熟番茄和香蕉，用极低的 O_2 浓度（低于 1%）作短时间处理可抑制后熟，使其转入空气中后后熟仍较缓慢，但实际应用时需十分谨慎。目前，我国生产上 CA 贮藏应用的 O_2 浓度为 3% ～ 5%，苹果 CA 贮藏的 O_2 浓度为 3% 左右，发达国家采用超低氧气调的 O_2 浓度约为 1%，特别要注意控制果实内部的乙醇含量。同样，短时间的高 CO_2 处理也有一定的保鲜效果。对一些能忍受高 CO_2 的产品，在运输前进行高 CO_2 处理可以减少变质损耗，金冠苹果能忍受 20% 的 CO_2 浓度，高 CO_2 处理可显著抑制金冠苹果果肉软化和表皮变黄。一般绿色产品能忍受的 CO_2 浓度较高，而果肉结构紧密的果蔬都对高 CO_2 忍受能力差，容易发生 CO_2 中毒。对大多数果蔬来讲，CO_2 临界浓度不超过 15%，

CO_2 安全浓度为 3% ~ 5%。超低氧气调的 CO_2 浓度的确定必须以 O_2 浓度为依据，经超低氧气调的 CO_2 浓度在 1% 左右。

2. O_2、CO_2 和温度的组合与贮藏的关系

无论采用何种贮藏方式，温度都是首要的环境因素。只有在确定了贮藏温度后，才能确定气体组分指标。低温与 CO_2 有协同作用，CO_2 与 O_2 有拮抗作用。随着温度的降低，产品对低 O_2、高 CO_2 的耐受力降低，即气调环境加剧低温伤害。因此，一般气调贮藏温度要高出普通冷藏温度约 0.5℃，以避免由低 O_2、高 CO_2 诱导的低温伤害。在气调库经常可以见到，靠近冷风机处的果实易发生冷害，距冷风机越远，冷害发生率越低。5℃ 是石榴冷藏的最佳温度，在同样的温度下，进行气调贮藏则发生大面积的冷害。在这种情况下，就应该适当提高环境温度。同样，CO_2 伤害在低温和低 O_2 时显得更为严重，适当提高 O_2 浓度或提高温度，可减轻 CO_2 伤害。在超低氧气调贮藏中，由于 O_2 浓度在 1% 左右，果蔬对如此低的 O_2 浓度很敏感。因此，贮藏中的温度指标比低氧气调还要高一些，CO_2 则相对更低。这些条件之间的相互协同、相互制约的关系，在贮藏中是经常存在的，对于贮藏管理非常重要。在气调贮藏中，温度与 O_2、CO_2 三个因素互为条件，互相制约。只有三个因素达到最佳配合，才能充分体现气调贮藏的优越性。当其中的一个条件发生变化时，其他条件也应随之改变，才有可能维持一个较为适宜的综合环境。每一种产品都有其最适宜的气调贮藏条件，这种最适的条件组合因品种、产地、成熟度以及贮藏阶段等不同而有所变化。

低 O_2、高 CO_2 的气体控制模式容易发生低 O_2、高 CO_2 伤害，并由此加剧腐烂，这一点在自发气调包装上尤为突出。因此，关于气体成分的控制，近年来高 O_2（21% ~ 100%）贮藏是研究的采后处理技术热点之一。高 O_2 可抑制某些细菌和真菌的生长，减少果蔬贮藏中的腐烂，降低果蔬的呼吸作用和乙烯合成，减缓组织褐变，降低乙醛、乙醇等异味物质的产生，从而改进果蔬的贮藏品质。因此，高 O_2 处理在果蔬保鲜方面具有潜在应用价值。

（五）气体调节的方式

气调库的气体成分从刚封库时的正常空气成分转变到所设定的气体指标，有一个降 O_2、升 CO_2 的过渡期，称之为降氧期。在降氧期之后，使 O_2 和 CO_2 稳定在设定指标范围内的时期称为稳定期。降氧方法以及稳定期的气体管理与气调库的类型、选配的设备有关，最终表现在保鲜效果的差异上。

1. 自然降氧

自然降氧是气调环境封闭后，靠产品的呼吸作用使 O_2 逐渐下降并积累 CO_2 的

方法。一般有两种形式。

（1）人工换气法

当 O_2 降至设定的低限或 CO_2 上升到设定的高限时，开启封闭的气调环境，部分或全部换入新鲜的空气，再重新封闭。

（2）调气法

在双高指标和 O_2 单指标两种气体控制方式中，降氧期用吸收剂或其他简易的方法去除超过指标的 CO_2，待 O_2 降至设定的指标后，定期或连续输入空气，使气体成分稳定在设定的指标范围内。在塑料大帐内加石灰、硅窗大帐、硅窗袋的调气方法属于此类。在降氧设备出现故障时，在气密库内也使用自然降氧法进行气调。这种方式降氧速度缓慢，气体成分变化幅度大，不能迅速有效地抑制产品衰老。

2.快速降氧

快速降氧即人为快速地降低贮藏环境中的 O_2，使降氧期缩短为 1 d 或几小时。快速降氧也有两种形式。

（1）气流法

预先按设定的气体成分指标配置好气体，把这种混合气体输入气调环境中以取代其中的空气，以后用一定的气流速度稳定贮藏环境内的气体指标。小型的气调试验装置多用此法，这种方法能够很快达到设定的气体指标，并且始终维持气体成分稳定。商业的气调贮藏用此法代价太大，难以推广。

（2）充氮法

气调库的气体成分调节方式一般采用充气置换式，通过制氮机制取浓度较高（一般不低于 96%）的氮气，并将其通过管道充入库内，同时将 O_2 浓度较高的库内气体通过另一管道排出库外，如此连续进行。如果设定的 O_2 浓度指标为 3%，在库内的 O_2 浓度降至 5% 左右时，停止人工降氧，然后通过产品自身的呼吸作用继续降氧，并提高 CO_2 浓度，达到设定的库内气体指标。在产品耗氧和人工补氧之间，建立起一个相对稳定的平衡系统，使库内的气体成分稳定在一个较小的范围内。人工降氧缩短了降氧所需的时间，显著提高了保鲜效果，对延长贮藏期提供了稳定可靠的保障，但对库体建筑、设备、技术的要求也复杂得多。

二、气调贮藏的方法

（一）气调冷藏库贮藏（CA）

气调冷藏库由库体结构、气调、制冷和加湿系统构成。

1.气调冷藏库的设计与结构组成

气调冷藏库的建筑结构分为砌筑式、彩镀夹心板装配式和夹套式。墙、顶要求有很高的气密性、隔热、抗温变应力和能承受一定的压力。气调冷藏库与冷库的最大区别是改变了库内的气体成分，在贮藏期间保持一个低 O_2、高 CO_2 的环境，这就要求库体内部结构安全可靠，尽量避免贮藏期间入库作业。

2.气调冷藏库的建筑特点

气调冷藏库墙壁四周、库门及所有进出管线连接处必须具有良好的气密性，以减少库内外的气体交换；气调冷藏库内果蔬应尽量高堆满装，留出一定的通风和检查通道；要求围护结构具有保温隔热、防潮的特点，减少与外界的冷热交换，维持库房内外温度稳定；保持库房处于静止状态，压力不要升得太高，保证围护结构的安全；气调冷藏库一般应建成单层建筑，这是因为果蔬在库内运输、堆码和贮藏时，地面要承受很大的荷载；还应做到快进整出。

3.气调冷藏库制冷设备及温度传感器的配置

（1）制冷系统

气调冷藏库的制冷设备同机械冷库相同，均采用活塞式单级压缩制冷系统，以氨或氟利昂 -12 作制冷剂。

（2）温度传感器的配置

气调冷藏库内在不同位置处放置温度传感器探头以测量库温和果蔬的实际温度。

4.气调冷藏库的主要气调设备及辅助设备

气调设备主要包括制氮设备、二氧化碳、乙烯脱除设备和加湿设备。

（1）制氮机

制氮机主要有吸附分离式的碳分子筛制氮机、膜分离式的中空纤维膜制氮机、燃烧式制氮机和裂解氨制氮机。

（2）二氧化碳脱除机

是将浓度较高的二氧化碳气体抽到吸附装置中，经活性炭吸附后，气体中二氧化碳浓度降低后送回库房，达到脱除二氧化碳的目的。少量贮藏时用消石灰吸收，也可用水和氢氧化钠溶液脱除二氧化碳。

（3）乙烯脱除机

通常使用活性炭、高锰酸钾溶液或高锰酸钾制成的黏土颗粒和高温催化分解方式脱除乙烯。

（4）加湿装置

水混合加湿、超声波加湿和离心雾化加湿是常见的三种加湿方式，在0℃以上使用时，加湿效果均比较好。

（二）塑料薄膜袋（帐）气调贮藏

塑料薄膜封闭贮藏（简称 MA 贮藏）的重要特点是具有一定透气性，果蔬的呼吸作用，会使塑料袋（帐）内维持一定的 O_2 和 CO_2 比例，加上人为的调节措施，会形成有利于延长果蔬贮藏寿命的气体成分。主要有塑料大帐气调和塑料袋气调两种方法。

1. 塑料大帐气调贮藏

用 0.1 ~ 0.25 mm 厚的聚乙烯或聚氯乙烯塑料膜压制成一定体积的长方形帐子，扣在果蔬垛上密封起来，然后调制帐内氧气、二氧化碳气体的浓度，使果蔬得以保鲜的方法。大帐上开设充气口、抽气口和取气口，一般均为方形或圆形，能开能封，便于换气和测气，封口后不漏气。一般每一帐可贮果蔬 1 000 ~ 2 500 kg。帐内的调气方式有三种。一是人工快速降氧法，先抽出帐内空气，再充入氮气，反复数次，使帐内氧气降至适宜的贮藏浓度。二是配气充入，把预先人工配制好的适宜成分的气体，输入已抽出空气的密封帐中，以代替其中的全部空气，整个贮藏期间定期地排出内部气体和充入人工配制的气体。三是自然降氧，封闭后依靠果蔬自身的呼吸作用，使氧气逐渐下降并积累二氧化碳，当氧气浓度过低、二氧化碳过高时，利用上、下气口进行调节。一般要求帐内氧气含量降低到 2% ~ 4%，二氧化碳低于 3%。

2. 塑料袋贮藏法

用厚 0.04 ~ 0.08 mm 的聚乙烯膜制成塑料袋，将经预冷、挑选的果蔬放入袋中，待果蔬温度降至 0℃时扎口，塑料袋直接堆放在冷藏库或通风贮藏库内架上，也可以将袋放入筐（箱）内，再堆码成垛进行贮藏。一般每袋容积在 10 kg 左右，若容积太大易出现缺氧和二氧化碳中毒，若容积太小又起不到气调的作用。

（三）硅窗气调贮藏

硅窗是一种有机硅高分子聚合物，由有取代基的硅氧烷单体聚合而成，各单体以硅氧键相连，形成柔软易曲的长链，长链之间以弱的电性松散地交联在一起，这种结构的透气性能具有高选择性，对氧气、二氧化碳和氮气的渗透比为 1 ：6 ：0.5。硅窗气调的关键是选用硅窗膜，确定硅窗面积和适合的贮藏量及贮藏的温度。硅窗袋贮藏法是将硅橡胶薄膜镶嵌在塑料薄膜袋上，利用硅橡胶具有的特殊透气性能，使袋内的高浓度二氧化碳通过硅橡胶窗向外渗透，外部的氧向内渗透，从而起到自动调节的作用。

三、气调贮藏的管理

气调贮藏的管理主要是指贮藏期间调节控制好库内的温度、相对湿度、气体成分和乙烯含量，并做好果蔬的质量监测工作。

（一）温度管理

果蔬在入库前应先预冷，以散去田间热，使库温稳定保持在 0℃ 左右，为贮藏做好准备。气调贮藏需要适宜的低温，尽量减少温度的波动和降低不同库位的温差。

（二）相对湿度管理

果蔬贮藏时，当库内贮藏温度较高、相对湿度较低和气体循环加大时，果蔬与环境之间就产生水蒸气压力差，新鲜果蔬的水分会流失，导致果蔬失水萎蔫甚至干缩。气调库中果蔬贮藏的相对湿度以保持在 85% ~ 95% 为好，既可防止失水又不利于微生物的生长。

（三）气体成分管理

气体成分管理的重点是控制贮藏环境中 O_2 和 CO_2 含量。当果蔬入库结束、库温基本稳定之后，即应迅速降低 O_2 浓度至 5%，再利用果蔬自身的呼吸作用继续降低库内 O_2 浓度，同时提高 CO_2 浓度，达到适宜的 O_2、CO_2 比例，这一过程需 10 d 左右的时间，而后即靠 CO_2 脱除器和补 O_2 的办法，使库内 O_2 和 CO_2 浓度稳定在适宜范围之内，直到贮藏结束。

（四）预冷

预冷是将刚采收的果蔬产品在运输和贮藏之前迅速除去田间热和降低品温，最大限度地保持果蔬的品质，减少腐烂损失。预冷可分为自然降温、水冷却、真空降温等多种方式。

（五）入库品种、数量和质量

不同种类、品种的果蔬不能混放在同一间贮藏室内。果蔬入库时要求分批入库，每次入库量不应超过库容总量的 20%，库温上升应不超过 3℃。

（六）堆码和气体循环

果蔬的堆码方式非常重要，果蔬与墙壁、果蔬与地坪间须留出 20 ~ 30 cm 的空气通道，果蔬与库顶的距离应在 5 cm 以上（视库容大小和结构而定），垛与垛之间要留 20 ~ 30 cm 间距，堆垛的行向应与空气流通方向一致。堆码时应尽可能地将库内装满，减少库内气体的自由空间，缩短气调时间，使果蔬在尽可能短的时间内进入气调贮藏状态。若堆码无序或不当，就会形成气流的死角，使该处温度上升。

（七）封库前应做的工作

封库前应注意做好以下工作：给水封安全阀注水；校正好遥测温度、湿度以及气体成分分析的仪器；检查照明设备；给所有进出库房的水管通道（如冲霜、加湿、溢流排水等）进行水封注水，对所有设备进行全面检查和试验。

（八）库房管理

1. 库体安全

气调库是一种对气密性有特殊要求的建筑物，虽然在气调库中考虑了如安全阀、贮气袋等安全装置，但若不加强管理，就可能造成围护结构的破坏。因此在气调库的运行过程中，安全阀内应始终保持一定水柱的液面。

2. 气密性

气调库必须具备良好的气密性，气密性达不到一定指标，就无法形成气调环境。每年鲜果入库之前，都要对气密性进行全面检测，发现泄漏及时修补。

3. 安全管理

包括设备安全管理、水电防火安全管理、库体安全管理和人身安全管理等诸多方面。气调库工作人员必须参加有关安全规则学习，切实掌握呼吸装置的使用和保管、氧气呼吸器的消毒和保管等安全操作技术。

4. 气调库的主要安全措施

气调库的安全措施包括以下几个方面：气调库的门上书写危险标志；气调门要便于背后绑扎着呼吸装置的人员通过；至少要准备两套经过检验的呼吸装置；需要进入气调库检查贮藏质量或维修设备时，至少要有两人；加强防火安全管理。

5. 气调库运行操作

果蔬气调库管理工作的要求要比普通冷库严格得多。一方面要合理有效地利用空间，另一方面在果蔬出库时要快进整出，最好一次出完或在短期内分批出完。

第四节　果蔬贮藏新方法

国内外果蔬产品贮藏保鲜新技术主要有保鲜剂贮藏、减压贮藏、辐射保鲜、电子保鲜、生物技术保鲜、遗传工程保鲜等。

一、保鲜剂贮藏

（一）乙烯脱除剂

能抑制呼吸作用，防止后熟老化。乙烯脱除剂包括物理吸附剂、氧化分解剂、触媒型脱除剂。

（二）防腐保鲜剂

利用化学或天然抗菌剂防止霉菌和其他污染菌滋生繁殖，防病、防腐、保鲜。

（三）涂被保鲜剂

能抑制呼吸作用，减少水分散发，防止微生物入侵。涂被保鲜剂包括蜡膜涂被剂、虫胶涂被剂、油质膜涂被剂及其他涂被剂。

（四）气体发生剂

1.二氧化硫发生剂

此法适用于贮藏葡萄、芦笋、花椰菜等容易发生灰霉菌病的果蔬，使用量一般为 0.5% ~ 1%。

2.卤族气体发生剂

将碘化钾 10 g、活性白土 10 g、乳糖 80 g 放在一起充分混合，用透气性纤维质材料如纸、布等包装使用。使用量通常按每千克果实使用无机卤化物 10 ~ 1 000 mg。

3.乙醇蒸气发生剂

将 30 g 无水硅胶放在 40 mL 无水乙醇中浸渍，令其充分吸附。吸附后除掉余液，装入耐湿且具有透气性的容器中，与 10 kg 绿色香蕉一起装入聚乙烯薄膜袋内，密封后置于温度 20℃ 左右的环境中保存，经 3 ~ 6 d 即可成熟。这种催熟方法最适合在从南方向北方的长途运输中使用，到达目的地后就可出售。

（五）气体调节剂

1.二氧化碳发生剂

碳酸氢钠 73 g，苹果酸 88 g 活性炭 5 g 放在一起混合均匀（量多按此比例配制），即为能够释放出二氧化碳气体的果蔬保鲜剂。为了便于使用和充分发挥保鲜效果，应将保鲜剂分装成 5 ~ 10 g 左右的小袋。使用时将其与保鲜的果蔬一起封入聚乙烯袋、瓦楞纸果品箱等容器中即可。

2.脱氧剂

果蔬贮藏保鲜中，使用脱氧剂必须与相应的透气、透湿性的包装材料如低密度聚乙烯薄膜袋、聚丙烯薄膜袋等配合使用，才能取得较好的效果。将铁粉 60 g，硫酸亚铁 10 g，氯化钠 7 g，大豆粉 23 g 混合均匀（量大按此比例配制），装入透气性小袋内，与待保鲜果蔬一起装入塑料等容器中密封即可。一般 1g 保鲜剂可以脱除 $1.0×10^3$ mL 密闭空间的氧气。

3.二氧化碳脱除剂

低浓度的二氧化碳气体能抑制果蔬的呼吸强度，但必须根据不同的果蔬对二氧化碳的适应能力，相应地调整气体组成成分。将 500 g 氢氧化钠溶解在 500 mL 水中，配制成饱和溶液，然后将活性炭投入到氢氧化钠水溶液中，搅动令其充分吸附，过滤后控干即可使用。使用时将此保鲜剂装入透气性的薄膜袋中。

（六）生理活性调节剂

如用 0.1 g 苄基腺嘌呤溶解于 5×10^3 mL 水中，配制成 0.002% 的溶液，用浸渍法处理叶菜类，能够抑制呼吸和代谢，有效地保持品质。这种保鲜剂适用于芹菜、莴苣、甘蓝、青花菜、大白菜等叶菜类和菜豆角、青椒、黄瓜等，使用浓度通常为 0.000 5% ~ 0.002%。

（七）湿度调节剂

果蔬贮藏过程中，为保持一定的湿度，通常采取在塑料薄膜包装内使用水分蒸发抑制剂和防结露剂的方法来调节，以达到延长贮藏期的目的。将聚丙烯酸钠包装在透气性小袋内，与果蔬一起封入塑料薄膜袋内，当袋内湿度降低时，它能放出已捕集的水分以调节湿度，使用量一般为果蔬重量的 0.06% ~ 2%。此保鲜剂适且于葡萄、桃、李、苹果、梨、柑橘等水果和蘑菇、菜花、菠菜、蒜薹、青椒、番茄等蔬菜。

（八）其他常用的保鲜包装材料

保鲜包装材料是在普通包装材料的基础上加入保鲜剂或经特殊加工处理，赋予了保鲜机能的包装材料。目前有保鲜包装纸、保鲜箱或将触媒型乙烯脱除剂充填到造纸原料中或者浸涂在造好的纸上，使其具有保鲜性能。保鲜袋有硅橡胶窗气调袋、防结露薄膜袋、微孔薄膜袋和混入抗菌剂、乙烯脱除剂、脱氧剂、脱臭剂等制成的塑料薄膜袋。

二、减压贮藏

减压贮藏是在冷藏的基础上，将果蔬置于密闭室内，用真空泵从密闭室抽出部分空气，使内部气压降到一定程度，并在贮藏期间保持恒定的低压。

减压贮藏的原理是在真空条件下，空气的各种气体组分分压都相应地迅速下降，当气压降至正常的 1/10 时，空气中的 O_2、CO_2、乙烯等的分压也都降至原来的 1/10。空气各组分的相对比例并未改变，但它们的绝对含量则降为原来的 1/10，O_2 的含量只相当于正常气压下的 2.1% 了。果蔬组织内呼吸作用减弱，养分消耗减少，有利于保持原有的品质。

我国在减压贮藏研究领域虽然起步较晚，但进展较快，某些技术更是取得了突破性的进展。但是，减压贮藏技术毕竟是一项新兴技术，不少方面尚须在现有较好基础上组织有关教学、科研、生产等部门的力量共同展开深入的研究。

三、辐射贮藏

随着果蔬贮藏技术和一些处理方法的不断改进和创新，目前国内外对辐射处理、电磁场处理以及原子能在食品保藏上的应用等方面开辟了新的领域和研究途径。

（一）电磁处理

1.高频磁场处理

将果蔬放在或使之通过电磁线圈的磁场，控制磁场强度和果蔬移动速度，使果蔬受到一定剂量的磁力线切割作用。

2.高压电场处理

一个电极悬空，一个电极接地（或做成金属板极放在地面），两者间便形成不均匀电场，将果蔬置于电场内，接受间歇的或连续的电场处理。

（二）辐射处理

辐射贮藏技术，主要是利用钴60（^{60}Co）或铯137（^{137}Cs）产生的 γ 射线，或由能量在 10 MeV 以下的电子加速器产生的电子流。从食品保藏角度来讲，辐射处理就是利用电离辐射起到杀虫、杀菌、防霉、调节生理生化等作用，同时干扰果蔬基础代谢、延缓成熟与衰老。

四、其他贮藏新方法

（一）电子保鲜

电子保鲜是日本科学家在研究电场对水的影响时发现的，将水置于高压电场后，霉菌的生长得到抑制，将此高压电场法用于果蔬等食品也收到同样的效果。如将苹果在 15kV 的电场中处理 5 ~ 10 min，可使常温下的保鲜期延长许多倍。

（二）强磁场保鲜

强磁场保鲜是一种能耗少，又不需要复杂装置的保鲜法。磁场强度越高，处理时间越长，灭菌效果越好。这种方法用于果蔬贮藏保鲜也有效果。

（三）生物技术

生物技术在果蔬贮藏保鲜上的应用是近年新发展起来的具有发展前途的贮藏保鲜方法，其中生物防治和利用遗传改良在果蔬贮藏保鲜中的应用比较突出。果蔬保鲜上比较成功的例子有：将病原菌的非致病株喷洒到果蔬上，可降低病害发生所引起的果蔬腐烂。将绳状青霉菌喷到菠萝上，其腐烂率大为降低。美国科学家从酵母和细菌中分离出一种能防止果蔬腐烂的菌株，可防止苹果的腐烂。

（四）遗传工程

遗传工程保鲜是通过对基因的操作，控制果蔬后熟，利用DNA的重组和操作技术来修饰遗传信息，达到推迟果蔬成熟衰老，延长保鲜期的目的。日本科学家已找到产生乙烯的基因，如果关闭这种基因，就可减慢乙烯产生的速度，果实的成熟会放慢，这样果蔬在室温下存放期即可延长。

总之，果蔬贮运保鲜将是今后果蔬发展的一个重要环节，随着食品科学的发展和人们饮食观念的转变，一些更新更好的综合保鲜方法将不断涌现并成为主流。

第六章　常见粮油的贮藏技术

粮油贮藏的任务就是采用合理的贮藏设备和先进科学的贮藏技术，人为地控制贮藏条件，将粮油质量的变化降低到最低程度，最有效地保持粮油产品的质量。粮油种类繁多，形态、生理各具特点，因此对于贮藏条件的要求也不一致。本章就水稻和大米、小麦和面粉、玉米、甘薯和马铃薯、大豆和大豆油、油菜籽、花生等的贮藏特性及贮藏方法加以研究。

第一节　水稻和大米的贮藏

一、水稻的贮藏

（一）贮藏特性

水稻贮藏一般都是种子贮藏。水稻种子称为颖果，籽实由内外稃包裹着，稃壳外表面被有茸毛。水稻稃壳具有保护性，其内外稃坚硬且勾合紧密，对气候的变化及虫霉的危害起到保护作用。内外稃裂开的水稻种子容易遭受虫害。水稻种子因内外稃的保护而吸湿缓慢，水分相对比较稳定，但是当稃壳遭受机械损伤、虫蚀或气温高于种温且外界相对湿度又较高时，吸湿性则显著增加。

由于水稻种子形态的特征，形成的种子堆一般较疏松，孔隙度与禾谷类的其他作物种子相比较大，约在 50% ~ 65%。因此，贮藏期间种子堆的通气性较其他种子好。在贮藏期间进行通风换气或熏蒸消毒，较易取得良好效果。

稻谷耐热性不强，在干燥和贮藏过程中耐高温的特性比小麦差。如用人工机械干燥或利用日光曝晒，都须勤加翻动，以防局部受温偏高，影响生活力。另外，如对温度控制失当等，均能增加爆腰率，引起变色，损害发芽率，不但降低种用价值，同时也降低工艺和食用品质。稻谷高温入库，处理不及时，种子堆的不同部位会发生显著温差，造成水分分层和表面结顶现象，甚至导致发热霉变。

（二）水稻贮藏技术要点

稻种有稃壳保护，比较耐贮藏，只要做好适时收获，及时干燥，控制种温和水分，注意防虫等工作，一般可达到安全贮藏的目的。

1.适时收获，掌握干燥方法

稻种收获时间很重要，过早收获的种子成熟度差，瘦瘪粒多且不耐贮藏。过迟收获的种子，在田间日晒夜露，呼吸作用消耗物质多，有时种子会在穗上发芽，这样的种子同样不耐贮藏。所以，必须适时收获。一般早晨收获的稻种，种子水分可达28% ~ 30%，午后收获的稻种在25%左右。种子脱粒后，应立即进行曝晒，只要在能使平均种温达到40℃以上的烈日下曝晒2 ~ 3 d即可达到安全水分标准。曝晒时如阳光强烈，要多加翻动，以防受热不匀，发生爆腰现象，水泥晒场尤应注意这一问题。机械烘干温度不能过高，防止灼伤种子。

经过高温曝晒或加温干燥的种子，应待冷却后才能入库。否则，种子堆内部温度过高会发生"干热"现象，时间一长则引起种子内部物质变性，热种子遇到冷地面还可能引起结露。

2.严格控制稻谷入库的水分和温度

水稻种子的安全水分标准应根据类型、保管季节与当地气候特点而定。一般情况粳稻可高些，籼稻可较低；晚稻可高些，早中稻可较低；气温低可高些，气温高可较低。试验证明，种子水分降低到6%左右，温度在0℃左右，可以长期贮藏而不影响发芽率。水分为12%以下的稻种，可保存3年，发芽率仍在80%以上。水分为13%的稻种可安全度过高温夏季。水分超过14%的稻种，到第2年6月份发芽率会有所下降，到9月份则降至40%以下。水分在15%以上，贮藏到翌年8月份以后，种子发芽率几乎全部丧失。温度在28℃，水分为15.6% ~ 16.5%的稻种，贮藏1个月便生霉。因此，种子水分应根据不同的贮藏温度而加以控制。

3.治虫防霉

（1）治虫

中国产稻地区的特点是高温多湿，仓虫容易滋生。水稻主要的害虫有玉米象、米象、谷蠹、麦蛾、谷盗等。仓虫大量繁殖，除引起贮藏稻谷的发热外，还能剥蚀稻谷的皮层和胚部，使稻谷完全失去种用价值，同时降低酶的活性，并使蛋白质及其他有机营养物质遭受严重损耗。仓内害虫可用药剂熏杀，目前常用的杀虫药剂有磷化铝，还可用防虫磷防护。

（2）防霉

危害贮藏种子的主要是真菌中的曲霉和青霉。温度降至18℃时，大多数霉菌的活动才会受到抑制；相对湿度低于 65%，种子水分低于 13.5% 时，霉菌也会受到抑制。虽然采用密闭贮藏法对抑制好气性霉菌有一定效果，但对能在缺氧条件下生长活动的霉菌如白曲霉、毛霉之类则无效。

4.预防结露和发芽

为了防止吸湿回潮，充分干燥的稻谷可采取散装密闭贮藏法。大多数水稻种子的休眠期比较短促（也有超过 1 ~ 2 个月的），这说明一般稻谷在田间成熟收获时，不仅种胚已经发育完成，而且已达到生理成熟阶段。由于稻谷具有这一生理特点，在贮藏期间如果仓库防潮设施不够严密，有渗水、漏雨情况，或入库后发生严重的水分转移与结露现象，就可能引起发芽或霉烂。稻谷回潮之后所以容易发芽，主要是由于它的萌发最低需水量远较其他作物种子为低，一般仅需 23% ~ 25%。

（三）杂交水稻越夏贮藏

1.贮藏特性

（1）杂交水稻保护性能比常规稻差

杂交水稻生理代谢强，呼吸强度比常规稻大，贮藏稳定性差，不利于贮藏。常规种子颖壳闭合良好，种子开颖数极少；杂交水稻种子因其具有遗传特性，米粒组织疏松，颖壳闭合差，使种子保护性能降低，易受外界因素影响，不利于贮藏。

（2）耐热性差

杂交水稻种子耐热性低于常规水稻种子，干燥或曝晒温度控制失当，均能增加爆腰率，引起种子变色，降低发芽率。同时，持续高温则使种子所含脂肪酸急剧增高，降低耐藏性，加速种子活力的丧失。

春制和早夏制收获的种子收获期在高温季节，贮藏初期处于较高温度条件下，易发生"出汗"现象。秋季种子收获期气温已降，种子难以充分干燥，到翌年 2—3 月份种子堆顶层易发生结露发霉现象。

2.杂交水稻越夏贮藏技术

（1）降低水分，清选种子

首先准确测定种子水分，以确定其是否可直接进仓密闭贮藏，或先作翻晒处理。种子水分在 12.5% 以下，可以不作翻晒处理，采用密闭贮藏，对种子生活力影响不大。但必须对进库种子进行清选，除去种子中秕粒、虫粒、虫子、杂质，减少病虫害，提高种子贮藏稳定性，提供通风换气的能力，为降温降湿打下基础。采取常规管理，根据贮藏种子变化，在 4 月中旬到下旬进行磷化铝低剂量熏蒸。

（2）搞好密闭贮藏

选择密闭性能好的仓库，种子含水量在 12.5% 以下时，可采用密闭贮藏，使种子呼吸作用降到最低水平。但对高水分种子，不能马上采用密闭冷藏，更不能操之过急地熏蒸。因为含水量较高的种子，呼吸作用旺盛，这时熏蒸将会使种子吸进较多的毒气，导致种子发芽率急剧下降，因此，应及时选择晴好天气进行翻晒。如无机会翻晒，在种子进入仓库时应加强通风，安装除湿机吸湿，迅速降低种子含水量，随着含水量的降低而逐步转入密闭贮藏。种子含水量在 12.5% 以下，可以常年密闭贮藏；含水量在 12.5% ~ 13% 的种子，在贮藏前期应短时间通风，降低种堆内部温度与湿度后，立即密闭贮藏。

（3）注意控制温湿度

外界温湿度可直接影响种堆，长期处于高温高湿季节，往往造成仓内温湿度上升。如果水分较低，温度变幅稍大，对种子贮藏影响不大。但水分过高，则必须在适当低温下贮藏。种子含水量未超过 12.5%，种温未超过 20 ~ 25℃，相对湿度在 55% 以内，能长期安全贮藏。湿度影响种子含水量，高湿度能使种堆水分升高。

（4）加强管理

种子贮藏期间应增加库内检查次数，加强种情检查，掌握变化情况，及时发现问题，尽早采取措施进行处理。同时注意仓内外的清洁卫生，消除虫、鼠、雀危害。

二、大米的贮藏

（一）贮藏特性

稻谷去壳得到糙米，糙米再碾去果皮与胚成为大米。大米由于没有谷壳保护，胚乳直接暴露于空间，易受外界因素的影响。因此，大米的贮藏稳定性差，远比稻谷难贮藏。

1. 容易吸湿返潮，引起发热

大米由于亲水胶体（淀粉、蛋白质）直接与空气接触，容易吸湿，在温湿度相同的条件下，大米的平衡水分均比稻谷高。同时，大米中的糠粉不仅吸湿性强，而且附带大量微生物，容易引起发热、生霉、变质、变味。

2. 容易爆腰

大米不规则的龟裂称为爆腰。爆腰的原因是由于米粒在急速干燥的情况下，米粒外层干燥快，内部水分向外转移慢，内外层干燥速率不一，体积收缩程度不同，外层收缩大，内层收缩小。另外，米粒在急速吸湿的情况下，也会造成爆腰。爆腰的大米因碎米多，在蒸煮时黏稠成糊状体，影响食用品质。

3. 容易陈化

随着贮藏时间的延长，大米逐渐陈化。陈化到一定程度，就会出现陈米气味，同时食味劣变，除失去大米原有的香味外，还表现在大米的光泽变暗，米饭黏度降低，硬度增加。

4.容易发灰

大米在贮藏期间，如外界环境湿度大或者大米原来水分高，便会出现发灰现象，即米粒失去原有光泽，米粒表面呈现灰粉状碎屑和白道沟纹，这是大米开始变质的先兆。

5.容易感染虫害

危害大米的主要害虫有米象、玉米象、赤拟谷盗、米扁虫等。

（二）贮藏方法

1.常规贮藏

主要采用干燥、自然低温、密闭的方法，将加工出机的大米冷却到仓温后，堆垛保管。高水分大米可以码垛通风后进行短期保管，或通风摊凉降低水分含量后再密闭贮藏。

2.低温贮藏

低温贮藏是大米保鲜的有效途径。利用自然低温，将低水分稻谷在冬季加工，待米温冷却后入库贮藏，采用相应的防潮隔热措施，使大米长期处于低温状态，相对延长粮温回升时间，是大米安全度夏的一种有效方法。利用机械制冷使大米在夏季处于冷藏状态，也能使大米安全度夏，但由于制冷设备和厂房建设投资较大，尚未全面推广。

3.气调贮藏

对于包装或散装的大米，用塑料薄膜密封，利用粮堆内大米和微生物的呼吸作用，自然降氧，或者充入 CO_2 或 N_2 贮藏，具有良好的杀虫、抑菌作用。

4.化学贮藏

在密闭的大米堆垛内，用 0.07 mm 的聚乙烯薄膜制成小袋装入 15～20g 磷化铝片，挂在密封好的包堆边或埋入包装粮上层，让磷化氢缓慢释放，可以杀虫、抑菌和预防大米发热霉变。

第二节　小麦和面粉的贮藏

一、小麦的贮藏

（一）贮藏特性

小麦的贮藏一般都是指小麦种子贮藏。小麦种子称为颖果，稃壳在脱粒时分离脱落，果实外部没有保护物。小麦果种皮较薄，组织疏松，通透性好，在干燥条件下容易释放水分；在空气湿度较大时也容易吸收水分。麦种的孔隙度一般在35%～45%，通气性较稻谷差，适宜于干燥密闭贮藏，保温性也较好，不易受外温的影响。但是，当种子堆内部发生吸湿回潮和发热时，却不易排除。麦种吸湿的速度，因品种而不同。从总体上讲，小麦种子具有较强的吸湿能力，在相同条件下，小麦种子的平衡水分较其他麦类为高，吸湿性较稻谷为强。麦粒在曝晒时降水快，干燥效果好；反之，在相对湿度较高的条件下，容易吸湿提高水分。所以，干燥的麦种一旦吸湿不仅会增加水分，还会提高种温。

小麦种子具有较强的耐热性，特别是未通过休眠的种子，耐热性更强。据试验，小麦在水分17%以上，种温不超过46℃的条件下进行干燥和热进仓，不会降低发芽率。根据小麦种子的这一特性，实践中常采用高温密闭杀虫法防治害虫。但是，小麦陈种子以及通过后熟的种子耐高温能力下降，不宜采用高温处理，否则会影响发芽率。

小麦种子有较长的后熟期，有的需要经过1～3个月的时间。通过后熟作用的小麦种子可以改善麦粉品质。但是麦种在后熟过程中，由于物质的合成作用不断释放水分，这些水分聚集在种子表面上便会引起"出汗"，严重时甚至发生结顶现象。小麦种皮颜色不同，耐藏性也存在差异，一般红皮小麦的耐藏性强于白皮小麦。

危害小麦种子的主要害虫有玉米象、米象、谷蠹、印度谷螟和麦蛾等，其中以玉米象和麦蛾危害最多。被害的麦粒往往形成空洞或被蛀蚀一空，完全失去使用价值。

（二）贮藏方法

1.严格控制入库种子水分

小麦种子贮藏期限的长短，取决于种子的水分、温度及贮藏设备的防湿性能。种子水分不超过12%，如能防止吸湿回潮，种子可以进行较长时间贮藏而不生虫，不长霉，不降低发芽率；如果水分为13%，种温到30℃，则发芽率会有所下降；水分在14%～14.5%，种温升高到21～23℃，如果管理不善，发霉可能性很大；水分为16%，即使种温在20℃，仍有很多发霉。因此，小麦种子贮藏时的水分应控制在12%以下，种温不超过25℃。

2.密闭压盖防虫贮藏

此法适用于数量较大的全仓散装种子，对于防治麦蛾有较好的效果。具体做法：先将种子堆表面耙平，后用麻袋2～3层，或篾垫2层或干燥砻糠灰

10 ~ 17 cm覆盖其上，可起到防湿、防虫作用，尤其是砻糠灰有干燥作用，防虫效果更好。覆盖麻袋或篾垫要求做到"平整、严密、压实"，即指覆盖物要盖得平坦而整齐，每个覆盖物之间衔接处要严密、不能有脱节或凸起，待覆盖完毕再在覆盖物上压一些有分量的东西，使覆盖物与种子之间没有间隙，以阻碍害虫活动及交尾繁殖。

压盖时间与贮藏效果有密切关系，一般在入库以后和开春之前效果最好。但是种子入库以后采用压盖，要多加检查，以防后熟期"出汗"发生结顶。到秋冬季交替时，应揭去覆盖物降温，但要防止表层种子发生结露。

3. 热进仓储藏

热进仓储藏是利用麦种耐热特性而采用的一种贮藏方法，对于杀虫和促进种子后熟作用有很好的效果。具有方法简便，节省能源，不受药物污染等优点，而且不受种子数量的限制。具体做法：选择晴朗天气，将小麦种子进行曝晒降水至12%以下，使种温达到46℃以上且不超过52℃，此时趁热迅速将种子入库堆放，并须覆盖麻袋2 ~ 3层密闭保温，将种温保持在44 ~ 46℃，经7 ~ 10 d之后掀掉覆盖物，进行通风散温直至达到与仓温相同为止，然后密闭贮藏即可。为提高贮藏效果，必须注意以下事项。

（1）严格控制水分和温度

麦种热进仓储藏成败的关键在于水分和温度，水分高于12%会严重影响发芽率，一般可掌握在10.5% ~ 11.5%。温度低于42℃杀虫无效，温度越高杀虫效力越大。一般掌握在种温46℃密闭7 d较为适宜，44℃则应延长至10 d。

（2）入库后严防结露

经热处理的麦种温度较高，库内地坪温度较低，二者温差较大，种子入库后容易引起结露或水分分层现象。上表层麦种温度易受仓温影响而下降，与堆内高温发生温差使水分分层。有时这两部分种子反而会生虫和生霉。所以，麦种入库前须打开门窗使地坪增温，以缩小温差。

二、面粉的贮藏

（一）贮藏特性

1. 吸湿性强，贮藏稳定性差

面粉的水分比小麦高，夏季加工的面粉水分比冬季加工的高，贮藏时的实际水分在13% ~ 14%。因面粉属微粒结构，其表面积大，吸湿速度比小麦快，故在高湿条件下，面粉易于返潮。面粉发热生霉，主要是由面粉水分含量高，或面粉吸湿返潮导致面粉微粒的呼吸作用及微生物的呼吸作用增强而引起的。

2.易成团结块

面粉堆垛贮藏一段时间，下层因受中、上层压力的影响而被压成团。受压结成团块的面粉，并无菌丝粘连，出仓时经搓揉弄松后，即可恢复正常，对品质无大影响。但如果伴有发热霉变而结块时，则不易恢复松散，品质也显著降低。

3."熟化"与变白

面粉出机入库后，大约贮藏 10 ~ 30 d，品质有所改善，筋力增强，发酵性好，制成面包体积大而松，面条粗细均匀，食味松软可口，这种面粉改善的作用，称为面粉的熟化。另外，面粉经贮藏一定时间，其颜色由初出机时稍带淡黄色而逐渐褪色变白，这是由于面粉中脂溶性色素氧化的结果，面粉的营养性能没有改善，相反还有所降低。

4.发酸变苦

脂肪酸的变化是面粉品质劣变的主要指标。即使正常水分含量的面粉，由于脂肪的水解，脂肪酸有规律的增加，酸价增高；水分含量较高的面粉，由于微生物的不良影响，使水溶性有机酸积累，加上脂肪分解而使酸价增加更快。发过芽或发过热的小麦制成的面粉，其酸败过程比正常面粉更快。

（二）贮藏方法

1.干燥散热

新加工的热机面粉一般温度很高，湿度很大，所以加工后预备贮藏的面粉不能立即装袋，应放置在阴凉通风处作降温、降水处理，有条件的可在室内通风散热，使其温度降至 25℃以下，水分降至 15% 以下，再进行贮藏。

2.密闭防潮

面粉易吸湿，故防潮工作十分重要。面粉入库后宜采用塑料薄膜密封，这样既可防止面粉吸湿返潮，又可防止虫、霉感染，且能保鲜、防尘。对于需要度过梅雨季节的面粉，更需及早密闭防潮。存放大批量面粉，应存放在上不漏下不潮、干燥通风的仓房；少量面粉存放，应在干燥降温后放至阴凉干燥的容器内密封起来。

3.严防生虫

面粉营养物质外露，最易感染害虫，其主要的害虫是螨虫，其次是玉米象。螨虫形体微小，人眼几乎不能看到，无论用什么方法都无法将其从面粉中分离出来，生螨后面粉即变为废弃物。面粉生虫后可用细箩将其分离出来，但应严把关口预防生虫，方法是把干燥降水后的面粉立即密封起来，大批量的可用塑料布盖严，并用绳子扎紧；少量的可用塑料布缝制成大小合适的袋子，套在每个面袋上扎紧口。还可在面粉的密闭前施入低药量，即每立方米面粉施入磷化铝片一片（3 g），先将药片用纸包好，放入面袋缝隙里，再密封起来。食用前把药剂残留取出埋入地下，面袋放气 2～3 d 即可。

4. 合理堆放

对于新加工的面粉，可先堆小垛，在降温散湿后改成大垛实堆。在倒垛操作时，只可调换上下位置，而原来在外层的面粉仍应放在外层，以免把外层水分大的面粉放入堆心，引起发热霉变。另外，由于面粉不耐贮藏，要结合销售情况，及时轮换出仓。

5. 翻倒防结块

存放时间较长的面粉，易出现压实结块现象，处理不及时就会发热霉变。因此在高温期间应勤检查，及时翻堆倒垛。把压实结块的面粉疏松处理，再使其变换位置，下面的倒到上面，或者调换左右位置。倒垛以后还应密封，如果药剂已经失去效力，完全变成灰白色粉末，没了药味，还应再用原来的方法施入同样药量的磷化铝。

第三节　玉米的贮藏

一、贮藏特性

穗贮与粒贮并用是玉米贮藏的一个突出特点，一般新收获的玉米多采用穗贮以利通风降水，而隔年贮藏或具有较好干燥设施的单位常采取脱粒贮藏。

玉米在禾谷类作物中，属大胚种子，种胚的体积几乎占整个籽粒的 1/3 左右，重量占全粒的 10%～12%，从它的营养成分来看，其中脂肪占全粒的 77%～89%，并含有大量的可溶性糖。由于胚中含有较多的亲水基，比胚乳更容易吸湿，在种子含水量较高的情况下，胚的水分含量比胚乳要高，而干燥种子的胚，水分却低于胚乳，因此吸水性较强，呼吸量比其他谷类种子大得多，在贮藏期间稳定性差，容易引起种子堆发热，导致发热霉变。玉米种子脂肪绝大部分集中在种胚中，而且种胚吸湿性较强，因此，玉米种胚非常容易酸败，导致种子生活力降低。特别是在高温、高湿条件下种胚的酸败比其他部位更明显。

玉米种胚易遭虫霉为害，其原因是胚部水分含量高，可溶性物质多，营养丰富。为害玉米的害虫主要是玉米象、谷盗、粉斑螟和谷蠹，霉菌多半是青霉和曲霉。当玉米水分适宜于霉菌生长繁殖时，胚部易长出许多菌丝体和不同颜色的孢子（俗称"点翠"），因此，整粒的玉米霉变，常常是从胚部开始的。经过一段时间贮藏后的玉米种子，其带菌量比其他禾谷类种子高得多。穗轴上的玉米种子由于开花授粉时间的不同，顶部穗粒成熟度差，加上含水量高，在脱粒加工过程中易受损伤，一般损伤率在15%左右。损伤籽粒呼吸作用较旺盛，易遭虫霉为害，经历一定时间会波及全部种子。所以，入库前应将这些破碎粒及不成熟粒清除，以提高玉米贮藏的稳定性。

在我国北方，玉米属于大田作物，一般收获较迟，而且种子较大，果穗被苞叶紧紧包裹在里面，在植株上水分不易蒸发，因此收获时种子水分较高，一般多在20%～40%。由于种子水分高，入冬前来不及充分干燥，极易发生低温冻害，这种现象在下列情况下更易发生：一是低温年份、种子成熟期推迟，含水量偏高；二是种子收获季节阴雨连绵、空气潮湿；三是选择一些产量高，生育期偏长的玉米品种种植，造成下霜前没有达到成熟要求。

玉米穗轴在乳熟及蜡熟早、中期柔软多汁。蜡熟和未及完熟时，穗轴的表面细胞木质化，变得坚硬，轴心（髓部）组织却非常松软，通透性较好，具有较强的吸湿性。着生在穗轴上玉米种子其水分的大小在一定程度上决定于穗轴，潮湿的穗轴水分含量大于籽粒，干燥的穗轴水分则比籽粒少。果穗在贮藏期间，种子和穗轴水分变化与空气的相对湿度有密切关系，都是随着相对湿度的升降而增减。将玉米穗轴和玉米粒，放在不同的相对湿度条件下，其平衡水分有明显的变化。据研究，当相对湿度高于80%时，穗轴含水量大于籽粒，籽粒通过发芽口从穗轴中吸取水分；而相对湿度低于80%时，穗轴水分低于籽粒，穗轴从籽粒中吸取水分，使种子变得干燥。

生产上常用的玉米变种有硬粒种、马齿种和甜玉米，其耐藏性依次降低。

二、玉米种子贮藏技术

玉米贮藏有果穗贮藏法和粒藏法两种，可根据各地气候条件、仓房条件和种子品质进行选择。

（一）果穗贮藏

（1）新收获的玉米果穗，穗轴内的营养物质因穗藏可以继续运送到籽粒内，使种子达到充分成熟，且可在穗轴上继续进行后熟。

（2）穗藏孔隙度大，达51%左右，便于空气流通，堆内湿气较易散发。高水分玉米有时干燥不及时，经过一个冬季自然通风，可将水分降至安全标准以内，至第二年春即可脱粒，再行密闭贮藏。

（3）籽粒在穗轴上着粒紧密，外有坚韧果皮，能起一定的保护作用，除果穗两端的少量籽粒可能感染霉菌和被虫蛀蚀外，一般能起防虫、防霉作用，中间部分种子生活力不受影响，所以生产上常采用这部分籽粒作播种材料。

果穗贮藏同样要注意控制水分，以防发热和受冻害。果穗水分高于20%，在温度−5℃的条件下便易受冻害而失去发芽率。水分高于17%，在−5℃时也会轻度受冻害，在−10℃以下便会失去发芽率。水分大于16%时，果穗易受霉菌危害，在14%以下方能抑制霉菌生长。所以，过冬的果穗水分应控制在14%以下为宜。

干燥果穗的方法可采用日光曝晒和机械烘干。曝晒法一般比较安全，烘干法对温度应作适当控制，种温在40℃以下，连续烘干72～96 h，一般对发芽率无影响，高于50℃对种子有害。

果穗贮藏法有挂藏和玉米仓堆藏两种。挂藏是将果穗苞叶编成辫，用绳逐个联结起来，围绕在树干上挂成圆锥体形状，并在圆锥体顶端披草防雨。堆藏则是在露天地上用高粱秆编成圆形通风仓，将剥掉苞叶的玉米穗堆在里面越冬，次年再脱粒入仓，此法在我国北方采用较多。

（二）籽粒贮藏

采用籽粒贮藏可以提高仓容量，便于管理。对于采用籽粒贮藏的玉米种子，当果穗收获后不要急于脱粒，应以果穗贮藏一段时间为好，这样对种子完成后熟作用，提高品质以及增强贮藏稳定性都非常有利。玉米脱粒后胚部外露，是造成贮藏稳定性差的主要原因。因此，杆粒贮藏必须控制入库水分，并减少损伤粒和降低贮藏温度。玉米种子水分必须控制在13%以下才能安全过夏，而且种子贮藏不耐高温，在北方玉米贮藏水分含量则可在14%以下，种温不高于25℃。如果仓房密闭性能较好，可以减少外界温湿度的影响，能使种子在较长时间内保持干燥。在冬季入库的种子，则能保持较长时间低温，利用冬季低温，种温在0℃时将种子入库，面上覆盖一层干沙，到6月底种温仍能保持在10℃左右，种子不生霉、不生虫，并且无异常现象。

散装贮藏的堆高随种子水分而定，种子水分在13%以下，堆高3～3.5 m，可密闭贮藏。种子水分在14%～16%，堆高2～3 m，需间隙通风。种子水分在16%以上，堆高1～1.5 m，需通风，贮藏期不超过6个月，或采用低温贮藏，但要注意防止冻害。

三、北方玉米越冬贮藏技术

北方玉米贮藏的突出问题是种子成熟后期气温较低，收获时种子水分较高，又难晒干，易受低温冻害，因此如何安全越冬是北方玉米贮藏管理的重点。

（一）站秆扒皮，收前降水

站秆扒皮晾晒，可以加速果穗和籽粒水分散失，促进脱水脱粒，提高籽粒质量，是促进成熟的一项有效措施。扒皮晾晒的适宜时期是玉米蜡熟中期，待籽粒形成"硬盖"以后进行。过早进行影响穗内的营养转化，对产量影响较大；过晚，脱水时间短，起不到短期内降低含水量和提高品质的作用。方法是将苞叶轻轻扒开，使果穗籽粒全部露出，但注意不要将穗柄折断，特别是玉米螟危害较重、穗柄较脆的品种更要注意。该法尤其适用于生育期偏长、活秆成熟和籽粒脱水较慢的品种。

收前20 d扒皮可比对照多降低含水量9.7%，收前15 d扒皮多降低含水量8.6%，收前9 d扒皮则多降低含水量6.5%。

（二）玉米果穗通风贮藏

玉米穗贮时由于孔隙度较大，便于通风干燥，可利用秋冬季节继续降低种子水分，同时穗轴对种胚有一定的保护作用，可以减轻霉菌和仓虫的感染。

玉米果穗通风贮藏有多种方式，根据种子量的大小不同可灵活选用。少量种子可采用立桩搭挂、木架吊挂、棚内吊挂等方式进行。种子量较大时可选择地势高燥、通风良好的地方与秋季主风向垂直搭砌玉米穗仓，具体方法是在地面用砖、木等垫高30~50 cm做好仓底，铺上秫秸，上面砌玉米穗仓，仓的厚度70~100 cm，高度和长度依种子量而定，也可砌成多排仓，但各排之间要留有一定距离，以免相互挡风。有条件的单位也可建造永久性玉米仓，四周用方木作固定柱，在地面上30~50 cm处架好仓底，四周用木板条或金属做成通风仓壁，顶盖用人字架做遮雨（雪）棚，既通风又防雀、防雨。

在贮藏管理中，必须注意以下两点。

1.严格控制水分

贮藏效果的好坏很大程度取决于种子的含水量。低温是种子贮藏的有利条件，但在北方寒冷天气到来之前，种子只有充分晒干，才能防止冻害。如果玉米种子含水量过高，种子内部各种酶类进行新陈代谢，呼吸能力加强，在严寒条件下，种子就会发生冻害。另外北方玉米种子冬贮时间较长，因此在贮藏期间要定期检查种子含水量，如发现水分超过安全贮藏标准，应及时通风透气，调节温湿度，以免种子受冻害或霉变。

2.采用合理的贮藏方法及选择适宜的贮藏环境

对不符合建仓标准和条件差的仓库要进行维修，种子仓库要做到库内外干净清洁，仓库不漏雨雪。室外贮藏不可露天存放在雨雪淋浸的地方，还要认真做好防虫、防鼠工作。不论采取什么方法贮藏，都应把种子袋垫离地面 30 cm 以上，堆垛之间要留一定空隙，还应注意，在室外贮存的种子，遇冷后不应再转入室内贮藏；同样在室内贮存的种子，不可突然转到室外贮藏，否则，温度的骤然变化会使种子发生结露。

四、南方玉米越夏贮藏技术

南方玉米越夏贮藏技术的要点主要有以下三点。

（一）低温

低温的要求是 7、8、9 月份高温多湿的季节采取合理通风的办法，使仓温不高于 25℃，种温不高于 22℃。种子是热不良导体，种温不会随外界温度变化而迅速改变。在 6 月底以前温度上升的时候不轻易开仓，以免热空气进入仓内，提高仓温。发现种子含水量超过越夏种子贮藏安全标准（小于 12%），也只能通过春前低温季节的低湿度空气进行通风和仓内除湿等措施来降低种子含水量，以防高温季节晒种种温提高。7、8、9 这三个月，虽系高温季节，但也有晴、雨、阴、早、中、晚的气温差异，此期的通风主要是以降温为目的，多在阴天或晴天的傍晚，以排风扇、电动鼓风机等机械进行强力通风，迅速降低仓温。种温是影响种子呼吸强度的重要因素，仓储期控制好种温是重要的一环。

（二）干燥

干燥是指严格控制越夏种子水分。整个贮藏期要保证种子水分的变化在安全水分范围内，既要考虑到种子本身入仓水分的标准，又要考虑到影响水分变化的各个因素。在控制种子贮藏水分工作中，要着重做到种子净度达到国家标准；水分不超过安全水分标准；无受害的及受污染的种子，同时，密切注意种子入仓后第 1 个月内水分的变化。种子入库季节正值高温高湿，同时也是种子生理成熟的重要时期，入库种子常会因后熟作用发生"出汗"而提高种子含水量，也会因种温、仓温（特别是地坪）的温度差异出现"结露"而使局部种子含水量急剧增加。

贮存半年后，玉米的贮藏性能基本稳定，开春后用快速水分检测仪速测种子堆上、中、下层种子的含水量，凡含水量超过要求，剔出不宜进行越夏，应在当年及时售出。

（三）密闭

"密闭"是指在种子贮藏性能稳定之后，特别是水分达到越夏要求后，用塑料薄膜密闭种子和仓房门窗。仓门的密闭，绝不是一年四季常闭仓库。具体要严格掌握以下两点：一是种子入库 1 月内除投药杀虫需密闭外，其余时间应尽量抓住机会开门通风，以降温降湿；二是在 10 月中、下旬气温处于下降季节，应寻找机会尽快开门通风使种温下降。总之，密闭的目的是为了减轻仓外温度、湿度对仓温、种温、种子水分的影响，使种堆处于低温低湿状态。

第四节　甘薯和马铃薯的贮藏

一、甘薯的贮藏

（一）贮藏特性

甘薯又名地瓜、红薯、红苕等，是块根作物，组织幼嫩，皮薄易破损，易受冷害和感染病害而发生腐烂。甘薯在贮藏期间仍有旺盛的呼吸，呼吸强度比谷类种子大十几倍到几十倍。甘薯在 O_2 充足时进行有氧呼吸，吸入 O_2 较多，放出的 CO_2 和热量也多。当 O_2 不足时，甘薯进行无氧呼吸，产生酒精、CO_2 和少量热量。酒精对薯块有毒害作用，易引起烂窖。甘薯与其他粮食不同，块根内含有大量水分，保存甘薯的环境要求有较高的湿度，最适的相对湿度为 85% ~ 90%，湿度过低易使薯块干缩糠心，湿度过高则易使薯堆表面结露引起病害。甘薯贮藏对温度的要求也很严格，温度高于 18℃易生芽，低于 10℃易引起腐烂。一般认为，病害是引起甘薯严重损失的主要原因，最严重、最普遍的病害是甘薯黑斑病和软腐病，因此，保管甘薯要做好防病、防腐工作。

（二）贮藏方法

1. 适时收获，确保收获质量

甘薯收获时间对块根产量与贮藏安全影响很大，如过早收获，生长期不足，产量和出粉率都低；过迟收获，不能增加产量，易受低温冷害，导致出粉率和耐贮性下降。故适时收获对提高产量、品质和防止腐烂损失有重要的意义。甘薯收获时要做到"三轻""五防"，即轻刨、轻运、轻入窖和防霜冻、防雨淋、防过夜、防碰伤、防病害。

甘薯含水量高达 70% 以上，皮薄、重量大，而贮藏期的病害又大部分是由薯皮碰伤所引起的，所以收获甘薯时防碰伤就成了保证甘薯贮藏的先决条件。因此，要轻刨，不要碰伤薯皮。运输时车上先垫草或用筐装车，有条件者最好装入筐中直接入窖，减少装卸碰伤。

收获甘薯时应在霜冻前，以避免薯块受冻。要防雨淋，雨天不能收获甘薯，收后的甘薯也不能受雨淋。要做到当天收，当天运，当天入窖，不能在地里过夜。因甘薯遇 7℃ 以下气温就会受轻微冷害，而这种轻微的冷害又难以发觉，只有入窖后 1 个月才开始腐烂，所以收获甘薯时不能让甘薯在地里过夜。入窖时要剔除破伤及病害薯块，否则就难以保证安全贮藏。

2. 贮藏管理

地窖保管法是保管甘薯最常使用的方法，根据各地气候特点的不同，贮存甘薯的地窖多种多样，如井窖、棚窖、埋藏窖等，但管理措施大致一样。甘薯入窖之前，应对窖内进行消毒，方法是用石灰浆涂抹窖壁，或用福尔马林 0.5 kg 加水 25 kg 喷洒，如是旧窖，应先将窖内四壁的旧土铲除一层。经过剔除破伤、疡疤、虫蚀的好薯块，小心装窖，轻拿轻放，合理堆放。窖内不要装得太满，一般只装二分之一，最好是分层堆放，每层薯块厚度约 30 cm，堆一层，撒一层干沙土，每层沙土留开几个碗口大小的空隙，各层的空隙互相错开，以利调节各层薯块的水分和温度。甘薯也要用多菌灵、托布津等药液进行浸洗。一般用 5% 甲基托布津 500 ~ 1 000 倍液，或 25% 多菌灵 500 ~ 1 000 倍液浸洗 10 min，晾干后即可入窖。

当甘薯入窖后，应在薯堆上覆盖一层稻草，防治甘薯黑斑病可用抗菌剂 "401" 处理，按 "401" 0.1 kg 加水 2.5 kg，喷 625 kg 甘薯的比例，将药剂喷洒在稻草上，封窖 4 d，取出稻草敞窖通风，再按常规方法保管。甘薯和入窖后的管理要根据气候、季节的变化情况，适时掌握好窖口的启闭，尽量调节窖内温、湿度在最适范围内，一般要求把好 "三关"。入窖防汗关，入窖初期 30 d 左右为发汗期，鲜薯呼吸旺盛，放出大量的水分和热量，这段时间内，一般白天要打开窖门通风，晚上关闭，使窖温稳定在 12 ~ 15℃；"进九" 防冻关，冬季 "进九" 后，要视天气情况，适时封闭窖门，必要时还要在窖门口加覆盖物保温，保证窖内温度最低不低于 10℃；春后防热关，春暖后气温回升，应根据天气变化情况，适时通风或密闭，使窖内温度最高不超过 18℃。

二、马铃薯的贮藏

（一）采收要求

马铃薯采收质量对其贮藏有重要意义。在马铃薯植株枯黄时，地下块茎进入休眠期，此时是收获的最佳时间。收获应选在霜冻到来以前，并同时要求在晴天和土壤干爽时进行。收获时先将植株割掉，深翻出土后，须在田间稍行晾晒，但不要在烈日下曝晒。收获后，在田间要将病虫伤害及机械伤害的块茎剔除，进行分级。在贮前先将块茎置于 10 ~ 20℃条件下晾晒 10 ~ 14 d（若温度较低，时间要长一些），使愈合伤口形成木栓层。具体方法是把块茎堆在通风的室内，堆中要用竹片制成的通风管，以便通风降温。堆高不得高于 0.5 m，宽不超过 2 m。同时要注意防雨、防日晒，要有草苫遮光。为达到通风的目的，还可在薯块堆下面设通风沟。要定期检查、倒动，降低薯堆中的温、湿度，并检出腐烂的薯块。

（二）贮藏特性

马铃薯块茎收获以后具有明显的生理休眠期，休眠期一般为 2 ~ 4 个月。一般早熟品种休眠期长，薯块大小、成熟度不同，休眠期也有差异，如果薯块大小相同，则成熟度低的休眠期长。另外，栽培地区也影响休眠期长短。贮藏过程中，温度也是影响休眠期的重要因素，特别是贮藏初期的低温对延长休眠期十分有利。马铃薯在 2℃以下会发生冷害，但专供加工薯片或油炸薯条的晚熟马铃薯，应贮藏于 10 ~ 13℃条件下。贮藏马铃薯适宜的相对湿度为 80% ~ 85%，晚熟种应为90%，如果湿度过高，会缩短休眠期、增加腐烂；湿度过低会因失水而增加损耗。贮藏马铃薯应避免阳光照射，光能促使薯块萌芽，同时还会使薯块内的茄碱苷（龙葵素）含量增加。正常薯块茄碱苷含量不超过 0.02%，对人畜无害，若在阳光下或萌芽时，茄碱苷含量会急剧增加，误食对人畜均有毒害作用。

（三）贮藏方法

1. 沟藏

如辽宁某地区多采用沟藏法。7 月收获马铃薯，预贮在空房内或荫棚下，直至 10 月下旬沟藏。贮藏沟深 1 ~ 1.2 m，宽 1 ~ 1.5 m，长度不限。薯块堆至距地面 0.2 m，上面覆土保温，以后随气温下降，分期覆土，覆土总厚度为 0.8 m 左右。薯块不可堆放太高，否则沟底及中部温度会偏高，很容易腐烂。

2. 窖藏

山西和西北地区土质黏重，多采用井窖窖藏法。每窖室可贮藏 3 000 kg。在有土丘或山坡的地方，可采用窑窖贮藏，以水平方向向土崖挖成窑洞，洞高 2.5 m、宽 1.5 m、长 6 m。窖顶呈拱圆形，底部也有倾斜度，与井窖相同，每窖可贮藏 3 500 kg。井窖和窑窖利用窖口通风并调节温、湿度，气温低时，窖口覆盖草帘防寒。

3. 棚窖贮藏

东北地区多采用棚窖贮藏红薯。棚窖与大白菜窖相似，深 2 m、宽 2 ~ 2.5 m、长 8m，窖顶为秫秸盖土，共厚 0.3 m。天冷时再覆盖 0.6 m 秸秆保温。窖顶一角开设一个 0.5 m × 0.6 m 的出入口，也可做放风用。每窖可贮藏 3 000 ~ 3 500 kg。为控制和调节窖内的温度，保持块茎良好品质，入窖后可分三个阶段进行管理。

（1）贮藏前期

从入窖到12月初，块茎正处在预备休眠状态，呼吸旺盛，放热多，窖温较高。这一阶段的管理应以降温散热为主，窖口和通气孔经常打开，尽量通风散热，随着外部温度的降低，窖口和通气孔也应变成白天打气，夜间小开或关闭。如窖温过高时，也可倒堆散热。

（2）贮藏中期

12月中旬到第二年2月末正值冬季，外部温度很低，块茎已进入高度休眠状态，呼吸微弱，散热量很少，易受冻害。这一阶段的管理工作主要是防寒保温，对窖温要经常检查，要密封窖口，必要时可在薯堆上盖草吸湿防冻。

（3）贮藏末期

3—4月份外部气温转高，块茎已经通过休眠，窖温升高易造成块茎发芽，这一阶段管理工作的重点是控制窖内低温，使外部高的温度不影响窖温，以免块茎发芽。窖顶覆盖也应加厚，紧闭窖门和气孔，白天避免开窖。若窖温过高时，可在夜间打开窖口通风降温，也可倒堆散热。

4. 通风库贮藏

一般散堆在库内，堆高1.3～2 m，2～3 m垂直放一个通风筒。通风筒用木片或竹片制成栅栏状，横断面积0.3 m×0.3 m，下端要接触地面，上端伸出薯堆，以便于通风。装筐贮藏效果也很好。贮藏期间要检查1～2次。

不论采用哪种贮藏方法，草堆周围都要留有一定的空隙，以利通风散热。

5. 化学贮藏

南方夏秋季收获的马铃薯，由于缺乏适宜的贮藏条件，在休眠期过后，就会萌芽。为抑制萌芽，在休眠中期，可采用α-萘乙酸甲酯处理马铃薯，每10 t薯块用药0.4～0.5 kg，加入15～30 kg细土制成粉剂，撒在薯堆中；还可用青鲜素（MH）抑制萌芽，用药浓度为3%～5%，应在适宜收获期前3～4周喷洒，如遇雨，应再重喷。

第五节　大豆和大豆油的贮藏

一、大豆的贮藏

（一）贮藏特性

大豆除含有较高的油分外（约17%～22%），还含有非常丰富的蛋白质（约

35%～40%）。因此，其贮藏特性不仅与禾谷类作物种子大有差别，而与其他一般豆类相比也有所不同。

1. 吸湿性强

大豆子叶中含有大量蛋白质，同时由于大豆种皮较薄，种孔（发芽口）较大，所以对大气中水分的吸附作用很强。在20℃条件下，相对湿度为90%时，大豆的平衡水分达20.9%（谷物种子在20%以下）；相对湿度在70%时，大豆的平衡水分仅11.6%（谷物种子均在13%以上）。因此，大豆贮藏在潮湿的条件下，极易吸湿膨胀。大豆吸湿膨胀后，其体积可增加2～3倍，对贮藏容器能产生极大压力，所以大豆晒干以后，必须在相对湿度70%以下的条件下贮藏，否则容易超过安全水分标准。

2. 易丧失生活力

大豆水分虽保持在9%～10%的水平，如果种温达到25℃时，仍很容易丧失生活力。大豆生活力的影响因素除水分和温度外，与种皮色泽也有很大的关系。黑色大豆保持发芽力的期限较长，黄色大豆最容易丧失生活力。种皮色泽越深，其生活力越能保持长久，这一现象也出现在其他豆类中，其原因是深色种皮大豆组织致密，代谢作用微弱。贮藏期间的通风条件会影响大豆的呼吸作用，也会间接影响生活力，呼吸强度增高，放出水分和热量又进一步促进呼吸作用，很快就会导致贮藏条件恶化而影响大豆的生活力。

3. 破损粒易生霉变质

大豆颗粒呈椭圆形或接近圆形，种皮光滑，散落性较大。此外大豆种子皮薄、粒大，干燥不当易损伤破碎。同时种皮含有较多纤维素，对虫霉有一定抵抗力。但大豆在田间易受虫害和早霜的影响，有时虫蚀高达50%左右。这些虫蚀粒、冻伤粒以及机械破损粒的呼吸强度要比完整粒大得多。受损伤的暴露面容易吸湿，往往成为发生虫霉的先导，引起大量大豆的生霉变质。

4. 热导性差

大豆含油分较多，而油脂的热导率很小，所以大豆在高温下干燥或曝晒的情况下，不易及时降温以至影响生活力和食用品质。利用这一特点，可增强大豆的稳定性，即大豆进仓时，必须干燥而低温，仓库严密，防热性能要好。据试验，大豆贮藏在木板仓壁和铁皮仓顶的仓库中，堆高4 m，于1月份入库，种温为−11℃，到7月份出仓时，仓温30℃，而上层种温为21℃，中层10℃、下层为7℃。如果仓壁加厚，仓顶选用防热性良好的材料，则贮藏稳定性将会大大提高。

5. 蛋白质易变性

大豆含有大量蛋白质，在高温高湿条件下，很容易老化变性，以至影响种子的工艺品质及食用品质，这和油脂容易酸败的情况相同，主要是由于贮藏条件控制不当所引起。值得注意的是大豆种子一般含脂肪17%～22%，且大豆种子中的脂肪多由不饱和脂肪酸构成，所以很容易酸败变质。

6.大豆易走油、赤变

经过高温季节贮藏的大豆，往往出现两片子叶靠脐部位，色泽变红，之后子叶红色加深并扩大，严重的发生浸油，同时高温高湿还使大豆发芽力降低。大豆走油赤变后，出油率减少，豆油色泽加深，做豆腐有酸败味，做豆浆颜色发红。大豆发生走油和红变现象的原因一般认为是在高温高湿的条件下，蛋白质凝固变性，破坏了脂肪与蛋白质共存的乳化状态，脂肪渗出呈游离状态，即发生浸油现象，同时脂肪中的色素逐渐沉积以至引起子叶变红。从外观看，大豆的浸油红变也表现出一定的发展过程。首先是种皮光泽减退，种皮与子叶呈斑点状粘连，略带透明，习惯上称为"搭皮"，再进一步发展到脱皮，稍加压碾，种皮即破碎脱落，而子叶内面出现红色斑点，逐步扩大，呈明显的锈状透明，带赤褐色。在整个变红过程中，种皮色泽也不断加深，由原来的淡黄色发展成为深黄、红黄以至红褐色。

（二）贮藏方法

1.清仓消毒

入库前应将仓库内的其他种子、杂物等全部清除，并剔除虫窝，修补墙面、门窗，清理后用烟熏剂熏仓消毒，消毒后须通风24 h。

2.充分干燥

充分干燥是大多数农作物种子安全贮藏的关键，对大豆来说，更为重要。一般要求长期安全贮藏的大豆水分必须在12%以下，如超过13%，就有霉变的危险。大豆干燥以带荚为宜，首先要注意适时收获，通常应等到豆叶枯黄脱落，以摇动豆荚时互相碰撞发出响声时收割为宜。收割后摊在晒场上铺晒2～3 d，荚壳干透有部分爆裂，再行脱粒，这样可防止种皮发生裂纹和皱缩现象。大豆入库后，如水分过高仍须进一步曝晒。大豆经阳光曝晒对出油率并无影响，但阳光过分强烈，易使子叶变成深黄脱皮甚至发生横断等现象。曝晒过程中温度以不超过44～46℃为宜，而在较低温度下晾晒，更为安全稳妥；晒干以后，应先摊开冷却，再分批入库。

3.低温密闭

大豆由于热导性不良，在高温情况下又易引起红变，所以应该采取低温密闭的贮藏方法。一般可趁寒冬季节，将大豆转仓或出仓冷冻，使种温充分下降后，再进仓密闭贮藏，最好在表面加一层压盖物。加覆盖的和未加覆盖的相对比，种子堆表层的水分要低，种温也低，并且前者保持原有的正常色泽和优良品质。有条件的地方将种子存入低温库、准低温库、地下库等效果更佳，但地下库一定要做好防潮去湿工作。贮藏大豆对低温的敏感程度较差，因此很少发生低温冻害。

4.及时倒仓，过风散湿

大豆收获正值秋末冬初，气温逐步下降，大豆入库后，还需进行后熟作用，放出大量的湿热，如不及时散发，就会引起发热霉变。为了达到长期安全贮藏的要求，大豆入库3～4周左右，应及时进行倒仓过风散湿，并结合过筛除杂，以防止出汗发热、霉变、红变等异常情况的发生。根据经验，大豆在贮藏过程中，进行适当通风很有必要。贮藏在缸坛中的大豆，由于长期密闭，其发芽率比仓库内贮藏的差。适当通风不仅可以保持大豆的发芽率，还能起到散湿作用，使大豆水分下降，因大豆在较低的相对湿度下，其平衡水分较一般种子为低。

5.定期检查

入库初期要将温度检查列为重点，使库房温度保持在20℃以下，温度过高时应立即通风降温。大豆入库后每20 d检查一次含水量，种子含水量超出安全水分含量，应及时翻晒。大豆晒后不能趁热贮藏，必须晾凉后才能收藏，以降低大豆本身的温度，防止发热回潮。

二、大豆油的贮藏

大豆油在贮藏中，容易受油脂本身所含水分、杂质及空气、光线、温度等因素的影响而酸败变质。因此，贮藏大豆油必须尽量降低其中的水分和杂质含量，并将其贮藏在密封的容器中，放置在避光、低温的场所。通常的做法是，油品入库或装桶前，必须将装具洗净擦干，同时认真检验油品水、杂含量和酸价高低，符合安全贮藏要求方可装桶入库。大豆油中水分、杂质含量均不得超过0.2%，酸价不得超过4 mg/g（以KOH计）。装好后，应在桶盖下垫以橡皮圈或麻丝，将桶盖拧紧，防止雨水和空气侵入。同时每个桶上要及时注明油品名称、等级、皮重、净重及装桶日期等，以便分类贮存和推陈出新。桶装油品以堆放于仓内为宜，如需露天堆放，桶底要垫以木块，使之斜立，桶口平列，防止桶底生锈和雨水从桶口浸入；高温季节要搭棚遮阴，以防受热酸败；严冬季节在气温低的地区，无论露天或库内贮藏，都要用稻草、谷壳等围垫油桶，加强保温，防止油品凝固。

第六节　油菜籽的贮藏

一、贮藏特性

（一）吸湿性强

油菜种子种皮脆薄，组织疏松，且籽粒细小，暴露的表面大。油菜收获正近梅雨季节，很容易吸湿回潮，但是遇到干燥气候也容易释放水分。据经验，在夏季相对湿度在50%以下，油菜种子水分可降低到7%～8%以下；相对湿度在85%以上时，其水分很快回升到10%以上，所以常年平均相对湿度较高的地区和潮湿季节，要特别注意防止种子吸湿。

（二）通气性差，易发热生霉

油菜种子近似圆形，密度较大。由于种皮松脆，子叶较嫩，种子不坚实，在脱粒和干燥过程中容易破碎，或者收获时混有泥沙等因素，使种子堆的密度增大，不易向外散发热量。而油菜种子的代谢作用又很旺盛，放出的热量较多，如果感染霉菌，分解脂肪释放的热量比淀粉类种子高1倍以上，所以油菜种子比较容易发热，尤其在高水分情况下，只要经过1～2 d时间就会引起严重的发热酸败现象，而且发热时间持续很久。入库油菜种子水分在10%～11%时，到了高温季节（7月中旬左右），就有发热象征，种温超过仓温3～5℃，并有浓厚霉变味，到8月下旬仓温上升到42℃，如不进行处理，可持续发热直到秋凉11月份，而出现霉变。7月份开始时发热的部位仅限于中上层某一局部范围内，8月中旬发展到全部上层及中层，9月下旬发展到下层，造成全堆发热。引起油菜种子发热生霉的因素除水分与温度外，杂质含量也有一定关系，杂质过多，油菜种子堆通气不良，妨碍散热散湿，容易引起不良后果。经发热的种子不仅失去发芽率，同时含油量也大大降低。

（三）含油分多，易酸败

油菜种子的脂肪含量较高，一般在36%～42%。贮藏过程中，脂肪中的不饱和脂肪酸会自动氧化成酸、酮等物质，发生酸败，尤其在高温、高湿的情况下，这一变化过程进行得更快，结果使种子发芽率随着贮藏期的延长而逐渐下降。油脂的酸败主要有两方面原因：一是不饱和脂肪酸与空气中的氧气作用，生成过氧化物，它极不稳定，很快继续分解成为醛、酸等；另一是原因是在微生物作用下，油脂分解成甘油及脂肪酸，脂肪酸进而被氧化生成酮酸，酮酸经脱羧作用放出二氧化碳生成酮等。实践中油脂品质常以酸价表示，即中和 1g 脂肪中全部游离脂肪酸所耗去的氢氧化钾的质量（mg），耗去氢氧化钾量越多，酸价越高，表明油脂品质越差。油菜种子在贮藏期间的主要害虫是螨类，它能引起种子堆发热，是油菜种子的危险害虫，油菜种子水分较高时，螨类繁殖迅速，只有保持种子干燥才能预防螨类为害。

二、油菜种子的贮藏技术

（一）适时收获，及时干燥

油菜种子收获以花薹上角果有 70%～80% 呈现黄色时为宜。太早嫩籽多，水分高，不易脱粒，较难贮藏；太迟则角果容易爆裂，籽粒散落，造成损失。脱粒后要及时干燥，晒干后须经摊晾冷却才可进仓，以防种子堆内部温度过高，发生干热现象（即油菜种子因闷热而导致脂肪分解，酸度增加，出油率降低）。

（二）清除泥沙杂质

油菜种子入库前，应进行一次风选，以清除尘芥杂质及病菌类，增强贮藏期间的稳定性。此外对水分及发芽率进行一次检验，以掌握油菜种子在入库前的情况。

（三）严格控制入库水分

油菜种子入库的安全水分标准应视当地气候特点和贮藏条件而定，就大多数地区一般贮藏条件而言，油菜种子水分控制在 9%～10% 以内，可保证安全，但如果当地特别高温多湿以及仓储条件较差，最好能将水分控制在 8%～9% 以内。据四川省经验，水分超过 10%，经高温季节，种子堆就会发生不正常现象，开始结块；水分在 12% 以上就会形成团饼，出现霉变现象。

（四）低温贮藏

贮藏期间除水分须加控制外，种温也必须按季节严加控制，在夏季一般不宜超过 28～30℃，春、秋季不宜超过 13～15℃，冬季不宜超过 6～8℃。种温与仓温相差如超过 3～5℃就应采取措施，进行通风降温。

（五）合理堆放

油菜种子散装的高度应随水分多少而增减，水分在 7%～9% 时，堆高可达 1.5～2.0 m；水分在 9%～10% 时，堆高只能为 1～1.5 m；水分在 10%～12% 时，堆高只能在 1 m 左右；水分超过 12% 时，应进行晾晒后再进仓。散装的种子可将表面耙成波浪形或锅底形，使油菜种子与空气接触面加大，有利于堆内湿热的散发。

（六）加强管理检查

油菜种子进仓时即使水分低，杂质少，仓库条件合乎要求，在贮藏期间仍须遵守一定的严格检查制度，一般在 4—10 月份，对水分含量为 9% ~ 12% 的油菜种子，应每天检查 2 次，水分含量在 9% 以下应每天检查 1 次。11 月份至翌年 3 月份，对水分含量为 9% ~ 12% 的油菜种子应每天检查 1 次，水分含量在 9% 以下的，可隔天检查 1 次。

第七节　花生的贮藏

一、贮藏特性

（一）原始水分高，易发热生霉

花生的荚果刚收获时水分含量很高，可达 40% ~ 50%。由于颗粒较大，荚壳较厚，而且子叶中含有丰富蛋白质，所以水分不易散发，容易吸湿返潮，很容易发热生霉。霉变首先从未成熟粒、破损粒、冻伤粒开始，逐渐扩大影响至完好种子。花生的安全水分要求达到 9% ~ 10% 以下，有时曝晒 4 ~ 5 d 还不能符合标准。花生荚果到一定干燥程度，质地变为松脆，容易开裂，不耐压，而且吸湿性较强，在贮藏过程中，很容易遭受外界高温、潮湿、光线或氧气等影响。如果对水分和温度这两个主要因素控制不当，往往造成发热霉变，走油，酸败，含油率降低以及生活力丧失等一系列品质变化。据生产实践经验，花生荚果含水量为 11.4%，同时温度升高到 17℃，即滋生霉菌引起变质，特别是一经黄曲霉菌为害，就会产生黄曲霉毒素，对人畜有致癌作用，不论种用或食用，都失去价值。此外，花生荚果从土中收起，带有泥沙杂质，一经淘洗，荚壳容易破裂，更难晒干，在贮藏期间还会引起螨类和微生物的繁殖和为害。

（二）干燥缓慢，易受冻害，失去生活力

花生种子生长于地下，收获时含水量可高达 40% ~ 50%，花生收获期正值凉爽的秋季，如天气情况太差，未能及时收获，易造成子房柄霉烂，荚果脱落，遗留在土中，或由于子房柄入土不深，所结荚果靠近土面，这都可能遭到早霜侵袭，使种子冻伤。同时由于花生种子较大，其中又含有较多的蛋白质，水分不易散失，在严寒来临之际，种子水分不能及时降至发生冻害的临界水分以下时，也会受到低温冻害。根据观察，花生的植株在 -5℃ 时即会受冻枯死，到 -3℃，荚果即受到冻害。受冻害的花生种子，色泽发暗发软，有酸败气味。花生收获后未能及时干燥，也能造成冻害。在纬度较高的地方，花生贮藏最突出的问题是早期受冻害和

次年度过夏季，一般花生产区，花生种子的发芽率仅 50% ~ 70%，值得加以重视。

（三）种皮薄，怕晒，对高温敏感

花生种子的种皮薄而脆，如日晒温度较高，种皮容易脆裂，色泽变暗，而且在曝晒过程中，由于多次翻动会导致种皮破裂，破瓣粒增加，贮藏时易诱发虫霉，呼吸强度也会升高，降低贮藏稳定性和种子品质。若未充分晒干而且天气连续阴雨，种皮就会失去光泽，籽粒发软。花生种子含油量约为 40% ~ 50%，在高温、高湿、机械损伤、氧气、日光及微生物的综合影响之下，很容易发生酸败。花生种子除含有丰富的油外，还含有较多的蛋白质，为微生物的繁殖和发育提供有利条件。这些都是花生容易丧失生活力的重要因素。

（四）脂肪酸升高，易发生浸油现象

花生在贮藏期间的稳定程度可以脂肪酸的变化情况作为衡量标准。据实践经验，花生仁（种子）进仓初期，尚处在后熟过程中，仍进行着物质的合成作用，脂肪酸稍有下降趋势，以后随着贮藏期延长其含量逐渐升高，升高速度主要取决于水分和温度：当水分为 8%，温度在 20℃ 以下时，变化基本稳定；温度增加到 25℃，脂肪酸会显著地增加，如气温下降，则又趋向稳定。凡受机械损伤，受冻害及被虫蚀的籽粒，脂肪酸的增多更为明显。当脂肪酸含量达到一定水平，同时当温度超出一定限度时，花生仁就会发生浸油现象，种皮色泽变暗，呈深褐色，子叶由乳白色转变为透明的蜡质状，食味不正常，严重的还带有腥臭味。实验表明，花生浸油的临界水分与温度与是否带壳贮藏有密切关系。花生仁水分在 8%，温度升到 25℃ 时即开始浸油。而花生荚果要当水分达 10%，温度升到 30℃ 时才开始浸油。当然，水分和温度越高，则浸油越快越严重。此外，通风条件和堆放部位也有一定影响，通风条件下，贮藏浸油出现的温度约低 2 ~ 4℃，囤内的花生，一般都是从囤的外围开始浸油，当温度达到 25℃ 时，外部的花生浸油而内部花生正常。

二、花生的贮藏技术

（一）适时收获，抓紧干燥

花生种子收获过早，籽粒不饱满，产量低，发芽率也低，而收获太迟，不但容易霉烂变质，而且早熟花生会在田间发芽，晚熟花生还可能受冻害。因此花生种子应在成熟适度的前提下，及时收获，以免受冻害丧失生活力。一般晚熟品种应在寒露至霜降之间收获完毕。据生产实践经验，刚收获的荚果一经霜冻就不能发芽。正常情况下，当植株上部叶片变黄，中、下部叶片由绿转黄，大部分荚果

的果壳硬化、脉纹清晰、海绵组织收缩破裂、种仁饱满、种皮呈现本品种特有光泽时，即可收获。为避免收获时遭受霜冻，晚熟品种收获时要与早霜错开至少 3 d 以上，收获后要及时干燥。

花生掘起后，应采取全株晾晒，这样不仅干燥快、干燥安全，而且有利于植株中的养分继续向种子转移。在田间晾晒时，可将荚果朝上，植株向下顺垄堆放。也可运到晒场上，堆成南北小长垛，蔓在内，荚果在两侧朝外，晾晒过程中应避免雨淋。倘收获时遇到阴雨天气，须将花生荚果上的湿土除去，放在木架上，堆成圆锥形垛，荚果朝里，并留孔隙通风。晾晒 7 d 左右即可将荚果摘下。

（二）荚果贮藏

花生荚果贮藏过夏，须将水分含量控制在 9%～10% 以下。干燥的荚果在冬季通风降温后，趁低温密闭贮藏。高水分的荚果可用小囤贮存过冬，经过通风干燥后，第二年春暖前再入仓密闭保管。如水分超过 15%，在冬季低温条件下，易遭受冻害，必须设法降低水分，才能保藏。

种用花生一般以荚果贮藏为妥。最好在晒干以后，先摊开通风降温，待气温降至 10℃ 以下，再入仓储藏，以防止早期入仓发热。花生入仓初期，尚未完成后熟，呼吸强度大，须注意通风降温，否则可能造成闷仓闷垛的异常情况，严重影响发芽率。在次年播种前，不宜脱壳过早，否则会影响发芽率，一般应在播种前 10 d 方脱壳。

留种花生荚果最好用袋装法贮藏，剔除破损及嫩粒，水分含量在 9%～10% 以内，堆垛温度不宜超过 25℃。如进行短期保藏，可采用散装贮藏，堆内设置通气筒，堆高不超过 2m（不论脱壳与否，均不耐压）。

从安全贮藏角度看，荚果贮藏具有许多优越性，种子有荚壳保护，不易被虫霉为害；荚果组织疏松，一经晒干，不易吸潮，受不良气候条件影响较小，生活力可以保持较久；对检查和播种前的选种工作较为方便，特别是鉴定种子的品种纯度和真实性等。其唯一缺点就是体积较大，比用种仁贮藏需多占仓容两倍以上。

（三）种仁贮藏

作为食用或工业用的花生，一般都以种仁（花生米）贮藏。须待荚果干燥后再行脱壳。脱壳后的种仁如水分含量在 10% 以下，可贮藏过冬；如水分含量在 9% 以下能贮藏到次年春末；如果要度过次夏必须降至 8% 以下，同时种温控制在 25℃ 以下。在贮藏期间如检查出水分或温度超过临界标准太大，则须及时采取适当措施，以防止其恶化。

花生仁吸湿性强，度过高温高湿的梅雨季节和夏季，很容易吸湿生霉。经充分干燥的花生仁，通过寒冷的冬季，来春气温上升，湿度增高，就应进行密闭贮藏。密闭方法为先压盖一层席子，上面再盖压一层麻袋片。席子的作用除隔热防潮外，还可防止工作人员在上面走动时踩伤花生仁，麻袋片能吸收空气中水汽，回潮时取出晒晾，再重新盖上，这称为"麻袋片搬水法"。如能保持水分在 8% 以下，种温不超过 20℃ 则很少发生脂肪变质或种粒发软等现象。

第七章 常见果蔬贮藏技术

我国幅员辽阔，果蔬种类繁多，生长发育特性各异。搞好果蔬的贮藏保鲜，必须根据不同原料的生理特性及其对贮藏环境的要求，选择适宜贮藏的品种，并进行良好的栽培管理，适时采收，在此基础上，要尽量创造一个相对适应的贮藏环境，尽可能保持果蔬的新鲜品质、增加其耐藏性、延长贮期。

本章主要介绍我国主要果蔬种类的贮藏特性、贮藏条件、适宜的贮藏方式、贮藏病害及其控制措施、贮藏中存在的主要问题以及某些新技术的应用等。掌握当地主要果蔬的贮藏技术，并能将其应用于生产实践。

第一节 果品的贮藏

一、仁果类

苹果和梨是我国北方栽培的主要仁果类果品，其分布广泛、产量高，搞好苹果和梨的贮运保鲜，对保证果品市场需求、出口创汇以及苹果和梨产业的持续稳定发展，具有重要意义。

（一）贮藏特性

苹果耐藏性较好，但不同品种耐藏性差异较大。早熟品种（7、8月份成熟）如黄魁、红魁、早金冠等，采收早，果实糖分积累少，质地疏松，采后呼吸旺盛、内源乙烯发生量大，因而后熟衰老变化快，不耐贮藏。红星、金冠、华冠、元帅、乔纳金等中熟品种（8、9月份成熟）生育期适中，贮藏性优于早熟品种，冷藏条件下，可贮至翌年3—4月份。红富士、国光、印度、秦冠等晚熟品种（10月份以后成熟）生育期长，果实糖分积累多，呼吸水平低、乙烯发生晚且水平较低，耐藏性好。采用冷藏或气调贮藏，贮期可达8～9个月，故用于长期贮藏的苹果必须选用晚熟品种。

梨的品种很多，耐藏性差异较大。从梨的系统划分，可分为白梨、沙梨、秋子梨和西洋梨四大梨系统。白梨系统梨果肉脆嫩多汁，耐藏性好，如河北昌黎的蜜梨、山东黄县的长把梨、山西宁武县的油梨和黄梨、新疆的库尔勒香梨、吉林的苹果梨等，都是品质好又耐贮的品种，可贮至翌年 3—7 月份。沙梨系统中的黄金梨、新高梨、20 世纪等品种较耐贮。秋子梨系统中除南果梨、京白梨较耐贮外，多数品种石细胞多，品质差，不耐贮藏。西洋梨系统的巴梨、康德梨等采后因肉质极易软化而不耐藏。

（二）采收处理及病害控制

1. 采收处理

采收期对苹果、梨的贮藏寿命影响很大，苹果、梨属于呼吸跃变型果实，故贮藏的苹果、梨必须适时采收。如早熟品种不能长期贮藏，只可作为当时食用或者短期贮藏，可适当晚采；晚熟品种可长期贮藏后陆续上市，故应适当早采。一般来说，晚采可以增加果重和干物质含量，但贮藏中的腐烂率显著增加；采收过早，果实中的干物质积累少，不但不耐贮藏，而且自然损耗较大。

苹果、梨的采后处理措施主要有分级、包装和预冷。

（1）分级、包装

采收后，集中在包装场所进行处理，分级时必须严格剔除伤果、病果、畸形果及其他不符合要求的果实，将符合贮藏要求的果实用一定规格的纸箱、木箱或塑料箱包装，其中以瓦楞纸箱包装在生产中应用最普遍。

（2）预冷

预冷是提高苹果、梨贮藏效果的重要措施，国外冷库一般都配有专用的预冷间，而国内一般将分级包装好的果品放入冷藏间，采用强制通风冷却，迅速将果温降至接近冷藏温度后再堆码存放。

2. 采后病害及控制

（1）苹果苦痘病

苦痘病是苹果贮藏初期易发生的一种皮下斑点病害。最初的浅层果肉发生褐变，外表不易识别。之后果面出现圆斑，绿色品种圆斑呈深绿色，红色品种呈暗红色，圆斑周围有黄绿色或深红色晕圈。斑下果肉坏死干缩，深及果肉 2 ~ 3 mm。病斑常以皮孔为中心，直径 3 ~ 5 mm，后扩大至 1 cm，坏死组织有苦味。

防治措施：苦痘病发病与果实含钙量及氮钙比关系密切，采前喷 0.5% 氯化钙或 0.8% 硝酸钙，采后用 3% ~ 5% 氯化钙真空浸钙，均可防止苹果苦痘病。

（2）虎皮病

又名褐烫病，是苹果贮藏后期易发生的生理病害。病果呈规则褐色或暗褐色，微凹陷，果皮下仅 6～7 层细胞变褐，故病斑不深入果肉。发病严重时果肉发绵，稍带酒味，病皮易撕下，病果易腐烂。

防治措施：适期采收，防止贮藏后期温度升高，并注意通风，减少氧化产物积累；采用气调贮藏；化学药剂处理，用含有 2 mg 二苯胺（DPA）或 2 mg 乙氧基喹包果纸包果，或用二苯胺溶液浸果，或用浓度为 0.25%～0.35% 的乙氧基啉液浸果，均可有效地防治虎皮病。

（3）鸭梨黑皮病

黑皮病是鸭梨、酥梨在贮藏后期易发生的生理病害，在 2、3 月份发病率较高。发病严重的果实，50%～90% 果面呈黑褐色，病斑连接成片状，不仅影响果实外观，且严重降低商品质量。鸭梨黑皮病发病机理与苹果虎皮病类似，贮藏温度过高或过低，二氧化碳偏高，采摘过早，采前灌水或果实受雨淋，均会加重黑皮病的发生。

防治措施：适期采收，控制贮藏环境中二氧化碳浓度，增大库房通风量；维持适宜的贮藏温度，均有较好的防治效果。

（4）黑心病

鸭梨、香梨、莱阳梨、雪花梨和长把梨等贮藏过程中均有黑心病发生，以鸭梨最为严重。黑心病可分为早期黑心（入库后 30～50 d）和后期黑心（翌年 3—4 月份）两种。早期黑心病症状是果肉为白色，果心及其周围出现褐色斑块，目前认为是由于降温过快引起的。后期黑心病症状是果心及周围果肉变为褐色，果肉组织疏松，果皮色泽暗淡，严重时有酒味，一般认为是果实衰老引起的症状。

防治措施：适期采收，冷藏条件下采取缓慢降温、脱除二氧化碳是控制前期黑心病的有效措施，根据品种掌握适当贮藏期限，控制稳定库温，可减轻后期黑心病发生。

（5）低温伤害

苹果、梨贮藏中低温伤害较轻的果实，外观不易察觉，严重时果面出现烫伤褐变，果皮凹陷，果心及其周围的果肉褐变。

防治措施：对低温敏感的品种，冷藏时可缓慢降温，也可进行短期升温处理。贮藏中高浓度二氧化碳和高湿度均可加重低温伤害。

（6）气体伤害

气体伤害是苹果、梨在气调贮藏中常见的生理性病害。二氧化碳伤害的发生及发生的部位与苹果、梨的品种、贮藏环境的气体成分等有关。如红星苹果在氧气 2%～4%，二氧化碳 16%～20% 的条件下只发生果心伤害；而在氧气 6%～8%，二氧化碳 16%～18% 的条件下则果肉果皮均发生褐变。鸭梨在二氧化碳 0.6%、氧气 7% 环境中贮藏 50 d 后，出现果心褐变；当环境中无二氧化碳，氧气降至 5% 时，果心组织出现褐变。

苹果和梨的二氧化碳伤害与氧浓度也有关。一般氧气浓度降低，会加重二氧化碳伤害；在低温条件下，随着二氧化碳在细胞液中溶解度增大，伤害相应加重。

防治措施：贮藏过程中，应经常检测环境中二氧化碳、氧气含量及果实品质的变化，防止伤害发生。

（7）侵染性病害

苹果、梨的侵染性病害主要有轮纹病、青霉病、炭疽病、褐腐病、红腐病等。这些病害主要是在果园生长期或采收处理、运输过程中感染，在贮藏中遇适宜条件，就大量发病。

防治措施：应加强采前果园的病虫害综合防治；减少采后各环节中机械伤产生；果实采后用 0.1% ~ 0.25% 噻苯达唑或 0.05% ~ 0.1% 托布津、多菌灵浸果，可防治青霉病和炭疽病的发生。也可用 100 ~ 200 mg/L 仲丁胺防治青霉病和轮纹病。控制适宜低温，采用高二氧化碳、低氧气含量，抑制病菌发展，减少腐烂损失。

（三）贮藏条件及方法

1. 贮藏条件

适宜的贮藏环境条件会明显延缓果品的衰老。

（1）温度

适宜的低温可有效地抑制苹果和梨的呼吸作用，延缓后熟衰老并抑制微生物的活动。多数苹果品种的贮藏适温为 -1 ~ 0℃，如果贮藏温度过低，则易引起果实冷害或冻害，尤其对于一些早熟品种，其适宜的贮藏温度为 2 ~ 4℃。

中国梨的适宜贮温为 0℃，大多数西洋梨品种为 -1℃。梨贮藏期的长短也受品种的影响，康佛仑梨在 1℃ 可贮 12 周，0℃ 可贮 18 周，在 -1℃ 可贮 24 周。巴梨在 -1℃ 可贮藏 2.5 ~ 3 个月，而安久梨可贮 4 ~ 6 个月，冬香梨可贮 6 ~ 7 个月。

（2）相对湿度

苹果贮藏的相对湿度以 85% ~ 95% 为宜，当果实失水率达到 5% ~ 7%，果皮易皱缩，影响外观，但贮藏湿度过大，同样加速苹果衰老和腐烂。利用自然低温冷藏苹果时，常发现贮藏窖内湿度过大，增加了真菌病害的发生，使腐烂损失加重。

梨皮薄且多汁，很易失水皱皮，较高的相对湿度，可以有效地阻止梨的水分蒸发散失，降低自然损耗，故梨贮藏的适宜相对湿度为 90% ~ 95%。

（3）气体成分

调节贮藏环境中的气体成分，适当降低空气中氧气含量，可有效地抑制苹果的呼吸代谢，减少一些生理病害如虎皮病的发生，延长果实贮藏寿命。低浓度氧气可抑制果实乙烯生成，从而抑制苹果的成熟过程。在降低氧气含量的同时，增加一定浓度的二氧化碳，贮藏效果更明显，二氧化碳浓度一般不超过 2% ~ 3%，否则易产生二氧化碳伤害。当然不同苹果品种对气体成分要求不同，须通过试验和生产实践来确定。

一般苹果贮藏的气体组分为：氧气浓度 2% ~ 5%，二氧化碳浓度 3% ~ 5%。梨的品种不同，气体组成差异较大：鸭梨为氧气浓度 10%，二氧化碳浓度小于 1%；西洋梨的早、中熟品种为氧气浓度 2%，二氧化碳浓度 1% ~ 3%，晚熟品种氧气浓度 2% ~ 3%，二氧化碳浓度小于 1%。

2. 贮藏方法

（1）沟藏

山东烟台地区广泛用于贮藏晚熟苹果的一种简易方式。在果园地势高燥、地下水位在 1 m 以下的地方，沿东西向挖宽 1 ~ 1.5 m、深 1 m、长度根据容量而定的沟。贮藏前，将沟底整平，并铺上约 3 ~ 7 cm 厚的细沙，干燥时可洒水增湿。沟内每隔 1 m 砌一个 30 cm 见方的砖垛，上套蒲包以防伤果，也可供检查苹果时立足。入贮前地沟应充分预冷。在 10 月下旬至 11 月上旬，将经预贮并挑选好的苹果入沟。果实分段堆放，厚度约 60 ~ 80 cm，每隔 3 ~ 5 m，竖立一通风口。随气温下降，分次加厚覆盖层。为防止雨雪进入沟中，可用玉米秸秆搭成屋脊形棚盖、门、窗、气眼，以调节沟内温度。

（2）通风贮藏库贮藏

通风贮藏库是苹果产地和销地应用较广泛的贮藏场所。苹果采收后待库温降至 10℃ 时，挑选无伤果装箱、装筐后入库。果筐（箱）在库内的堆码方式以花垛形式为好。垛底垫枕木或木板，果垛与墙壁间应留间隙和通道，以利通风和操作管理。通风库的管理主要是调节库内的温度和湿度。一般需在库内有代表性的部位放置干湿球温度计，由专人负责检查记录，作为调控库内温、湿度的参考。

（3）冷藏库贮藏

降温后产品应及时入库。在产品入库前对贮藏库进行整理、清扫，并进行消毒处理。消毒方法：通常 100 m³ 空间用 1 ~ 1.5 kg 硫黄，拌锯末点燃并密闭门窗熏蒸 48 h，然后通风，或用福尔马林 1 份加水 40 份，配成消毒液，喷洒地面及墙壁，密闭 24 h 后通风，也可用漂白粉溶液喷洒处理。果品入库摆放时要注意以下三点：一要利于库内的通风，通风不好会造成库温不均，影响贮藏效果；二要便于管理，利于人员的出入和对产品的检查；三要注意产品的摆放高度，防止上下层之间的挤压，以免造成损失。同时，不同品种的苹果、梨要分库存放，有利于贮藏管理和防止产品之间的串味。

贮藏期间要经常进行产品检查，有问题及时处理。产品出库前将库温升至室温，防止果实表面结露，而利于微生物侵入造成危害。

（4）气调贮藏

苹果是应用气调贮藏最早和最普遍的水果。气调贮藏的苹果出库后基本上保持了原有品种的色泽、硬度和风味，同时还抑制了红玉斑点病、虎皮病等生理病害的发生，使货架期明显延长。

气调贮藏主要采用气调库贮藏和机械冷库内加塑料薄膜大帐（或袋）贮藏两种方式。

① 气调库贮藏

气调库具有制冷、调控气体组成、调控气压、测控温湿等设施，管理方便，容易达到贮藏要求的条件，是商业大规模贮藏苹果、梨的最佳方式。其贮藏时间长，效果好，但设备造价成本高，操作管理技术比较复杂，在苹果、梨贮藏上应用不广泛。对于大多数苹果品种而言，控制氧气浓度为 2% ~ 5% 和二氧化碳浓度为 3% ~ 5% 比较适宜，但富士系苹果对二氧化碳比较敏感，目前认为该品系贮藏的气体成分为氧气 2% ~ 3% 和二氧化碳 2% 以下。

苹果气调贮藏的温度可比一般冷藏高 0.5 ~ 1℃，对二氧化碳敏感的品种，贮温还可再高些，因为提高温度既可减轻二氧化碳伤害，又对易受低温伤害的品种减轻冷害有利。

② 塑料薄膜大帐贮藏

塑料薄膜大帐贮藏也称限气（MA）贮藏。在冷库内用塑料薄膜帐贮藏，薄膜帐由五个面的帐顶及一块大于底面积的帐底塑料组成。帐顶设有充气、抽气和取样袖口。安装后形成一个简易的气密室，采用 0.1 ~ 0.2 mm 厚的聚乙烯塑料黏合成大帐，容量根据贮藏量而定。

帐内的调气方式分为快速降氧和自发气调两种。快速降氧法是用抽气机将帐内气体抽出一部分，使帐子紧贴在果筐（箱）上，然后用制氮机通过充气口向帐内充氮气，使帐子鼓起，反复几次，使帐内氧气降低。贮藏期间每天要对帐内气体进行测定并进行调整。氧气浓度过低时向帐内补充空气，二氧化碳浓度过高时及时吸收排除。目前多用消石灰吸收二氧化碳，用量为每 100 kg 苹果、梨用 0.5 ~ 1 kg 消石灰。

塑料大帐内因湿度高而经常在帐壁上出现凝水现象，凝水滴落在果实上易引起腐烂病害。凝水产生的主要原因是果实在罩帐前散热降温不彻底，贮藏中环境温度波动过大。因此，减少帐内凝水的关键是果实在罩帐前要充分冷却和保持库内稳定的低温。

二、核果类

桃和李属核果类果实，色鲜味美，肉质细腻，营养丰富，深受消费者欢迎，但桃和李果实成熟期正值一年中气温较高的季节，果实采后呼吸旺盛，同时果实皮薄、肉软、汁多，贮运易受机械损伤，低温贮藏易发生褐心，高温易腐烂，故不耐长期贮藏。

（一）贮藏特性

桃、李品种间耐藏性差异较大，一般晚熟品种比早、中熟品种耐藏。如水蜜桃、五月鲜桃一般不耐藏，而硬肉桃中的晚熟品种，如山东青州蜜桃、肥城桃、中华寿桃、陕西冬桃、河北的晚熟桃等均有较好的耐藏性。离核品种、软溶质品种等耐藏性较差。李的耐藏性与桃相似，黑龙江的牛心李、河北冰糖李的耐藏性均较好。

桃、李属呼吸跃变型果实，呼吸强度是苹果的 3 ～ 4 倍，果实乙烯释放量大，果实变软败坏迅速，这是桃、李不耐贮藏的重要生理原因。低温、低氧气和高二氧化碳都可以减少乙烯的生成量，抑制乙烯作用，从而延长贮藏寿命。

（二）采收处理及病害控制

1.采收处理桃、李的采收成熟度对耐藏性有很大影响

采摘过早，果实成熟后风味差且易受冷害；采收过晚，果实过软易受机械损伤，不耐贮运。用于贮运的桃应在果实充分肥大，呈现固有色泽，略具香气，肉质尚紧密，八成熟时采收。李应在果皮由绿转为该品种特有颜色，表面有一薄层果粉，果肉仍较硬时采收，采收时应带果柄，减少病菌入侵机会。果实成熟不一致时，应分批采收。适时无伤采收，是延长桃、李贮藏寿命的关键措施。

桃、李采收时气温高，果实新陈代谢旺盛，采后要迅速选果、分级、包装和预冷，否则果实很快后熟软化，品质和耐藏性均下降。目前常采用鼓风冷却法和冰水冷却法，鼓风冷却是用鼓风机将 −1℃的冷空气吹过果箱而使果实降温，此法易导致果实失水萎蔫；冰水冷却是直接用冰水浸果，或用冰水配防腐药剂预冷，此法可以减少果实萎蔫失水，效果较好。

2.采后病害及控制

（1）褐腐病

多在田间侵染果实，贮期可蔓延侵染其他果实。果实受害后，初期在果面产

生褐色水渍状圆形病斑，24 h 内危害果肉变成褐色和黑色，在 15℃以上时病斑增大较快，腐坏处常深达果核，数日内便使全果褐变软腐，长出灰白色、灰色、黄褐色绒状霉层，最后病果完全腐烂不能食用，失水后变僵果。

防治措施：加强采前田间病害防治及盛装容器等用具的消毒；尽量减少在采收、分级、包装和贮运等一系列操作中机械伤的发生；采前用 10 (8) mg/L 多菌灵或 750 mg/L 速克灵、65% 代森锌 500 ~ 600 倍液、70% 的托布津 800 ~ 1 000 倍液等药剂进行喷果处理；采后用 50% 扑海因 1 000 ~ 2 000 倍液、900 ~ 1 200 mg/L 氯硝胺、0.5% 邻苯酚钠、1 000 mg/L 特克多浸果；快速预冷，将采后果实温度尽快降到 4.5℃以下，能有效地抑制褐腐病的发展。

（2）生理病害

桃、李对温度较敏感，桃在 0℃仅能贮藏 2 ~ 4 周，在 5℃只能贮藏 1 ~ 2 周。在低温下延长桃的贮期，则易发生低温伤害，表现为近果核处果肉变褐、变糠、木渣化、风味变淡、桃核开裂。

控制低温冷害的措施：冷藏中定期升温，果实在 −0.5 ~ 1℃下贮藏 15 d，然后升温至 0℃贮 2 d，再转入低温贮藏，如此反复；低温气调结合间隙升温处理，将桃在 0℃气调贮藏，每隔 3 周将其升温至 20℃空气中 2 d，然后恢复到 0℃；9 周后出库，在 18 ~ 20℃放置熟化。采用此法，桃的贮藏寿命比一般冷藏延长 2 ~ 3 倍，果实褐变程度低。

桃、李果实对二氧化碳很敏感，当二氧化碳浓度高于 5% 时，易发生伤害。症状为果皮出现褐斑、溃烂，果肉及维管束褐变，果实汁液少、生硬、风味异常，因此在贮藏过程中要注意保持适宜的气体指标。

（三）贮藏条件及方法

1.贮藏条件

（1）温度

多数桃、李品种的贮藏适温为 0 ~ 1℃，但桃又对低温特别敏感，0℃贮藏 3—4 周后易发生冷害。

（2）相对湿度

相对湿度以 90% ~ 95% 为宜。

（3）气体成分

桃在氧气浓度为 1% ~ 3%，二氧化碳浓度为 4% ~ 5% 的气调条件下，贮期可达 6 ~ 9 周。李进行气调贮藏的适宜条件是氧气浓度为 3% ~ 5%，二氧化碳浓度为 5%，李对二氧化碳较敏感，长期高二氧化碳贮藏易引起果顶开裂。

2.贮藏方法

（1）常温贮藏

桃不宜采取常温贮藏方式，但由于运输和货架保鲜的需要，采用一定的措施尽量延长桃的常温保鲜寿命还是必要的。

① 钙处理

将桃果用 0.2% ~ 1.5% 的氯化钙溶液浸泡 2 min 或真空浸泡数分钟，沥干后放于室内，对中、晚熟品种可提高耐贮性。钙处理是桃保鲜中简便有效的方法，但是不同品种宜采用的氯化钙浓度应慎重筛选，浓度过小无效，浓度过大易引起果实伤害，表现为果实表面逐渐出现不规则褐斑，整果不能正常软化，风味变苦。资料报道，大久保用 1.5%，早香玉用 0.3% 的氯化钙溶液浸泡较适宜。薄膜包装。一用 0.02 ~ 0.03 mm 厚的聚乙烯袋单果包装，也可与钙处理联合使用效果更好。

② 机械冷藏

冷库贮藏桃、李的关键是控制好冷藏库的温度和相对湿度，在 0℃、相对湿度 90% 的条件下，桃可贮藏 15—30 d。果实入库前，冷库地面和墙壁要用石灰水消毒，并用 SO_2 或甲醛进行空气消毒。桃在入库前在 21 ~ 24℃放置 2 ~ 3 d，再入库冷藏；此外，桃、李在入库冷藏 14—15 d 后移入 18 ~ 20℃环境中处理 2 d，再转入冷库贮藏，如此反复，直至贮藏结束，此法贮藏效果较好。

贮藏期间要加强通风管理，排除果实产生的乙烯等有害气体。入库初期的 1—2 周内，每隔 2—3 d 通风一次，每次 30 ~ 40 min。后期通风换气的次数和时间可适当减少。每隔 15—20 d 检查一次，发现软果、烂果及时剔除，以免影响整库的贮藏效果。

果实在出库时，应逐渐提高贮藏温度，以免果实表面凝结水汽而引起病原菌侵染。经冷藏的桃、李，在销售和加工前须将果实转入较高的温度下进行后熟。桃的后熟温度一般为 18 ~ 23℃，李的大多数品种为 18 ~ 19℃，后熟要求迅速，时间过长易使果实的风味发生变化。

杏的贮藏管理及病害防治同桃、李。

三、浆果类

葡萄和猕猴桃是我国浆果类果树的主栽树种，由于贮运保鲜业较落后，基本上是季产季销，地产地销，从而导致价格低、果难卖的现象，因此加强浆果类果品贮运保鲜技术的研究是推动葡萄和猕猴桃产业发展的关键。

（一）葡萄的贮藏

葡萄是世界四大果品之一，我国主产区在长江流域以北，是国内浆果类中栽植面积最大、产量最高、特别受消费者喜爱的一种果品。随着人们生活水平的提高，鲜食葡萄的需求量增长很快，因此，贮藏保鲜是解决鲜食葡萄供应的主要途径。

1. 贮藏特性

葡萄栽培品种多，耐藏性差异较大。一般来说，晚熟品种较耐贮藏，中熟品种次之，早熟品种不耐贮藏，另外，深色品种耐藏性强于浅色品种。晚熟、果皮厚、果肉致密、果面富集蜡质、穗轴木质化程度高、糖酸含量高等性状是耐贮运品种所应具有的性状，如龙眼、玫瑰香、红宝石、黑龙江的美洲红等品种耐藏性均较好。近年我国从美国引种的红地球（商品名叫美国红提）、秋红（又称圣诞玫瑰）、秋黑等品种已显露出较好的耐贮性和经济性状；果粒大，抗病强的巨峰、先锋、京优等耐藏性中等；无核白、新疆的木纳格等，贮运中果皮极易擦伤褐变，果柄易断裂，穗粒易脱落，耐藏性较差。

葡萄属于非跃变型果实，无后熟变化，应该在充分成熟时采收。在条件允许的情况下，采收期应尽量延迟，以求获得质量好、耐贮藏的果实。

2. 采收及采后药剂处理

葡萄采收宜在天气晴朗、气温较低的清晨或傍晚进行。采摘时，用剪刀剪下果穗，剔除病粒、破粒，剪去穗尖。如果挂贮，可在穗轴两侧各留 3 ~ 4 cm 长的新梢以便吊挂。采收后应按质量分级，然后将果穗平放于内衬有包装纸的筐或箱中，果穗间空隙越小越好。尽快预冷或运往冷库。

为防止葡萄贮藏中的灰霉病、黑霉病等的发生，在葡萄贮藏保鲜中普遍进行药剂处理，SO_2 对葡萄常见的真菌病害如灰霉病有较强的抑制作用，间时可降低葡萄的呼吸率，生产上应用较多的是亚硫酸氢钠、焦亚硫酸钠等盐类。将药剂与硅胶混合，使之缓慢释放 SO_2，以达到防腐保鲜的目的。硅胶的作用是吸收周围的水分，避免亚硫酸盐迅速吸水而集中释放 SO_2，造成药包附近 SO_2 浓度过高，产生药害。配制时先将亚硫酸盐和硅胶研碎，以亚硫酸盐∶硅胶 =1∶（0.5 ~ 2）的比例混合后包成小包，每包 4 ~ 6g，按葡萄重量 0.3% 的比例将亚硫酸盐药包放入袋内，放入保鲜剂后，及时扎袋。

应用 SO_2 处理防止葡萄腐烂时要注意葡萄品种和成熟度的不同，对 SO_2 耐受能力有差异。熏硫时葡萄所处环境中的 SO_2 浓度达到 10 ~ 20 mg/m^3 视为适合。

3. 贮藏病害及控制

（1）葡萄灰霉病

葡萄灰霉病是贮藏后期的主要病害，病原菌是灰绿色葡萄孢属灰葡萄孢。果粒果梗在贮藏期间易受感染，病斑早期为圆形，凹陷状，色浅褐或黄褐，蓝色葡萄上颜色变异小，感病部位润湿，会长有灰白色菌丝。烂果通过接触传染，密集短枝的果穗尤其严重。

防治措施：采前用多菌灵、波尔多液等杀菌喷果，采收应选择晴天，贮藏过程中定期用 SO_2 熏蒸，低温贮藏等。

（2）葡萄 SO_2 中毒

葡萄 SO_2 中毒是葡萄贮藏中常见的生理病害，主要原因是在葡萄贮藏中 SO_2 熏蒸浓度不当，中毒葡萄粒上产生许多黄白色凹陷的小斑，与健康组织的界限清晰，通常发生于蒂部，严重时一穗上大多数果粒局部成片褪色，甚至整粒果实呈黄白色，最终被害果实失水皱缩，但穗茎则能较长时期保持绿色。

防治措施：在贮藏过程中，严格控制 SO_2 的使用量，并注意通风。

4.贮藏条件

（1）温度

多数葡萄品种适宜的贮藏温度是 −1 ~ 1℃，保持稳定的温度是葡萄保鲜的关键环节。

（2）湿度

多数葡萄品种贮藏的适宜相对湿度是90% ~ 95%，保持适宜湿度，是防止葡萄失水干缩和脱粒枯梗的关键。

（3）气体成分

在一定的低 O_2 浓度和高 CO_2 浓度条件下，可有效地降低葡萄果实的呼吸水平，抑制果胶质和叶绿素的降解，延缓果实的衰老，对抑制微生物病害也有一定作用，可减少贮藏中的腐烂损失。有关葡萄贮藏的气体指标很多，尤其是 CO_2 指标的高低差异比较悬殊，这与品种、产地以及试验的条件和方法等有关。一般认为 O_2 浓度3% ~ 5%和 CO_2 浓度1% ~ 3%的组合，对于大多数葡萄品种具有良好的贮藏效果。

5.贮藏方法

传统贮藏葡萄的方式很多，如窖藏、通风库贮藏等，目前主要采用机械冷藏法。果实采后必须立即预冷，不经预冷就放入保鲜剂封袋，袋内将出现结露使箱底积水，故将葡萄装入内衬有0.05 mm聚乙烯袋的箱中，入库后应敞口预冷，待果温降至0℃左右，放入保鲜剂后封口贮藏。

在葡萄贮藏过程中主要是控制贮藏温度在 −1 ~ 1℃范围内，并保持稳定。若库温波动过大，会造成袋内结露，引起葡萄腐烂，同时要保持库内温度均衡一致，注意堆垛与库顶的距离，采用强制循环制冷方式。在送风口附近的葡萄要防止受冻，要经常检查，一般情况下不开袋，发现葡萄果梗干枯、变褐、果粒腐烂或有较重的药害时，要及时处理和销售。

（二）猕猴桃的贮藏

猕猴桃是原产于我国的一种藤本果树，被誉为"果中珍品"。猕猴桃外表粗糙多毛，颜色青褐，其风味独特，营养丰富，果肉含维生素 C100～420 mg/100g，是其他水果的几倍至数十倍。

1.贮藏特性

猕猴桃种类很多，以中华猕猴桃分布最广、经济价值最高。中华猕猴桃包括很多品种，各品种的商品性状、成熟期及耐藏性差异甚大，早熟品种 9 月初即可采摘，中、晚熟品种的采摘期在 9 月下旬至 10 月下旬。从耐藏性来看，一般的晚熟硬毛品种耐藏性较强，明显优于早、中熟品种。大部分软毛品种耐藏性较差。秦美、亚特、海沃德等是商品性状好、比较耐藏的品种，在最佳条件下能贮藏 5—7个月。

猕猴桃属典型的呼吸跃变型浆果，有明显的生理后熟过程，采后必须经过后熟软化才能食用。猕猴桃又是一种对乙烯非常敏感的特殊浆果，常温下即使有微量的乙烯存在，也足以提高其呼吸水平，加速呼吸跃变进程，促进果实的成熟软化。

2.采收及采后处理

适时采收是猕猴桃优质高产与贮藏保鲜的关键，猕猴桃的采收时期因品种、生长环境等有所不同。生产上一般以果实可溶性固形物含量为标准准确判断猕猴桃的采摘期，用于长期贮藏的果实，以可溶性固形物 6.5%～8.0% 采收为宜。用于即食、鲜销或加工果汁的猕猴桃，可溶性固形物含量达到 10% 左右采收比较合理。

3.贮藏病害及控制

蒂腐病是猕猴桃贮藏中的主要病害。受害果起初在果蒂处出现明显水渍状，然后病斑均匀向下扩展，切开病果，果蒂处无腐烂，腐烂在果肉向下扩展蔓延，但果顶一般保持完好。腐烂的果肉为水渍状，略有透明感，有酒味，稍有变色。随着病害的发展，病部长出一层白色霉菌，病果外部的霉菌常常向邻近果实扩展。

防治措施：做好田间防治工作，减少菌源；采果前 20 d 左右用 65 % 代森锌 600 倍液或扑海因 1 000 倍液喷雾处理；采果 24 h 内及时用京 -2B 膜剂 20 倍液加 500 mg/L 多菌灵或托布津进行防腐保鲜处理。

4.贮藏条件

（1）温度

大量研究表明，-1～0℃是贮藏猕猴桃的适宜温度。

（2）湿度

常温库相对湿度 85% ~ 90% 比较适宜，冷藏条件下相对湿度 90% ~ 95% 为宜。

（3）气体成分

猕猴桃对乙烯非常敏感，并且易后熟软化，只有在低氧气和高二氧化碳的气调环境中，才能明显使内源乙烯的生成受到抑制。猕猴桃气调贮藏的适宜气体组合是氧气浓度 2% ~ 3% 和二氧化碳浓度 3% ~ 5%。

5. 贮藏方法

（1）通风库贮藏

采后猕猴桃用 SM-8 保鲜剂 8 倍稀释液浸果，晾干后装筐，每筐 12.5 kg，入通风库贮藏。在夜晚或凌晨通风，排出湿热空气及乙烯等有害气体。通风换气时，排风扇风速以 0.3 m/s 为宜。采用此法贮藏 160 d 后，果实仍然新鲜、色香味俱佳。

（2）冷藏

果实入库前库温应稳定在 0℃。将经过挑选、分级、预冷后的果实装箱（塑料薄膜）码放在冷库的货架上，也可直接在地上堆放 4 ~ 6 层，留出通风道。贮藏期温度为 0（±0.5）℃，并尽量减少波动；相对湿度为 90% ~ 95%，若库内湿度不足，可在地面洒水加湿。注意定时通风换气，排除乙烯等有害气体。冷库内不得与苹果、梨等释放乙烯的水果混贮，果实出库时应逐渐升温，以防表面凝结水分，引起腐烂。

（3）气调贮藏

将分级预冷的果实装入果箱，每箱装 10 ~ 15 kg，用 0.06 ~ 0.08 mm 厚的塑料袋套在箱外，将袋上通气孔扎紧，成为密闭容器。在冷库中进行抽气充气操作，快速降氧，充入氮气，重复 2 ~ 3 次后，使氧气浓度达到 2% ~ 3%。

四、柑橘类

柑橘是世界上的主要水果之一，产量居各种果品之首，我国柑橘主要分布在长江以南省区，栽培面积占世界第一，产量在巴西、美国之后，居第三位。柑橘营养丰富，深受消费者喜爱。

（一）贮藏特性

柑橘类包括柠檬、柚、橙、柑、橘五个种类，每个种类又有许多品种。由于不同品种、种类间的果皮结构和生理特性不同，其耐藏性差别很大。一般来说，柠檬、柚耐藏性最强，其次为橙类，再次为柑类，橘类最不耐藏。同一种类不同品种间的耐藏性也不尽相同，晚熟品种＞中熟品种＞早熟品种，有核品种比无核品种耐藏。一般认为，晚熟，果皮细胞含油丰富，瓤瓣中糖、酸含量高，果心维管束小是柑橘耐藏品种的特征。在适宜贮藏条件下柠檬可贮 7—8 个月，甜橙为 6 个月，温州蜜柑为 3—4 个月，而橘仅可贮 1—2 个月。

（二）采收处理及病害控制

1.采收处理

适时采收和无伤采收是做好柑橘贮藏保鲜的关键。柑橘的绝大多数品种贮后品质得不到改善，因此应在成熟时采收。一般认为，果汁的固酸比值可作为判断柑橘果实成熟度的指标。如短期贮藏的锦橙果实，应在固酸比为 9∶1 时采收；若长期贮藏，则应在果面有 2/3 转黄、固酸比为 8∶1 时采收。橘类以固酸比达（12～13）∶1 时采收为宜。当果实成熟度不一致时，应分期分批采收。在采收及装运过程中，做到轻摘、轻放、轻装、轻运、轻卸，尽量避免碰、撞、挤、压以及跌落引起的机械损伤。

2.采后病害及控制

（1）枯水病

在柑橘类表现为果皮发泡，果肉淡而无汁，在甜橙类表现为果皮呈不正常饱满，油胞突出，果皮变厚，囊瓣与果皮分离，且囊壁加厚，果汁红胞失水，但果实外观与健康果无异。柑橘果实贮藏后期普遍出现枯水现象，这是限制贮期的主要原因。

防治措施：适时采摘，采前 20 d 用 20～50 mL/L 赤霉素喷施树冠；采后用 50～150 mL/L 赤霉素、1 000 mL/L 多菌灵、200 mL/L 的 2,4-D 浸果；采后用前述方法预贮，用薄膜单果包装。

（2）水肿病

发病初期果皮无光泽，颜色变淡，以手按之稍觉绵软，口尝果肉，稍有苦味；后期整个果皮转为淡白，局部出现不规则的半透明水渍状，食之有煤油味。严重时整个果实半透明水渍状，表面饱胀，手指按之，柑类感到松浮，橙类感到软绵，均易剥皮，食之有酒精味。

防治措施：根据柑橘的品种特性，保持适宜温度，加强通风，排除过多的二氧化碳和乙烯，使库内二氧化碳浓度不超过 1%，有较好的预防作用。

（3）侵染性病害

柑橘侵染性病害造成的损失常迅速而严重，蒂腐、青绿霉、炭疽病和黑腐病等是贮藏期间最常见的病害。

防治措施：加强柑橘生长季节果实病害的综合防治；定期喷杀菌剂；减少采收、包装、贮运过程中的机械损伤；果实采后用杀菌剂结合 2,4-D 处理，这是目前控制柑橘真菌性腐烂的最经济有效的方法。

（三）贮藏条件及方法

1.贮藏条件

（1）温度

柑橘贮藏的适宜温度，随种类、品种、栽培条件及成熟度的不同而有所差异，通常认为：甜橙、伏令夏橙的适宜贮藏温度为 1 ~ 3℃，蕉柑 7 ~ 9℃，柠檬 12 ~ 14℃。

（2）相对湿度

多数柑橘品种贮藏的适宜相对湿度为 80% ~ 90%，甜橙可稍高，为 95%。另外，还应考虑环境温度来确定湿度，温度高时湿度宜低些，而温度低时湿度则可相应提高。若采用高温高湿，则柑橘腐烂病和枯水病发生严重。

（3）气体成分

一般认为柑橘对二氧化碳很敏感，不适宜气调贮藏，也有人认为适宜的高浓度二氧化碳，可减少冷藏中的果皮凹陷病。因此，柑橘是否适于气调贮藏，必须针对各品种进行试验。目前，国内推荐的几种柑橘贮藏的适宜气体条件是：甜橙氧气浓度 10% ~ 15%，二氧化碳浓度 < 3%；温州蜜柑氧气浓度 5% ~ 10%，二氧化碳浓度 < 1%。

2.贮藏方法

（1）通风库贮藏

这是目前国内柑橘产区大规模贮藏柑橘采取的主要贮藏方式，自然通风库一般能贮至 3 月份，总损耗率为 6% ~ 19%。

果实入库前 2 ~ 3 周，库房要用硫黄熏蒸彻底消毒。果实入库后的主要管理工作是适时通风换气，以降低库内温度。入库后 15 d 内，应昼夜打开门窗和排气扇，加强通风，降温排湿。12 月至次年 2 月上旬气温较低，库内温、湿度比较稳定，应注意保暖，防止果实遭受冷害和冻害。当外界气温低于 0℃时，一般不通风。开春后气温回升，白天关闭门窗，夜间开窗通风，以维持库温稳定。

（2）冷库贮藏

可根据需要控制库内的温度和湿度，且不受地区和季节的限制，是保持柑橘商品质量、提高贮藏效果的理想贮藏方式。

柑橘经过装箱，最好先预冷再入库贮藏，以减少结露和冷害发生。不同种类、品种的柑橘不能在同一个冷库内贮藏。冷库贮藏的温度和湿度要根据不同柑橘种类和品种的适宜贮藏条件而定。柑橘适宜的贮藏温度都在 0℃以上，冷库贮藏时要特别注意防止冷害。

柑橘出库前应在升温室进行升温，果温和环境温度相差不能超过5℃，相对湿度以55%为好，当果温升至与外界温度相差不到5℃即可出库销售。

五、坚果类

（一）板栗的贮藏

板栗是我国著名的特产干果之一，营养丰富，种仁肥厚甘美。由于板栗收获季节气温较高，呼吸作用旺盛，导致果实内淀粉糖化，品质下降，所以每年都有大量的板栗因生虫、发霉、变质而损耗，因此，搞好板栗的贮藏保鲜十分必要。

1.贮藏特性

不同板栗品种的贮藏特性差异较大，一般中、晚熟品种强于早熟品种，北方品种板栗的耐藏性优于南方品种。较耐藏的有锥栗、红栗、油栗、毛板红、镇安大板栗等。

板栗属呼吸跃变型果实，呼吸作用十分旺盛，呼吸中产生的呼吸热如不及时除去会使栗仁"烧死"，烧坏的种仁组织僵硬、发褐、有苦味。在板栗贮藏中，由于外壳和涩皮对水分的阻隔性很小，故极易失水，栗实很快干瘪、风干，失水是板栗贮藏中重量减轻的主要原因。板栗自身的抗病性较差，易发霉腐烂，同时贮藏期间会发生因象鼻虫虫卵生长而蛀食栗实的情况，此外，板栗虽有一定的休眠期，但当贮藏到一定时期会因休眠的打破而发芽，缩短了贮藏寿命，造成损失。

2.采收及采后处理

板栗采收最好在连续几个晴天后进行，用竹竿全部打落，堆放数天，待栗苞全部开裂后即可取栗果。采收后苞果温度高，水分多，呼吸强度大，大量集中堆放易引起发热腐烂，须选择阴凉、通风之地，将苞果摊开，通风、降温7—10 d。然后将坚果从栗苞中取出，别除腐烂、裂嘴、虫蛀和不饱满（浮籽）的果实，再在室内摊晾5—7 d即可入贮。

3.贮藏病害及控制

（1）板栗黑霉病

一般发生在采后一个月内，高温、高湿促进其发病。该病采前侵入栗果，待果实贮藏1—2个月后发病，病菌蔓延，栗果尖端或顶部出现黑色斑块，果肉组织疏松，由白变黑，最后全果腐烂。

防治措施：主要是利用化学药剂处理，如2 000 mg/L甲基托布津、500 mg/L 2,4-D加2 000 mg/L甲基托布津或1 000 mg/L特克多浸泡果实。板栗采收时间对腐烂发生也有一定影响，应避免阴雨天或带潮采收板栗。

（2）栗象鼻虫

主要危害是蛀食栗果。

防治措施：在预贮期间用 40 ～ 60 g/m³ 溴甲烷熏 5 ～ 10 h，效果较好，用磷化铝处理也有效。

4.贮藏条件

（1）温度

板栗适宜的贮藏温度为 0 ～ 2℃。

（2）湿度

板栗贮藏适宜的相对湿度为 90% ～ 95%。湿度过低，栗果易失水干瘪、风干；湿度过大，有利于微生物生长，容易发生腐烂。

（3）气体成分氧气浓度为 3% ～ 5%，二氧化碳浓度为 1% ～ 4%。

5.贮藏方法

（1）沙藏

选择阴凉的室内地面铺一层稻草，然后铺沙深约 7 ～ 10 cm，沙的湿度以手捏不成团为宜。分层堆放栗果，以一份栗果两份沙混合堆放，或栗果和沙交互层放，每层 3 ～ 7 cm 厚，最后覆沙 7 ～ 10 cm，上用稻草覆盖，高度约 1 cm。每隔 20—30 d 翻动检查一次。为加强通风并防止堆中热量不能及时散失，可扎把草插入板栗和沙中。管理上应注意，表面干燥时要洒水，底部不能有积水。

（2）冷藏

冷藏是目前栗果保鲜中最好的方法之一。冷藏时将处理并预冷好的板栗装入包装袋或箱等容器，置于冷藏库中贮藏。库温在 0 ～ 2℃，相对湿度 80% ～ 90%。相对湿度较低时，可每隔 4—5 d 喷水 1 次。板栗包装时在容器内衬一层薄膜或打孔薄膜袋，既可减少栗果失重，又可以减少 CO_2 的积累，避免 CO_2 的伤害，正常贮藏可达一年。在贮藏中应维持库温恒定，并注意通风，防止栗果失水。堆放时要注意留有足够的间隙，或用贮藏架架空，以保证空气循环的畅通。贮藏期间要定期检查果实质量变化情况。

（二）核桃的贮藏

核桃种仁芳香味美，营养丰富，种仁脂肪含量为 40% ～ 63%，蛋白质含量为 15%，碳水化合物含量为 10%，还含有钙、磷、铁、锌、胡萝卜素、核黄素及维生素 A、维生素 B、维生素 C、维生素 E 等，具有很高的营养医疗价值。核桃多分布在我国北方各省，如山西的光皮绵核桃、河北的露仁核桃、山东的麻皮核桃、新疆的薄皮核桃等。核桃含水量低，易于贮运。

1. 贮藏特性

核桃脂肪含量高，贮藏期间脂肪在脂肪酸酶作用下水解成脂肪酸和甘油，低分子脂肪酸可进行 α-氧化、β-氧化等反应，产成醛或酮等有蛤油味物质，光照可加速此反应进行。将充分干燥的核桃仁贮于低氧环境中可以部分解决腐败问题。

2. 采收及采后处理

核桃果实青皮由深绿变为淡黄，部分外皮裂口，个别坚果脱落时即达到成熟标准。国内主要采用人工敲击方式采收，美国加州则采用振荡法振落采收。当95%的青果皮与坚果分离时，即可收获，采收过早，果皮不易剥离，种仁不饱满，出仁率低，不耐贮藏。

3. 贮藏条件

核桃适宜的冷藏温度为 1～2℃，相对湿度75%～80%，贮藏期可达两年以上。

4. 贮藏方法

（1）塑料薄膜帐贮藏

采用塑料帐贮藏，可抑制呼吸作用，减少消耗，抑制霉菌，防止霉烂。将适时采收并处理后的核桃装袋后堆成垛，贮放在低温场所用塑料薄膜帐罩起，使帐内二氧化碳浓度达到20%～50%，氧气浓度为2%时，可防止由脂肪氧化而引起的腐败以及虫害。

（2）冷藏

用于贮藏核桃的冷库，应事先用二硫化碳或溴甲烷熏蒸 4～10 h 消毒、灭虫，然后将晒干的核桃装在袋中，置于冷藏库内，保持温度 1～2℃，相对湿度为70%～80%，产品不致发生明显的变质现象。

第二节　蔬菜的贮藏

一、根菜类

根菜类蔬菜，包括萝卜和胡萝卜等。萝卜、胡萝卜在各地都有栽培，也是北方重要的秋贮蔬菜，二者贮藏量大、供应时间长，对调剂冬春蔬菜供应有重要的作用。

（一）贮藏特性

萝卜原产我国，胡萝卜原产中亚细亚和非洲北部，喜冷凉多湿的环境。萝卜、胡萝卜均以肥大的肉质根供食，萝卜和胡萝卜没有生理上的休眠期，在贮藏期间若条件适宜便萌芽抽薹，使水分和营养向生长点转移，从而造成糠心。温度过高及机械伤都会促使呼吸作用加强，水解作用旺盛，使养分消耗增加，促使其糠心。萌芽使肉质根失重，糖分减少，组织绵软，风味变淡，降低食用品质，所以防止萌芽是萝卜和胡萝卜贮藏最关键的问题。

（二）采收处理及病害控制

1.采收处理

贮藏的萝卜以秋播的皮厚、质脆、含糖和水分多的晚熟品种为主，地上部分比地下部分长的品种以及各地选育的一代杂种耐藏性较高，如北京的心里美、青皮脆，天津的卫青、沈阳的翘头青等。另外，青皮种比红皮种和白皮种耐贮。胡萝卜中以皮色鲜艳，根细长，根茎小，心柱细的品种耐贮藏，如小顶金红、鞭杆红等耐藏性较好。

适时播种和收获，对根菜类贮藏性影响很大，播种过早易抽薹，不利于贮藏。在华北地区，萝卜大致在立秋前后播种，霜降前后收获；胡萝卜生长期较长，一般播种稍早，收获稍晚。收获过早因温度高不能及时下窖，或下窖后不能使菜温迅速下降，容易导致萌芽，糠心，变质，影响耐贮性；收获过晚则直根生育期过长，易造成生理病害，引起糠心甚至大量腐烂。因此应注意加强田间管理，适时收获，既可改善贮藏品质，又可延长贮藏寿命。

2.采后病害及控制

（1）萝卜黑腐病

萝卜黑腐病是一种侵染维管束的细菌性病害，由黄单孢杆菌致病。该病菌的发育适温为 25～30℃，低于 5℃发育迟缓。主要从气孔、水孔及伤口处侵入，为田间带菌贮期发病，潜育期限为 11—21 d。贮藏遇有高温高湿条件有利于该病的侵染与蔓延，萝卜感病后表面无异常表现，但肉质根的维管束坏死变黑，严重时内部组织干腐空心，是萝卜贮藏中常见的采后病害。

（2）胡萝卜腐烂病

胡萝卜的黑腐、黑霉、灰霉等腐烂病在田间侵染贮藏发病，使胡萝卜脱色，被侵染的组织变软或呈粉状。这些病菌在高温高湿下易发病，病菌多从伤口侵入使肉质根软腐。胡萝卜在收获及贮运中要避免机械伤害，并贮在 0℃的低温，是预防腐烂的重要措施。

（三）贮藏条件及方法

1.贮藏条件

（1）温度

萝卜的贮藏适温为 1～3℃，当温度高于 5℃贮藏时，会在较短时间内发芽、变糠，而在 0 ℃以下时，很容易遭受冻害。胡萝卜的贮藏适温为 0 ~ 1℃。

（2）相对湿度

萝卜、胡萝卜含水量高，皮层缺少蜡质层、角质层等保护组织，在干燥的条件下易蒸腾失水，造成组织萎蔫、内部糠心，加大自然损耗。因此，萝卜、胡萝卜要求有较高的相对湿度，一般为 90% ~ 95%。

（3）气体成分

低氧、高二氧化碳能抑制萝卜、胡萝卜的呼吸作用，使之强迫休眠，抑制发芽。适宜的氧浓度为 1% ~ 2%，二氧化碳的浓度为 2% ~ 4%。

2.贮藏方法

（1）沟藏

萝卜和胡萝卜要适时收获，防止风吹雨淋、日晒、受冻，且应及时入沟贮藏。沟的宽度为 1 ~ 1.5m，过宽难以维持沟内适宜而稳定的低温，沟的深度，应比当地冬季的冻土层稍深一些，如北京地区在 1 m 深的土层处，在 1—3 月份温度 0 ~ 3℃，大致接近萝卜、胡萝卜的贮藏适温。

贮藏沟应设在地势较高、地下水位低、土质黏重、保水力较强的地方挖沟。一般东西延长，将挖出的表土堆在沟的南侧起遮阴作用。萝卜、胡萝卜可以散堆在沟内，最好利用湿沙层积，以利于保持湿润并提高直根周围二氧化碳浓度。直根在沟内堆积的厚度一般不超过 0.5 m，以免底层受热。下窖时在贮藏产品的面上覆一层薄土，随气温的逐步下降分次添加，覆土总厚度一般为 0.7 ~ 1 m，湿度偏低可浇清水，使土壤含水量达 18% ~ 20% 为宜。

（2）窖藏和通风贮藏库贮藏

窖藏和通风贮藏库贮藏根菜是北方常用的方法，窖藏贮藏量大，管理方便。根菜经过预冷，待气温降到 1 ~ 3℃，将根菜移入窖内，散堆或码垛均可。萝卜堆高 1.2 ~ 1.5 m，胡萝卜的堆高 0.8 ~ 1 m，堆不宜过高，否则堆中心温度不易散发，造成腐烂加剧。为促进堆内热量散发和便于翻倒检查，堆与堆之间要留有空隙，堆中每隔 1.5 m 左右设一通风塔。贮藏前期一般不倒堆，立春后，可视贮藏状况进行全面检查和倒堆，剔除腐烂的根菜。贮藏过程中，注意调节窖内温度，前期窖内温度过高时，可打开通气孔散热；中期要将通气孔关闭，以利保温；贮藏后期，天气逐渐转暖，要加强夜间通风，以维持窖内低温。在窖内用湿沙与产品层积效果更好，便于保湿并积累二氧化碳。

通风贮藏库贮藏方法与窖藏相似，其特点是通风散热比较方便，贮藏前期和后期不宜过热。但由于通风量大，萝卜容易失水糠心；中期严寒时外界气温低，萝卜容易受冻。因此，保温、保湿是通风贮藏库贮藏根菜的两个主要问题。为做好通风库贮藏工作，最好采用库内层积法。检查、倒垛管理同窖藏。

二、地下茎菜类

地下茎菜类的贮藏器官是变态茎，其中马铃薯为块茎，洋葱、大蒜等为鳞茎，虽然形态各异，贮藏条件不同，但收获后都有一段休眠期，有利于长期贮藏。

（一）马铃薯的贮藏

马铃薯属茄科蔬菜，食用部分为其块茎。马铃薯在我国栽培极为广泛，既是很好的蔬菜，又可作为食品加工的原料，是人们十分喜爱的粮菜兼用作物。具体内容见第三章第四节。

（二）洋葱的贮藏

洋葱又称葱头，属百合科植物，食用部分为其鳞茎。洋葱可分为普通洋葱、分蘖洋葱和顶生洋葱三种类型，我国主要以栽培普通洋葱为主。普通洋葱按其鳞茎颜色，可分为红皮种、黄皮种和白皮种。其中黄皮种属中熟或晚熟品种，品质佳、耐贮藏；红皮种属晚熟品种，产量高、耐贮藏；白皮种为早熟品种，肉质柔嫩，但产量低、不耐贮。

1.贮藏特性

洋葱具有明显的休眠期，休眠期长短因品种而异，一般为1.5—2.5个月。收获后处于休眠期的洋葱，外层鳞片干缩成膜质，能阻止外部水分的进入和内部水分的蒸发，呼吸强度降低，具有耐热和抗干燥的特性，即使外界条件适宜，鳞茎也不萌芽。通过休眠期的洋葱遇到合适的外界环境条件便能出芽生长，有机物大量被消耗，鳞茎部分逐渐干瘪，萎缩而失去原有的食用价值。所以，如果能有效地延长洋葱的休眠期，就能有效延长洋葱的贮藏期。

2.采收及采后处理

用于贮藏的洋葱，应充分成熟，组织紧密。一般在地上部分开始倒伏，外部鳞片变干时收获。收获过早的洋葱，产量低且组织松软，含水量高，贮藏期间容易腐烂萌芽。采收过迟，地上假茎易脱落，还易裂球，不利于编挂贮藏。

采收后的洋葱，经过严格挑选，去除掉头、抽薹、过大过小以及受机械损伤和雨淋的洋葱。挑选出用于贮藏的洋葱，首先要摊放晾晒，一般晾晒6—7 d，当叶子发黄变软，能编辫子才停止晾晒。然后，编辫晾晒，晒至葱叶全部退绿，鳞茎表皮充分干燥时为止。晾晒过程中，要防止雨淋，否则，易造成腐烂。

3.贮藏病害及控制

洋葱采后的侵染性病害主要有细菌性软腐病、灰霉病。细菌性软腐病是由欧氏杆菌属细菌通过机械损伤处侵染传播的，在高温高湿及通风不良的条件下危害加重。灰霉病菌也是从伤口或自然孔道侵入的，在湿度高时发病快且严重。

4.贮藏条件

（1）温度

洋葱刚采收时，需要高温低湿处理，使得洋葱组织内水分蒸发，使鳞茎干燥，避免温湿度过高而造成病变和腐烂。洋葱的贮藏适温为 0 ~ 1℃，这样可延长其休眠期，降低呼吸作用，抑制发芽和病菌的发生。但如温度低于 -3℃时，会产生冻害。

（2）湿度

洋葱适应冷凉干燥的环境，相对湿度过高会造成大量腐烂，一般要求相对湿度以 65 % ~ 75 % 为宜。

（3）气体成分

适当的低氧和高二氧化碳环境，可延长洋葱的休眠期及抑制发芽。采用氧浓度为 3 % ~ 6 %、二氧化碳浓度为 8 % ~ 12 %，对抑芽有明显的效果。

5.贮藏方法

（1）垛藏

选择地势高、土质干燥、排水好的场地，先铺枕木，上铺秸秆，秆上放置葱辫，码成垛，垛长 5 ~ 6 m，宽 1.5 m，高 1.5 m，每垛 5 000 kg 左右。采用该法，要严密封垛，防止日晒雨淋，保持干燥。封垛初期可视天气情况，倒垛 1 ~ 2 次，排除堆内湿热空气。每逢雨后要仔细检查，如有漏水要及时晾晒。气温下降后要加盖草帘保温，以防遭受冻害。

（2）冷库贮藏

在洋葱脱离休眠、发芽前半个月，将葱头装筐码垛，贮于 0℃、相对湿度低于 80% 的冷库内。洋葱在 0℃贮冷库内可以长期贮藏，有些鳞茎虽有芽露出，但一般都很短，基本上无损于品质。一般情况下冷库湿度较高，鳞茎常会长出不定根，并有一定的腐烂率，所以库内可适当使用吸湿剂如无水氯化钙、生石灰等吸湿。为防止洋葱长霉腐烂，也可在入库时用 0.01 mL/L 的美帕曲星熏蒸。

三、果菜类

果菜类包括茄果类的番茄、辣椒及瓜果类的黄瓜、南瓜、冬瓜等，此类蔬菜原产于热带或亚热带，不适合于低温条件贮藏，易产生冷害，与其他蔬菜相比果菜类不耐贮藏。

（一）番茄的贮藏

番茄又称西红柿、洋柿子，属茄科蔬菜，起源于秘鲁，在我国栽培已经有近100年的历史。栽培品种包括普通番茄、大叶番茄、直立番茄、梨形番茄和樱桃番茄五个变种，后两个品种果形较小，产量较低。番茄营养丰富，经济价值高，是人们喜爱的水果兼蔬菜品种。番茄果实皮薄多汁，不易贮藏。

1. 贮藏特性

番茄性喜温暖，不耐0℃以下的低温，但不同成熟度的果实对温度的要求不尽相同。番茄属呼吸跃变型果实，成熟时有明显的呼吸高峰及乙烯高峰，同时对外源乙烯反应也很灵敏。

不同番茄品种的耐藏性差异较大，贮藏时应选择种子腔小、皮厚、子室小、种子数量小、果皮和肉质紧密、干物质和糖分含量高、含酸量高的耐贮藏品种。一般来说，黄色品种最耐藏，红色品种次之，粉红色品种最不耐藏。此外，早熟的番茄不耐贮藏，中晚熟的番茄较耐贮藏。适宜贮藏的番茄品种有橘黄佳辰、农大23、红杂25、日本大粉等。

2. 采收及采后处理

番茄果实生长至成熟时会发生一系列的变化，叶绿素逐渐降解，类胡萝卜素逐渐形成，呼吸强度增加，乙烯产生，果实软化，种子成熟。番茄的耐藏性与采收的成熟度密切相关，采收的果实过青，累积的营养不足，贮后品质不良；果实过熟，容易腐烂，不能久藏。

根据色泽的变化，番茄的成熟度可分为绿熟期、发白期、转色期、粉红期、红熟期五个时期。

（1）绿熟期

全果浅绿或深绿，已达到生理成熟。

（2）发白期

果实表面开始微显红色，显色小于10%。

（3）转色期

果实浅红色，显色小于80%。

（4）粉红期

果实近红色，硬度大，显色率近100%。

（5）红熟期

又叫软熟期，果实全部变红而且硬度下降。

番茄果皮较薄，采收时应十分小心。番茄分批成熟，所以一般采用人工采摘。番茄成熟时产生离层，采摘时用手托着果实底部，轻轻扭转即可采摘。人工采摘的番茄适宜贮运鲜销。发达国家用于加工的番茄多用机械采收，但果实受伤严重，不适宜长期贮藏。

3.贮藏病害及控制

（1）番茄灰霉病

番茄灰霉病多发生在果实肩部，病部果皮变为水浸状并皱缩，上生大量土灰色霉层，在果实遭受冷害的情况下更易大量发生。

（2）番茄根霉腐烂病

番茄腐烂部位一般不变色，但因内部组织溃烂果皮起皱缩，其上长出污白色至黑色小球状孢子囊，严重时整个果实软烂呈一泡儿水状。该病害在田间几乎不发病，仅在收获后引起果实腐烂。病菌多从裂口处或伤口处侵入，患病果与无病果接触可很快传染。

（3）番茄软腐病

番茄软腐病一种真菌病害，一般由果实的伤口、裂缝处侵入果实内部。该病菌喜高温高湿，在 24～30℃下很易感染此病。病害多发生在青果上，绿熟果极易感染。果实表面出现水渍状病斑，软腐处外皮变薄，半透明，果肉腐败。病斑迅速扩大以至整个果实腐烂，果皮破裂，呈暗黑色病斑，有臭味。这种病蔓延很快，危害较大。

4.贮藏条件

（1）温度

用于长期贮藏的番茄，一般选用绿熟果，适宜的贮藏温度为 10～13℃，温度过低，则易发生冷害；用于鲜销和短期贮藏的红熟果，其适宜的贮藏条件 0～2℃。

（2）湿度

番茄贮藏适宜的相对湿度为 85%～95%。湿度过高，病菌易侵染造成腐烂，湿度过低，水分易蒸发，同时还会加重低温伤害。

（3）气体成分

氧气浓度 2%～5%，二氧化碳浓度 2%～5% 的条件下，绿熟果可贮藏 60～80 d，顶红果贮藏 40～60 d。

5.贮藏方法

（1）冷藏

根据番茄冷藏的国家标准（GB8853—88）冷藏时应注意以下两点。

① 贮前准备

番茄贮藏前 1 周，贮藏库可用硫黄熏蒸（$10g/m^3$）或用 1% ～ 2% 的甲醛（福尔马林）喷洒，熏蒸时密闭 24 ～ 48 h，再通风排尽残药。所有的包装和货架等用 0.5% 的漂白粉或 2% ～ 5% 硫酸铜液浸渍，晒干备用。同等级、同批次、同一成熟度的果实须放在一起预冷，一般在预冷间与挑选同时进行。将番茄挑选后放入适宜的容器内预冷，待温度与库温相同时进行贮藏。

② 贮藏条件

绿熟期或变色期的番茄的贮藏温度为 12 ～ 13℃，红熟期的番茄贮藏温度为 0 ～ 2℃。空气相对湿度保持在 85% ～ 95%。为了保持稳定的贮藏温度和相对湿度，须安装通风装置，有利于贮藏库内的空气流通，适时更换新鲜空气。

（2）气调贮藏

塑料薄膜帐气调贮藏法是用 0.1 ～ 0.2 mm 厚的聚乙烯或聚氯乙烯塑料膜做成密闭塑料帐，塑料帐容量为 1 000 ～ 2 000 kg。由于番茄自然完熟速度快，因此采后应迅速预冷、挑选、装箱、封垛。一般采用自然降氧法，用消石灰（用量为果重的 1% ～ 2%）吸收多余的二氧化碳。氧不足时从袖口充入新鲜空气。塑料薄膜封闭贮藏番茄时，易因垛内湿度较高而感病，要设法降低湿度，并保持库温稳定，以减少帐内凝水。可用防腐剂抑制病菌活动，通常使用氯气，每次用量为垛内空气体积的 0.2%，每 2 ～ 3 d 施用一次，防腐效果明显；也可用漂白粉代替氯气，一般用量为果重的 0.05%，有效期为 10 d。

（二）黄瓜的贮藏

黄瓜原产于中印半岛及南洋一带，性喜温暖，在我国已有 2 000 多年的栽培历史。幼嫩黄瓜质脆肉细，清香可口，营养丰富，深受人们的喜爱。

1. 贮藏特性

黄瓜每年可栽培春、夏、秋三季，贮藏用的黄瓜，一般以秋黄瓜为主。

黄瓜属于非跃变性果实，但成熟时有乙烯产生。黄瓜产品鲜嫩多汁，含水量在 95 % 以上，代谢活动旺盛。黄瓜采收时气温较高，表皮无保护层，果肉脆嫩，易受机械伤害。黄瓜的贮藏中，要解决的主要问题是后熟老化和腐烂。

2. 采收及采后处理

采收成熟度对黄瓜的耐贮性有很大影响，一般嫩黄瓜贮藏效果较好，越大越老的黄瓜越容易衰老变黄。贮藏用瓜最好采用植株主蔓中部生长的果实（俗称"腰瓜"），果实应丰满壮实、瓜条匀直、全身碧绿；下部接近地面的瓜条畸形较多，且易与泥接触，果实带较多的病菌，易腐烂。黄瓜采收期多在雌花开花后

8～18 d，采摘宜在晴天早上进行，最好用剪刀将瓜带 3 cm 长果柄摘下，放入筐中，注意不要碰伤瘤。若为刺黄瓜，最好用纸包好放入筐中。认真选果，剔除过嫩、过老、畸形和受病虫侵害、机械伤的瓜条。入库前，用软刷将 0.2 % 甲基托布津和 4 倍水的虫胶混合液涂在瓜条上，阴干，对贮藏有良好的防腐保鲜效果。

3.贮藏病害及控制

（1）炭疽病

染病后，瓜体表面出现淡绿色水渍状斑点，并逐步扩大、凹陷，在湿度较高的条件下，病斑常出现许多黑色小粒，即分生孢子，病斑可深入果肉使风味品质明显下降，甚至变苦，不堪食用。该病菌发病适宜温度为 24 ℃，4 ℃以下分生孢子不发芽，10 ℃以下病菌停止生长。防治此病，主要是做好田间管理，剔除病虫果，采后用 1 000～2 000 mg/L 的苯来特、托布津处理。

（2）绵腐病

染病后使瓜面变黄，病部长出长毛绒状白霉。防治此病，应严格控制温度，防止温度波动太大，产生的凝结水滴在瓜面上，也可结合使用一定的药剂处理。

（3）低温冷害

黄瓜性喜温暖，不耐低温。温度低于 10 ℃条件下，易遭受冷害。发生冷害的黄瓜表面出现不规则凹陷及褐色斑点，果实呈水渍状，受害部位易感病。

4.贮藏条件

（1）温度

一般认为黄瓜的贮藏适温为 10～13 ℃，低于 10 ℃可能出现冷害；高于 13 ℃代谢旺盛，加快后熟，品质变劣，甚至腐烂。

（2）湿度

黄瓜需高湿贮藏，相对湿度应高于 90%。低于 85% 会出现失水萎蔫、变糠等问题。

（3）气体成分

黄瓜对气体成分较为敏感，适宜氧气浓度和二氧化碳浓度均为 2 %～5 %，二氧化碳的浓度高于 10 % 时，会引起高二氧化碳伤害，瓜皮出现不规则的褐斑。乙烯会加速黄瓜的后熟和衰老，贮藏过程中要及时消除，如贮藏库里放置浸有饱和高锰酸钾的蛭石。

5.贮藏方法

（1）水窖贮藏

在地下水位较高的地区，可挖水窖保鲜黄瓜。水窖为半地下式土窖，一般窖深 2 m，窖内水深 0.5 m，窖底长 3.5 m，窖口宽 3 m。窖底稍有坡度，低的一端挖一个深井，以防止窖内积水过深。窖的地上部分用土筑成厚 0.6 ～ 1 m、高约 0.5 m 的土墙，上面架设木檩，用秫秸筑棚顶并覆土。棚顶上开两个天窗通风。靠近窖的两侧壁用竹条、木板做成贮藏架，中间用木板搭成走道。窖的南侧架设 2 m 的遮阳风障，防止阳光直射使窖温升高，待气温降低即可拆除。

黄瓜入窖时，先在贮藏架上铺一层草席，四周围以草席，以避免黄瓜与窖壁接触碰伤。用草秆纵横间隔成 3 ～ 4 cm 见方的格子，将黄瓜瓜柄朝下逐条插入格内。要避免黄瓜之间摩擦，摆好后用薄湿席覆盖。

主要利用夜间的低温进行通风降温。黄瓜入窖贮藏初期，白天关闭窖门与通风窗，晚间通风。天冷后，可拆除遮阳风障，白天通风，窖温控制在 5 ～ 10℃。

黄瓜贮藏期间不必倒动，但要经常检查。如发现瓜条变黄发蔫，应及时剔除以免变质腐烂。

（2）塑料大帐气调贮藏

将黄瓜装入内衬纸或蒲包的筐内，重约 20 kg，在库内码成垛，垛不宜过大，每垛 40 ～ 50 筐。垛顶盖 1 ～ 2 层纸以防露水进入筐内，垛底放置消石灰吸收二氧化碳，用棉球蘸取美帕曲星药液（用量为每千克黄瓜 0.1 ～ 0.2 mL）或仲丁胺药液（用量为每千克黄瓜 0.05 mL），分散放到垛、筐缝隙处，不可放在筐内与黄瓜接触。在筐或垛的上层放置包有浸透饱和高锰酸钾碎砖块的布包或透气小包，用于吸收黄瓜释放的乙烯，用量为黄瓜质量的 5%。用 0.02 mm 厚的聚乙烯塑料帐覆罩，四周封严。用快速降氧或自然降氧的方式将氧气含量降至 5%。实际操作时每天进行气体测定和调节。每 2 ～ 3 d 向帐内通入氯气消毒，每次用量为每立方米帐容积通入 120 ～ 140 mL，防腐效果明显。这种贮藏方式可严格控制气体条件，因此，效果比小袋包装好，在 12 ～ 13℃ 条件下可贮 45 ～ 60 d。在贮藏期间定期检查，一般贮藏约 10 d 后，每隔 7 ～ 10 d 检查一次，将变黄、开始腐烂的瓜条清除，贮藏后期注意质量变化。

黄瓜除上述贮藏方法外，还有缸藏、沙藏等方法。

四、叶菜类

叶菜类包括白菜、甘蓝、芹菜、菠菜等，叶菜类的产品器官既是同化器官，又是蒸腾器官，所以代谢强度很高，不耐贮藏。但不同的产品对贮藏要求的条件也不一样，各有其特点。

（一）大白菜的贮藏

大白菜为十字花科芸薹属的两年生植物，原产我国山东、河北一带，是我国特产之一。栽培历史悠久，是我北方秋冬季供应的主要蔬菜，栽培面积广、产量高、贮藏量大、贮藏期长，可以调剂冬季蔬菜供应。

1.贮藏特性

不同品种大白菜的耐贮性和抗病性之间有一定的差异，一般中晚熟的品种比早熟品种耐贮藏，青帮类型比白帮类型耐贮藏，青白帮类型的耐贮藏性介于两者之间。叶球的成熟度也与贮藏性有关，叶球太紧的不利于长期贮藏，包心八成的能长期贮藏。

2.采收及采后处理

适时收获有利贮藏。收获过早，气温与窖温均高，不利于贮藏，也影响产量；收获过迟易在田间受冻害。采收应选择天气晴朗，菜地干燥时进行，以七八成熟、包心不太坚实为宜，可减少或防止春后抽薹、叶球爆裂现象的发生。

收获后的白菜要进行晾晒，使外叶失水变软，达到菜棵直立而不垂的程度，这样既可减少机械损伤，又可增加细胞液浓度，提高抗寒能力，同时还可以减小体积，提高库容量。但晾晒也不宜过度，否则组织萎蔫会破坏正常的代谢机能，加强水解作用，从而降低大白菜的耐贮藏性、抗病性，并促进离层活动而脱帮。

3.贮藏病害及控制

（1）细菌性软腐病

病部呈半透明水渍状，随后病部迅速扩大，表皮略陷，组织腐烂，黏滑，色泽为淡灰至浅褐，腐烂部位有腥臭味。发病时或叶缘枯黄，或从叶柄基部向上引起腐烂，或心叶腐烂以及枯干呈薄纸状。该病菌一般从伤口侵入。在 2 ~ 5℃的低温下也能生长发育，是大白菜低温贮藏期间常见的病害，但该病菌在干燥环境下会受到抑制。因此在采收、贮运过程中应尽量减少机械伤；采后应适度晾晒。

（2）大白菜霜霉病

大白菜霜霉病又称霜叶病，染病后，一般由外层叶向内层叶扩展，初期只在叶片呈现出淡黄绿色至淡黄褐色斑点，潮湿时病斑背面出现白霜霉，严重时霉层布满整个叶片，干枯死亡。该病在高湿环境下易严重发生，因此，适度的晾晒和通风能抑制该病的发生。

（3）生理性脱帮

脱帮主要发生在贮藏初期，是指叶帮基部形成离层而脱落的现象。贮藏温度高时，离层形成快，空气湿度过高或晾晒过度也会促进脱帮。采前 2 ~ 7 d 用

25 ~ 50 mg/L 的 2，4-D 药剂进行田间喷洒或采后浸根，可明显抑制脱帮。

4.贮藏条件

（1）温度

用于长期贮藏的大白菜，温度范围以 0（±1）℃为宜。

（2）湿度

大白菜贮藏过程中易失水萎蔫，因此要求有较高的湿度，空气相对湿度为 85% ~ 90%。

（3）气体成分

大白菜气调贮藏的报道较少。据报道：大白菜在 0 ℃、相对湿度为 85% ~ 90%、氧的浓度为 1% 的条件下可贮藏 5 个月，叶片组织内维生素 C 损失较少，无低氧伤害症状。但当二氧化碳的浓度高于 20% 时，就会引起生理病害甚至腐烂而失去食用价值。

5.贮藏方法

（1）窖藏

方法简单，贮藏量大，贮藏时间也较长。窖藏一般选择地势高、地下水位低的地块，以免窖内积水造成腐烂。白菜采收期一般在霜降前后，菜采后放在垄上晾 1 ~ 2 d，然后送到菜窖附近码在背风向阳处，堆码时菜根向下，四周用草或秸秆覆盖，以防低温受冻。

菜窖的形式有多种，在南方，菜窖多为地上式；在北方，菜窖多采用地下式；中原地区，多采用半地下式。窖藏白菜多采用架贮或筐贮。架贮是将已晾晒过的大白菜放于贮藏架上，架高 170 cm，宽 130 cm，层高 100 cm 左右。贮藏架之间间隔 130 cm 左右，以方便检查和倒菜。大白菜摆放 7 ~ 8 层，贮菜与上面的夹板之间应有 20 cm 的间隙。入窖初期，窖温较高，大白菜易腐烂和脱帮，如采用地面堆码贮藏，必须加强倒菜，以利通风散热。外界气温高时，要把门窗通气孔关闭，防止高温侵入库内。夜间打开通风设施引进冷凉空气，降低窖温。入窖中期，此时外界气温急剧下降，必须注意防冻，要关闭窖的门窗和通气孔，中午可适当通风。架式贮藏应在春节前倒菜 1 ~ 2 次，垛藏要倒菜 2 ~ 3 次。入窖后期（立春以后），此时气温和地温均升高，造成窖温和菜温升高，这时要延缓窖温的升高，白天将窖封严，防止热空气侵入，晚上打开通风系统，尽量利用夜间低温来降低窖温。

（2）机械冷藏

大白菜先经过预处理，再装箱后堆码在冷藏库中，库温保持在 0（±0.5℃），相对湿度控制在 85% ~ 90% 为宜，贮藏期间应定期检查。机械冷藏的优点是温湿度可精确控制，贮藏质量高，但设备投资大，成本高。

（二）甘蓝的贮藏

甘蓝贮藏特性同大白菜相似，对贮藏条件的要求也基本相同。因此大白菜的贮藏措施同样适用于甘蓝，但甘蓝比大白菜更耐寒一些，贮藏温度可控制在 −1 ~ 0℃，收获期可稍晚一些，相对湿度可控制在 85% ~ 95%。

五、花椰菜及蒜薹

（一）花椰菜的贮藏

花椰菜，又名花菜、菜花，属十字花科植物，是甘蓝的一个变种，原产于地中海及英、法滨海地区，在我国已引种多年，为我国南部地区秋冬季主栽蔬菜之一。花椰菜的供食器官是花球，花球质地嫩脆，营养价值高，味道鲜美，而且食用部分粗纤维少，深受消费者的喜爱。

1.贮藏特性

花椰菜喜冷凉低温和湿润的环境，不耐霜冻，不耐干旱，对水分要求严格。贮藏期间，外叶中积累的养分能向花球转移而使之继续长大充实。花椰菜在贮藏过程中有明显的乙烯释放，这是花椰菜衰老变质的重要原因。

2.采收及采后处理

（1）采收成熟度的确定

从出现花球到采收的天数，因品种、气候而异。早熟品种在气温较高时，花球形成快，20 d 左右即可采收；而中晚熟品种，在秋、冬季需 1 个月左右。采收的标准为：花球硕大，花枝紧凑，花蕾致密，表面圆正，边缘尚未散开。花球大而充实，收获期较晚的品种适于贮藏；球小松散，收获期较早的品种，收获后气温较高，不利于贮藏。

（2）采收方法

用于假植贮藏的花椰菜，要连根带叶采收。用于其他方法贮藏的花椰菜，保留距离花球最近的三、四片叶，连同花球割下，以减少运输中的机械损伤。同时由于花球形成时间不一致，所以要分批采收。

3.贮藏病害及控制

（1）侵染性病害

主要是黑斑病，染病初期花球脱色，随后褐变，花球上出现褐斑而影响其感官品质，此外还有霜霉病和菌核病。防治上述病害要注意尽量减少机械损伤，避免贮藏期间温度波动过大而"出汗"。

（2）失重、变黄和变暗

失重是由于水分蒸腾所造成的，特别当贮藏期间相对湿度过低时尤为严重。花椰菜在贮藏期间出现的质量变化，如变黄、变暗，是由于花椰菜外部无保护组织，球体脆嫩，在运输过中遭受机械伤而导致的，另外贮藏期间乙烯浓度高也会使花球变色。

4.贮藏条件

（1）温度

花椰菜适宜的贮藏温度为 0 ~ 1℃。温度过高会使花球变色，失水萎蔫，甚至腐烂；但温度过低（＜0℃），花椰菜容易受冻害。

（2）湿度

花椰菜贮藏适宜的相对湿度为 90 % ~ 95 %。湿度过低，花球易失水萎蔫；湿度过大，有利于微生物生长，容易发生腐烂。

（3）气体成分

适宜贮藏的气体成分为：氧气浓度为 3 % ~ 5 %，二氧化碳浓度为 5 %。低氧对抑制花椰菜的呼吸作用和延缓衰老有显著作用，且花球对二氧化碳有一定的忍受力。另外，贮藏库内放置乙烯吸收剂来吸收乙烯，可延缓花球衰老变色。

5.贮藏方法

（1）冷藏

根据中华人民共和国商业行业标准——花椰菜冷藏技术（SB/T10285），花椰菜冷藏应按照以下要求进行。

①冷藏前的准备

花椰菜入贮前 1 周，进行扫库、灭菌。花椰菜的包装应符合 SB/T 10158 中第 4、5 章的有关规定。单花球包装时，可用 0.015 mm 聚乙烯薄膜袋。采收后的花椰菜要尽快放到阴凉通风处或冷库中预冷，去掉携带的田间热。预冷后的花椰菜按等级、规格、产地、批次分别码入冷库间，距蒸发器至少 1 m。

②冷藏方法

一般冷藏时，花椰菜装箱（筐）时，花球应朝上；箱（筐）码放时，以不伤害下层花椰菜的花为宜。单花球套袋冷藏时，应将单个花球装入 0.015 mm 聚乙烯塑料袋中，扎口放入箱（筐），码放时要求花球朝下，以免袋内产生的凝结水滴在花球上造成霉烂。

③冷藏条件及管理

库内温度应保持在 0（±0.5℃），相对湿度为 90 % ~ 95 %，冷藏期间应定时检测库内温湿度。在此条件下，根据花椰菜品种和产地不同，一般冷藏方法，冷藏期限为 3～5 周；单花球套袋方法，冷藏期限为 6～8 周。

（2）气调贮藏

因为花椰菜在整个贮藏期间乙烯的合成量较大，采用低氧高二氧化碳可以降低花椰菜的呼吸作用，从而减少乙烯的释放量，有效防止花椰菜受乙烯伤害。因此，气调法贮藏花椰菜能收到较好的效果。气调贮藏花椰菜的气体成分一般控制在氧气浓度为 2%～4%，二氧化碳浓度为 5%，采用袋封法或帐封法均可。注意在封闭的薄膜帐内放入适量的饱和高锰酸钾以吸收乙烯。气调贮藏可以保持花椰菜的花球洁白，外叶鲜绿。采用薄膜封闭贮藏时，要特别注意防止帐壁或袋壁的凝结水滴落到花球上。

（二）蒜薹的贮藏

蒜薹又称蒜苗或蒜毫，是大蒜的花茎。蒜薹是抽薹大蒜经春化后在鳞茎中央形成的花薹和花序，花长 60～70 cm。蒜薹味道鲜美，质地脆嫩，含有丰富的蛋白质、糖分和维生素，还含有杀菌力强的蒜氨酸（大蒜素）。蒜薹是我国目前果蔬贮藏保鲜业中贮量最大、贮藏供应期最长、经济效益颇佳的一种蔬菜，极受消费者的欢迎。我国山东、安徽、江苏、四川、河北、陕西、甘肃等省均盛产蒜薹。目前，随着贮藏技术的发展，蒜薹已可以做到季产年销。

1. 贮藏特性

蒜薹采后新陈代谢旺盛，表面缺少保护层，加之采收期一般为 4—7 月份的高温季节，所以在常温下极易失水、老化和腐烂，薹苞会明显增大，总苞也会开裂变黄、形成小蒜，薹梗自下而上脱绿、变黄、发糠，蒜味消失，失去商品价值和食用价值。蒜薹对低氧有很强的耐受能力，尤其当二氧化碳浓度很低时，蒜薹长期处于低氧环境下，仍能保持正常。但蒜薹对高二氧化碳的忍受能力较差，当二氧化碳浓度高于 10%，藏期超过 3—4 个月时，就会发生高二氧化碳伤害。

2. 采收及采后处理

贮藏用蒜薹适时采收是确保贮藏质量的重要环节。蒜薹的采收季节由南到北依次为 4—7 月份，往往每一个产区采收期只有 3—5 d，在一个产区适合采收的 3 d 内采收的蒜薹质量好，稍晚 1—2 d 采收，蒜薹便会偏大，薹基部发白，质地偏老，入贮后效果不佳。一般来说，生长健壮、无病害、皮厚、干物质含量高，表面蜡质较厚，基部黄白色短的蒜薹较耐贮藏。蒜薹的收获期可以以总苞下部变白，蒜薹顶部开始弯曲为标志。收获期应选在晴天，早晨露水干后为宜，雨后和浇水后均不能采收。采收的方法有两种：一种是用长约 20 cm 的钩刀，在离地面

10～13 cm处剖开假垄，抽出蒜薹，此法产量高，但划薹形成的机械伤容易引起微生物侵染，不耐贮藏。另一种方法是，待蒜薹抽出叶鞘3～6 cm时，直接抽枝，此法造成的机械伤少，但产量低。

蒜薹运至贮藏地，应立即放在已降温的库房内或在荫棚下尽快整理、挑选、修剪。整理时要求剔除病虫、机械伤、老化、褪色等不适合贮藏的蒜薹，理顺薹条，对齐薹巷，除去残余的叶鞘。基部伤口大、老化变色、干缩的薹条均应剪掉基部，剪口要整齐，不要剪成斜面。若断口平整、已愈合成一圈干膜的可不剪，整理好后即入库上架。

3.贮藏病害及控制

（1）侵染性病害

蒜薹中含有大蒜素，具有较强的抗菌力，但贮藏条件不适宜时也会发生病害。常见的主要是白霉菌和黑霉菌两种病原菌，当感染病菌后，在蒜薹的根蒂部和顶端花球梢处出现白色绒毛斑（白霉菌）和黑色斑（黑霉菌），继而引起腐烂。特别是在高温高湿条件会加速腐烂。为防止腐烂，首先应减少伤口，同时促进伤口愈合。另外，应严格控制温度、湿度和二氧化碳浓度，还要做好库房消毒工作。

（2）生理病害

主要为高二氧化碳伤害，当贮藏环境中二氧化碳浓度过高时，会产生高二氧化碳中毒，其症状为在蒜薹的顶端和梗柄上出现大小不等的黄色的小干斑。病变会造成呼吸窒息，组织坏死，最终导致腐烂。

4.贮藏条件

（1）温度

蒜薹的冰点为-1～-0.8℃，因此贮藏温度应控制在-1～0℃。贮藏温度要保持稳定，避免波动过大，否则会造成结露现象，严重影响贮藏效果。

（2）湿度

蒜薹贮藏的相对湿度以85%～95%为宜。湿度过低易失水，过高又易腐烂。

（3）气体成分

蒜薹贮藏适宜的气体成分为氧气浓度2%～3%、二氧化碳浓度5%～7%。氧气过高会使蒜薹老化和霉变，过低又会出现生理病害。二氧化碳过高会导致比缺氧更厉害的二氧化碳中毒。

5.贮藏方法

蒜薹是冬季人们喜爱的细菜类，我国华北、东北利用冰窖贮藏蒜薹已有数百年历史，效果较好。近年来由于机械冷库的发展，在北京、沈阳、哈尔滨等地均在机械冷藏库内采用塑料薄膜帐或袋进行气调贮藏蒜薹，并取得良好的效果。

（1）塑料薄膜袋贮藏法

采用自然降氧并结合人工调控袋内气体成分进行贮藏。用 0.06 ～ 0.08 mm 的聚乙烯薄膜做成 100 ～ 110 cm 长，宽 70 ～ 80 cm 的袋子，将蒜薹装于袋中，每袋装 18 ～ 20 kg，待蒜薹温度稳定在 0℃后扎紧袋口，每隔 1—2 d，随机检测袋中气体成分的浓度，当氧浓度降至 1% ～ 3%，二氧化碳浓度升至 8% ～ 13%时，松开袋口，每次放风 3 h 左右，使袋内氧浓度升至 18%，二氧化碳浓度降至 2% 左右。贮藏前期可 15 d 左右放风一次，贮藏中后期，随着蒜薹对二氧化碳的忍耐能力的减弱，周期应逐渐缩短，中期约 10 d 一次，后期 7 d 一次。贮藏后期，要经常检查质量，观察蒜薹的变化情况，以便采取适当的对策。

（2）冷藏法

将选择好的蒜薹经充分预冷（12 ～ 14 h）后，装入箱中，或直接码在架上，库温控制在 0 ～ 1℃。采用这种方法，贮藏时间较长，但容易脱水及失绿老化。

第八章　粮油的加工技术

粮食和油料是主要的农产品，粮油加工产品是我国人民膳食结构的主体，粮油工业是我国食品工业的重要组成部分。特别是在我国主要农产品产量不断提高、供应充足的情况下，粮油加工与转化对促进农业发展，提高农产品的附加值，振兴农村经济，繁荣市场和提高人民生活水平具有重要意义。

第一节　粮食制品加工

以粮食为基础原料的加工制品很多，主要研究的是小麦、稻谷及豆制品的加工工艺。

一、小麦的加工

小麦是我国的主要粮食作物，制粉主要采用机械手段，磨碎籽粒，筛除麸皮，获取一定细度的相同等级或不同等级的面粉，开展小麦制粉工艺和面制品加工技术研究有着重要的意义。

（一）小麦的清理流程

小麦的清理流程简称麦路，指从原粮小麦经一系列的处理达到入磨净麦要求的整个过程，包括小麦的清理、小麦的搭配和水分调节等过程。

小麦的清理流程是小麦清理、水分调节等各环节的组合。麦路有长有短，其长短及配置方式，取决于含杂情况、小麦类型及含水量、面粉质量要求、设备条件等因素。

比较完整的麦路包括小麦输送、搭配、三筛、两打、去石、精选、水分调节等过程，如：

小麦输送→配麦→筛选→磁选→去石→精选→打麦→筛选→着水→润麦→磁选→打麦→筛选→磁选—净麦入磨。

经过清理的小麦，尘芥杂质不能超过 0.3%，其中砂石不能超过 0.02%，粮谷杂质不能超过 0.5%，不得含有金属杂质。

（二）小麦的研磨及筛理

经过小麦清理流程，净麦进入制粉工艺流程，小麦制粉流程简称粉路，小麦制粉的任务是将净麦破碎，将胚乳研磨成一定细度的面粉，刮尽麸皮上的胚乳，分离出混在面粉中的细小麸屑。粉路主要包括研磨、筛理、清粉和刷麸等环节。

1. 小麦的研磨

研磨是小麦制粉的主要环节。研磨过程可完成将麦粒破碎、刮净麸皮上的胚乳、将胚乳磨成面粉的任务。研磨主要采用辊式研磨机，主要构件是一对以不同速度相向旋转的磨辊，磨辊表面拉成齿数和齿角不同的磨齿。两磨辊间乳距很小，为 0.07 ~ 1.2 mm，通过液压装置调整两个磨辊的轧距，两磨辊在相向旋转过程中，完成对麦粒及各种在制品的研磨。

2. 筛理

筛理是用一定大小筛眼的筛子将经磨研后的混合货料中不同体积的货料分选出来的操作。经过筛理，将已磨研成的面粉筛出，将未磨制成面粉的在制品，根据颗粒大小分选出来，分别送入下一道磨继续进行剥刮和研轧。小麦自进入第一道皮磨开始，每经过一次磨研，货料体积即发生大小不同的变化，这就必须借筛理的作用把其分开，才能分别继续进行处理。筛理工作是根据货料体积大小不同的基本原理加以分离的。

筛理路线应根据所加工的小麦的质量、成品的质量要求、各系统中在制品的物理特性及质量、工厂的设备条件及设备性能以及操作指标等进行安排。磨制不同等级的面粉，筛路安排不同。

3. 清粉

在生产高等级面粉时，为了减少面粉中麸星的含量，提高面粉质量，可在研磨和筛理过程中，安排清粉工序，其目的是分离碎麸皮、连粉麸皮和纯洁粉粒，提高面粉质量，并降低物料温度。将清粉得到的纯洁粉粒，送入心磨制粉。

清粉是在物料进入心磨磨制面粉时，将碎麸皮、连粉麸皮与纯洁粉粒借吸风与筛理分开，这样，经清粉后进入心磨的粉粒，研磨成粉后的粉色、粉质均较未清理的为佳。清粉设备主要由筛格和吸风装置组成。

4. 刷鼓或打麸

刷鼓或打麸是利用旋转的扫帚或打板，把黏附在麸皮上的粉粒分离下来，并使其穿过筛孔成为筛出物，而麸皮则留在筛内。刷麸、打麸工序设在皮磨系统尾部，是处理麸皮的最后一道工序。

5.粉路的设计

一般制粉厂的麦路比较稳定，但粉路安排却是多变的，尤其是在磨制不同面粉时，差别更大。

（1）粉路的繁简

粉路的繁简主要应根据对面粉质量的要求来决定。一般面粉要求高，粉路就要复杂些，面粉要求低，粉路就可简单些。在小麦被破碎后需分成颗粒不同的各种货料加以分别处理时，粉路势必趋繁。在磨制同等质量的面粉时，如果原料小麦质量相同，制粉工厂规模和设备条件也相同，则粉路也应大体相同。

（2）粉路的长短

粉路长，则小麦经过的磨研和筛理的次数多。粉路短，则小麦经过磨研和筛理的次数少。粉路长短主要也是根据对面粉的要求来决定，一般磨制高等级粉的粉路应该长些，磨制低等级粉的粉路可以短些。粉路长短和粉路繁简是有一定联系的，长粉路往往繁杂，短粉路往往比较简单。粉路长短也是有一定限度的，粉路过长，超过了需要，也就影响设备的充分利用，影响产量。粉路过短，满足不了需要，就要影响成品和出粉率。粉路的长短以适应小麦和成品的要求才为合理。

（3）货料的分级

小麦被破碎以后，主要在前、中路系统进行分级，即对Ⅰ、Ⅱ、Ⅲ皮的货料加以分级，后路Ⅳ、Ⅴ皮的货料不再分级。前、中路分级可以提前取粉，减轻后路负荷，有利于后路磨研和剥刮。前路货料的颗粒体积相差悬殊，也便于分级。

小麦单机制粉不进行分级，物料每经一次研磨，筛理提取一次面粉，其余部分继续研磨、筛理，这样反复进行4～5次。进行分级的制粉工艺流程，粉路长短、繁简均不同，如3皮1心、4皮1心、3皮2心、4皮2心、4皮3心、4皮3心1渣等。

（三）小麦剥皮制粉

要想获得高质量的面粉，粉路就比较繁和长，操作也有较大难度。最理想的制粉工艺应该是先把麦粒皮层剥除，再将胚乳研磨成面粉，这样既简化了制粉程序，又可提高面粉质量和出粉率。经过基本清理程序的小麦利用碾米机碾除部分皮层，碾除部分皮层的小麦再适当着水，以简化粉路，进行碾磨、筛理，并获取面粉。利用特制的砂辊碾麦机，轻碾、磨削麦粒皮层，去皮幅度较大，基本上保留糊粉层，但仍难于完全去除腹沟部分的皮层。剥皮后的小麦，为简化粉路和生产高等级面粉，提高出粉率，打下了很好的工艺基础。

（四）面粉产品处理

1.杀虫

制粉厂均配备面粉撞击杀虫机，可以杀死面粉中各虫期的害虫及虫卵，延长安全储藏期。

2.漂白、熟化

小麦胚乳含有叶黄素、类胡萝卜素等色素，所以新制小麦粉颜色略黄。面粉经过 2～3 周储藏后，在空气的氧化作用下使色素破坏，面粉颜色变白，同时筋力也因氧化作用而有所增强，这就是面粉的自然熟化。现代化面粉厂常采用加速面粉熟化的方法，并借以调整面粉作为各种食品原料的功能。面包用粉和多用粉拌入过氧化二苯甲酰粉剂，只起单纯的漂白作用；氯气漂白会损害面包用粉的筋力，但却能显著改善蛋糕用粉的性能。

3.空气分级

小麦面粉是由大小不同的粉粒组成的，小的 1 μm 以下，大的约 200 μm。不同大小粉粒的蛋白质含量不同，根据这一情况，即可得到高蛋白小麦粉（粉粒小于 17 μm）、低蛋白小麦粉（粉粒大小在 17～40 μm）和一般蛋白质含量的小麦粉（粉粒大于 40 μm）。低蛋白质含量的面粉含蛋白质比原小麦胚乳少约一半，是制作糕点的理想原料。

现代化制粉针对粮食食品多样化和提高食品质量的需要，利用选择原麦、面粉空气分级或将不同粉质面粉混合调配等方法，生产专供某种食品使用的小麦粉，即各种专用粉。也可进一步将食品配料与小麦粉混合配制，用户只需加水烘焙即可制成某种食品，即各种预合粉，如发酵粉、蛋糕粉等，这是我国制粉业的发展趋势。

二、稻谷的加工

稻谷原产于中国南部及印度，后相继传入日本及世界各地，现在已是世界上产量最大的粮食作物之一，也是国内重要的粮食作物。

（一）稻谷加工工艺

稻米作为食品无论是粒食（米饭）或是粉食（米粉、米糕），都要经过砻谷（脱壳）、碾米这一初加工过程，使稻谷除去外壳并碾成白米。稻谷制米的加工工艺过程包括清理、砻谷、谷糙分离、碾白（碾米）、米糠分离等几个主要步骤。

1.清理

稻谷的清理是利用其物理性质，采用筛选、风选、相对密度分选、磁选等方法实现的，具体清理设备很多，如初清筛、振动筛、密度去石机（比重去石机）、吸铁箱等。

2. 砻谷

砻谷是用砻谷机除去稻谷的外壳而获得糙米的过程。现在一般使用胶辊砻谷机，该机由两个相互平行、富有弹性的橡胶内衬、橡胶圆辊或聚酯合成的胶辊组成，橡胶内衬有铁芯。工作时以相对方向旋转，两胶辊转速不同，前快后慢，两辊的间距可以自由调节，当稻谷单层从两胶辊中通过时，由于胶辊轧距小于稻谷谷粒厚度，同时由于辊筒旋转时的线速度不同，稻谷受到两个胶面的挤压力和摩擦力作用而使稻壳破裂并与糙米分离。砻谷时根据不同品种稻谷所需的压力，通过调节两辊之间的距离来调节压力的大小，压力过大，会使米粒变脆、变色，缩短辊筒寿命。除胶辊砻谷机外，还有砂盘砻谷机、离心砻谷机和辊带砻谷机等。

3. 谷糙分离

经过砻谷的砻下物是一种谷糙混合物，需经过谷糙分离得到纯（净）糙米，才能进入碾白（碾米）处理工序。谷糙分离的方法很多，国内主要是采用筛选的方法。谷糙分离后，糙米便送到碾米机碾白，尚未脱壳的稻谷则重新回到砻谷机再次进行脱壳。

4. 碾白

碾米是将糙米表面含纤维素多且难以消化的皮层除去，使之成为白米的过程。当前主要采用多机碾白，即糙米经过多台串联的米机碾制成一定精度白米的过程称为多机碾白。

5. 擦米

擦米的目的是擦除黏附在白米表面的糠粉，使白米表面光洁，提高成品米的外观、色泽。这不仅有利于成品米的贮藏与米糠的回收，还可使后续白米分级设备的工作面不易堵塞，保证分级效果。

6. 凉米

凉米的目的是降低白米的温度。凉米大都采用流化槽或风选器。流化槽不仅可起降低米温作用，而且还可吸除白米中的糠粉，提高成品米的质量。

7. 白米分级

白米分级的目的是从白米中分出超过质量标准规定的碎米，分级的重要依据就是成品米含碎米的多少。白米分级工序必须设置在擦米、凉米之后，这样才可避免堵孔。

8. 包装

包装的目的是保持成品米质，便于运输和保管。包装形式多使用麻袋，不过采用小包装、真空包装、充气包装的产品也越来越多。

（二）稻谷深加工工艺

稻谷深加工是在初加工基础上，采用一定的方法将稻谷（或普通大米）制成各种精细适口、富有营养的特种米，如水磨米、免淘米、蒸谷米、强化米、胚芽米等。

1.水磨米与免淘米

这两种产品具有米质纯净、米色洁白、米粒晶莹发亮和食用前不需淘洗等优点，但加工方法完全不一样。水磨米素有"水晶米"之称，是通过渗水碾磨的方法使得米粒表现出一种天然的光泽；免淘米是通过分层研磨和添加抛光剂的方法给米粒表面涂上一层有光物质，外观更甚于水磨米。

（1）水磨米

水磨米加工法与常规碾米法的不同之处在于渗水研磨，其他工艺完全相同。渗水碾磨的目的在于利用水来软化糙米糠层，以便用较为轻缓的碾磨压力，提高整米率；同时利用水分子在米粒与碾磨室构件之间及米粒与米粒之间形成一层水膜，使碾米光滑细腻，借助水的作用对米粒表面进行水洗，除净米粒表面黏附的糠粉。

渗水碾磨以渗热水为好，加工水磨米的关键是掌握好适宜的渗水量，具体渗水量应视稻谷品种、水分、大米精度等级、米温和天气情况而定。渗水碾磨工艺由白米除糠去碎、渗水碾磨、冷却及分级等工序组成。除糠去碎的目的是为了提高水磨的效果。水磨后，大米应及时冷却以散发残留在表面的水分。

（2）免淘米

免淘米的加工工艺除了常规制米法中的清理、砻谷、谷糙分离和碾白等必要工序外，还增加了糙米精选、深层碾磨、白米抛光、成品分级和密封小包装等几道新的工序。

生产流程为：清理→砻谷→脱壳→谷糙分离→糙米精选→碾白去糠→深层碾磨→白米抛光→成品分级→密封包装。

其与常规碾米法的区别集中体现在糙米精选、深层碾磨和白米抛光三道工序上。

白米抛光是生产免淘米的关键，它是用抛光剂水溶液喷涂在米粒表面，使之形成一层极薄的凝胶膜，从而产生珍珠光泽，使米粒外观晶莹如玉。这方面已有定型的抛光设备。

2.蒸谷米、胚芽米和营养强化米

蒸谷米、胚芽米和营养强化米都是为了增加成品大米的营养价值，但所用方法各不一样。蒸谷米是通过湿热处理法将留存在米糠层的营养物质转移至米粒内

部；胚芽米则是通过特殊的碾磨方式将富含营养素的胚芽留存在成品米粒中；而强化米则是通过外加营养的方法来提高大米粒的营养价值。

（1）蒸谷米加工工艺

清理后的稻谷经过浸泡、汽蒸、干燥与冷却等水热处理后，再进行砻谷、碾米，所得到的成品米称为蒸谷米。全世界稻谷总产量的1/5被加工成蒸谷米。

生产工艺流程为：原粮→清理→浸泡→汽蒸→干燥与冷却→砻谷→碾米→蒸谷米。

除稻谷清理后经水热处理（浸泡、汽蒸、干燥与冷却）以外，其他工序与普通大米的生产工艺基本相同。

（2）胚芽米（留胚米）加工工艺

留胚米是指米胚保留率在30%以上的大米。米胚中含有多种维生素及优质蛋白质、脂肪，营养价值高，有助于增进人体健康。留胚米的生产方法与大米基本相同，需经过清理、砻谷，但碾米机内压力要低，使用的碾米机应为砂辊碾米机。留胚米因保留胚多，在温度、水分适宜的条件下，微生物容易繁殖，因此，留胚米常采用真空包装或充气（二氧化碳）包装，防止留胚米品质降低。

（3）营养强化米加工工艺

营养强化米是在普通大米中添加某些缺少的营养素或特需的营养素制成的成品米。对大米来说，可强化的营养素包括：水溶性维生素，如维生素 B_1、维生素 B_2、维生素 B_3（泛酸）、维生素 B_6 和维生素 C；脂溶性维生素，如维生素 A、维生素 D 和维生素 E；氨基酸，如赖氨酸和蛋氨酸；矿物质，如 Ca、Fe、Zn 等。

生产营养强化米归纳起来可分为外加法与内持法。内持法是借助保存大米自身某一部分的营养素达到营养强化目的，蒸谷米就是以内持法生产的一种营养强化米。外加法是将各种营养强化剂配成溶液，由米粒吸收或涂覆在米粒表面，具体有浸吸法、涂膜法、强烈型强化法等。

三、豆制品的加工

（一）豆浆（乳）的加工

1.基本制作方法

豆浆又称豆乳，制法是：先将大豆放于水中浸渍，浸渍时间随水的温度不同而改变，冬季约浸 15 h，夏季浸 7 ~ 8 h 即可。大豆浸渍后体积胀大 2.5 倍，浸渍完毕用石磨或磨浆机研磨，同时不断加水，此时用水量约为原料大豆的 1.5 ~ 2 倍。然后于细浆中加入适量的水，加热，这时会产生许多泡沫，为防止泡沫外溢，加热前应预先加消泡剂, 如脂肪酸等。加热方式可以直接加热或通入蒸汽加热至100℃并保持3 ~ 5 min, 这样可除去一些大豆的生豆腥味, 同时使大豆的蛋白质、糖类、无机盐等易于溶到大豆蛋白浆中, 并兼有杀菌作用, 还可破坏生大豆中的生理有害物质。加热后用滤布过滤或压滤, 使豆浆与豆渣分离。使用压榨机者, 先把豆浆装入滤袋中, 压榨以豆渣中水分愈少愈好, 这样所得豆浆数量, 以10 kg大豆计, 约为90 ~ 100 kg, 其中固形物5% ~ 6%, 蛋白质2% ~ 3%。另有含水分80%左右的豆渣约13 kg。

2. 去豆腥味的方法

按一般加工法所得的豆乳, 含有大豆固有的豆腥味, 改良法可以避免以上缺点。

具体方法为: ① 将大豆干热 (120 ~ 200℃) 处理10 ~ 30 s, 可使产生豆腥味的脂氧合酶失活, 破坏有害成分 (胰蛋白酶抑制素、皂苷、血细胞凝集素等)。② 冷却至常温, 脱皮。③ 用0.5% ~ 1.0% (pH为10 ~ 12) 的碱性钾盐溶液浸泡 (50 ~ 90℃) 3 ~ 17 h, 使大豆胀润软化, 同时可使大豆磨浆后容易乳化, 制品稳定性好, 耐热。④ 水洗, 沥干, 以使大豆pH值7.5 ~ 8为宜。⑤ 磨浆 (边磨边加水, 也可磨完后加水冲淡)。⑥ 生豆浆 (pH值7.5 ~ 8) 用蒸汽加热至90℃, 再加入糖和其他调味料及添加物。⑦ 均质化。⑧ 中和, 可利用柠檬酸、醋酸、酒石酸等有机酸进行。⑨ 杀菌 (120℃、3 s)。⑩ 冷却 (至7℃), 即为成品。另外也可以在中和后再次进行均质处理, 然后再杀菌、冷却, 这样成品组织性状更佳。

按此法加工的豆乳, 无豆腥味、组织性状优、风味和适口性佳, 不含对人体生理有害的物质, 保存性好, 成品得率高, 价格低廉。

(二) 豆腐制品的加工

1. 北豆腐的加工方法

北豆腐是豆腐类产品之一, 其加工工艺是典型的两段加工法, 即大豆蛋白质的提取和豆腐制品成形。

基本工艺流程为: 选豆→浸泡→水洗→磨浆→滤浆→煮浆→点浆→蹲脑→破脑→上脑→压制→切块→降温→成品。

(1) 选豆

选用粒大皮薄、饱满、表皮光滑无皱、有光泽的大豆, 以含油量低、蛋白质含量高的白眉大豆为好。嫩豆出浆少, 因此不宜选用刚收获的大豆。通过手工或机械方法清除原料中的杂质和砂石。

(2) 浸泡

浸泡主要有两个目的: 一是使大豆充分吸水膨胀, 便于磨浆; 二是使大豆组织中的蛋白质外膜由硬变软, 磨制时可以使大豆充分粉碎, 使蛋白质与粗纤维分离开来，从而使蛋白质较容易游离、抽提出来。

（3）水洗

水洗的目的是清杂、去酸水，以保证产品干净，并保护磨浆及分离设备，且能提高产品质量。小规模的用人工漂洗，大规模的用流槽型水洗机。

（4）磨制（磨浆）

磨制是借助于石磨或砂轮磨转动的机械摩擦力，把泡软的大豆组织压挤、破碎，使大豆组织中蛋白质等成分随着磨制时加入的水形成黏稠的豆糊。加水以便于携带大豆进磨，防止磨制时发热，并使大豆蛋白质溶解出来，并在磨的作用下形成良好的胶体溶液。加水量一般为吸水后大豆重量的 2 ~ 3 倍。大豆磨制后要迅速加入 50℃热水稀释，以抑制酶活性，防止蛋白质分解及杂菌的繁殖，并为下一道工序——分离创造条件。

（5）分离（滤浆）

滤浆即是从豆糊中抽提豆浆，豆糊加入温水后，用分离机把豆渣和豆浆分开。

（6）煮浆

分离后的豆浆，要迅速煮沸。煮沸的目的是通过高温除去豆腥味和苦味，增进豆香味和提高蛋白质的消化率，并且杀灭细菌，保证产品的卫生质量。同时，煮沸后豆浆受热均匀，蛋白质热变性彻底，为点脑创造必要条件。煮浆之后，豆腐制品生产的前半部工艺已经完成，进入后半部工艺过程。

（7）点浆（点脑）

北豆腐点浆 100 kg 原料用 4 kg 盐卤，操作时也可将盐卤加水调成 10% ~ 20% 的溶液使用。下卤要快慢适宜，过快，脑易点老；过慢，则影响品质。点脑时要不断将豆浆翻动均匀，在即将成脑时，要减量、减速加卤水，当豆浆基本形成凝胶状（豆脑）后，即停止翻转豆浆。

（8）蹲脑

豆浆经点脑成豆腐脑后，需保温 20 ~ 30 min，使蛋白质和凝固剂充分作用，完全凝固，此过程称为蹲脑。蹲脑时间短，形成的蛋白质凝胶结构不稳定，保水性差，豆腐品质差，出品率也低。蹲脑过程中不宜振动，否则网络结构被破坏，制成的豆腐内部有裂隙，外形不整齐。

（9）破脑

除生产南豆腐（水豆腐）外，豆腐制品一般需从豆腐脑中排出一部分豆腐水，即为破脑。要排出水分，须把已形成的豆腐脑适当破碎，不同程度地打散脑中的网络结构，以达到各种豆腐制品的不同要求。

（10）上箱（上脑）

将豆脑轻轻舀进铺好包布的压制箱内，放走少量黄浆水后封包成形。上箱时要轻而快，以保持豆脑的温度。

（11）压制成形

上脑后要压制成形，使豆腐内部组织紧密。压制要适当，逐渐加压，不能过大、过急，应先轻后重，而且要根据不同豆腐制品的含水量要求来调整压力。压制时间一般为 15 ~ 30 min。

（12）切块、降温

压制完成后打开封箱包布进行切块。切块的大小，要便于拿放，并适合消费者的生活习惯，一般为长方块形，即 100 mm × 60 mm × 45 mm。切口要直，大小要一致。切块后，整齐放入包装箱内，通风降温，即可销售。

2. 南豆腐的加工方法

南豆腐的加工过程类似北豆腐，不同之处有：豆浆的浓度要比北豆腐的浓；点脑用的凝固剂为 8% 石膏；蹲脑时不破脑。

工艺流程为：冲浆→蹲脑→包制→压制→开包→成品。

（1）冲浆

南豆腐以石膏为凝固剂，与豆浆冲制混合后凝固成豆脑。煮沸后的豆浆自然降温到 85℃，质量分数为 8% 时就可以冲浆。冲浆前先把石膏按每 100 kg 大豆 3.5 kg 的数量，加水混合搅拌，并过滤出渣子，把石膏水倒入冲浆容器内，然后立即把热豆浆倒入冲浆容器内，除去表面的泡沫。

（2）蹲脑

冲好的豆浆需要蹲脑 10 min，使蛋白质充分凝固。

（3）包制、压制

南豆腐多用手工包制。包制前需要准备好一个直径 12 cm 左右的小碗，并准备好 28 cm × 28 cm 的豆包布数块，小勺一把，50 cm × 50 cm 的方板 10 块。包制时将豆包布盖在碗上，并把中间压入碗底，用小勺将豆脑舀入小碗，把豆包的两角对齐提起再放下，四面向内盖好，拿出放在方木板上排整齐。一板 25 块南豆腐放满后，上面再盖一木板，继续放，待压到 8 板以上时，最下面的南豆腐即已压成。南豆腐采用自然重力压制，不需要很大的压力。压制时间一般为 15 min。

（4）开包切块

南豆腐压好后，把豆包布打开，切成 100 mm × 100 mm × 35 mm 的块状，放入盛清水的容器内，放满后再用清水把容器内的浑水换出，并每小时换一次水，几小时后就可销售。

（三）腐竹的加工工艺

腐竹是一种高蛋白质、低脂肪、营养成分全面的传统豆制品。腐竹的加工与豆腐的主要区别是腐竹制作不需添加凝固剂点脑，只是将豆浆中的大豆蛋白结膜挑起干燥即成。

其工艺流程为：选豆→脱皮→浸泡→磨制→滤浆→煮浆→挑腐竹→干燥→成品。

1. 选豆、脱皮

要求选用籽粒饱满的新鲜黄豆，以高蛋白质、低脂肪含量为佳。将筛选后的干燥大豆送入脱皮机中去除豆皮。

2. 浸泡、磨浆

将黄豆片淘洗干净，除去浮在水面上的杂质，泡豆水要将全部黄豆浸没。浸泡时间，春秋季为 4 ~ 5 h，夏季为 2 ~ 3 h，冬季为 10 ~ 15 h。当浸豆的含水量达 60% 左右时为最好。将浸好的豆沥水，再用清水磨成豆糊。

3. 滤浆与调浆

滤浆的操作与豆腐制作相同。生产腐竹，对豆浆的浓度有一定的要求，浆过稀则结皮慢，耗能多；浆过浓，会直接影响腐竹的质量。一般豆浆浓度以 2% 为好。

4. 煮浆

煮浆是将调好的豆浆输入煮浆池，用蒸汽直接将浆温升至 100℃，并维持 2 ~ 3 min。

5. 挑腐竹膜

先将沸浆抹去白沫，打入平底锅中，用间接蒸汽保温在 80℃ 左右，此时浆水表面的水分大量蒸发，浆浓度逐渐提高，再加上浆料中表皮的蛋白质、脂肪、氧气相互作用，在浆体表面凝结成一层薄膜，当此膜增厚至 0.6 ~ 1.0 mm 时，用竹竿沿锅边挑起即成为温腐竹，每隔 6 ~ 10 min 即可挑起一层，如此往复，直至用尽锅内浆料为止。

6. 干燥

腐竹的干燥除可晾晒外，主要是依靠干燥设施来烘干。干燥宜在 65 ~ 70℃ 温度下进行，5 ~ 8 h 即可。成品的含水量约 8% 左右，脂肪含量为 20% ~ 30%，蛋白质含量为 40% ~ 50%。

第二节　油脂的加工

植物油脂是人类必不可少的主要膳食成分之一，具有重要的生理功能，是人体必需脂肪酸的主要来源，同时也是重要的工业原料。目前植物油脂制取方法主要有机械压榨法、溶剂浸出法及水溶剂法等。

一、毛油的制取

（一）植物油脂的预处理

通常将在制油前对油料进行清理除杂、剥壳、破碎、软化、轧坯、膨化、蒸炒等工作统称为油料的预处理。

1.油料的清理

油料清理是对利用各种清理设备去除油料中所含杂质工序的总称。植物油料中不可避免地夹带一些杂质，一般油料含杂质达 1% ~ 6%，最高可达 10%。根据油料与杂质在粒度、密度、表面特性、磁性及力学性质等物理性质上的明显差异，常用筛选、风选、磁选等方法除去各种杂质。

2.油料的剥壳及仁壳分离

大多数油料都带有皮壳，棉籽、花生、葵花籽等含壳率均在 20% 以上，必须进行剥壳处理。油料剥壳时，应根据油料皮壳性质、形状大小、仁皮结合情况等采用不同的方法，目前常用的剥壳方法有摩擦搓碾法、撞击法、剪切法、挤压法、气流冲击法等。油料经剥壳机处理后，还需进行仁壳分离，仁壳分离的方法主要有筛选和风选两种。

3.油料的破碎与软化

（1）破碎

破碎是在机械外力作用下将油料粒度变小的工序。破碎时必须正确掌握油料水分的含量，破碎设备种类多，常用的有辊式破碎机、锤片式破碎机、圆盘剥壳机等。

（2）软化

软化是调节油料的水分和温度，使油料可塑性增加的工序。目的在于调节油料的水分和温度，改变硬度和脆性，使之具有适宜的可塑性，为乳粒和蒸炒创造良好条件。对于含油率低、水分含量低的油料，软化操作必不可少。软化操作应视油料的种类和含水量，正确掌握水分调节、温度及时间的控制等方面。

4.碾坯

碾坯的目的是通过轧辊的碾压和油料细胞之间的相互作用，使油料细胞的细胞壁破坏，料坯成为片状，缩短油脂排出的路程，提高出油速度和出油率，同时有利于水热传递，加快蛋白质变性，使细胞性质改变，提高蒸炒的效果。碾坯后要求料坯厚薄均匀，大小适度，不漏油，粉末度低，并具有一定的机械强度。

5.油料生坯的挤压膨化

油料生坯的膨化浸出是一种先进的油脂制取工艺，是利用挤压膨化设备将生坯制成膨化颗粒物料的过程。生坯经挤压膨化后可直接通过浸出取油。

6.蒸炒

油料蒸炒是指生坯经过湿润、加热、蒸坯、炒坯等处理，成为熟坯的过程，按制油方法和设备的不同，一般分为两种。

（1）湿润蒸炒

湿润蒸炒指生坯先经湿润，水分达到要求后再进行蒸坯、炒坯，使料坯水分、温度及结构性能满足压榨或浸出制油的要求。湿润蒸炒按湿润后料坯水分不同可分为一般湿润蒸炒和高水分蒸炒。一般湿润蒸炒料坯湿润后水分含量不超过13%～14%，适用于浸出法制油以及压榨法制油；高水分蒸炒料坯湿润后水分一般可高达16%，适用于压榨法制油。

（2）加热蒸坯

加热蒸坯指生坯先经加热或干蒸，再用蒸汽蒸炒，是将加热与蒸坯结合的蒸炒方法。主要应用于人力螺旋压榨制油、液压式水压机制油、土法制油等小型油脂加工厂。

（二）植物毛油的提取

油脂的提取主要有机械压榨法、浸出法与水溶剂法制油三种方式。

1.机械压榨法制油

机械压榨法制油就是借助机械外力把油脂从料坯中挤压出来的过程。压榨法取油与其他取油方法相比具有以下特点：工艺简单，配套设备少，对油料品种适应性强，生产灵活，油品质量好，色泽浅，风味纯正。但压榨后的料饼残油量高，出油效率较低，动力消耗大，零件易损耗。

在压榨取油过程中，料坯粒子受到强大的压力作用，致使油脂从榨料空隙中被挤压出来，而榨料粒子经弹性变形形成坚硬的油饼。影响压榨制油效果的因素主要包括榨料结构与压榨条件两方面。

榨料结构性质主要取决于油料本身的成分和预处理效果，榨料中被破坏细胞的数量愈多愈好。榨料颗粒大小应适当，过大过小都不利于出油。榨料要有适当的水分、必要的温度和足够的可塑性。

压榨条件即工艺参数（压力、时间、温度、料层厚度、排油阻力等），是提高出油效率的决定因素。

2.溶剂浸出法制油

溶剂浸出法制油就是用溶剂将含有油脂的油料料坯进行浸泡或淋洗，使料坯中的油脂被萃取溶解在溶剂中，经过滤得到含有溶剂和油脂的混合油，加热混合油，使溶剂挥发并与油脂分离得到毛油，毛油经水化、碱炼、脱色等精炼工序，成为符合标准的食用油脂。挥发出来的溶剂气体经过冷却回收可循环使用。

浸出制油工艺包括直接浸出取油和预榨浸出取油2种。直接浸出取油是油料经一次浸出，浸出油脂之后，油料中残留油脂量就可以达到极低值，该取油方法常限于加工大豆等含油量在20%左右的油料。预榨浸出取油是对一些含油量在30%～50%的高油料进行加工，在浸出取油之前，先采用压榨取油，提取油料内85%～89%的油脂，并将产生的饼粉碎成一定粒度后，再进行浸出取油，棉籽、菜籽、花生、葵花柱等高油料，均采用此法取油。

浸出法制油工艺一般包括预处理、油脂浸出、湿粕脱溶、混合油蒸发和汽提、溶剂回收等工序。

（1）油脂浸出

将经预处理后的料坯送入浸出设备完成油脂萃取分离的任务，经油脂浸出工序分别获得混合油和湿粕。

（2）湿粕脱溶

从浸出设备排出的湿粕必须进行脱溶处理，才能获得合格的成品粕。湿粕脱溶通常采用加热解吸的方法，使溶剂受热汽化与粕分离。

（3）混合油蒸发和汽提

从浸出设备排出的混合油由溶剂、油脂、非油物质等组成，经蒸发、汽提，从混合油中分离出溶剂而获得浸出毛油。混合油蒸发是利用油脂与溶剂的沸点不同，将混合油加热至溶剂沸点温度，使溶剂汽化与油脂分离。混合油蒸发一般采用二次蒸发法，第一次蒸发使混合油质量分数由20%～25%提高到60%～70%，第二次蒸发使混合油质量分数达到90%～95%。混合油汽提是指混合油的水蒸气蒸馏，能使高浓度混合油的沸点降低，从而使混合油中残留的少量溶剂在较低温度下尽可能地完全地被脱除。

（4）溶剂回收

油脂浸出生产过程中的溶剂回收包括溶剂气体冷凝和冷却、溶剂和水分离、废水中溶剂回收、废气中溶剂回收等。

3.水溶剂法制油

水溶剂法制油是根据油料特性，水、油物理化学性质的差异，以水为溶剂，采取一些加工技术将油脂提取出来的制油方法。根据制油原理及加工工艺的不同，水溶剂法制油有水代法制油和水剂法制油两种。

（1）水代法制油

水代法制油是利用油料中非油成分对水和油的亲和力不同以及油水之间的密度差，经过一系列工艺过程，将油脂和亲水性的蛋白质、碳水化合物等分开。

（2）水剂法制油

水剂法制油是利用油料蛋白（以球蛋白为主）溶于稀碱水溶液或稀盐水溶液的特性，借助水的作用，把油、蛋白质及碳水化合物分开。水剂法制油主要用于花生制油，同时可提取花生蛋白粉。

二、油脂的精炼

经压榨或浸出法得到的、未经精炼的植物油脂一般称之为毛油（粗油），其主要成分是混合脂肪酸甘油三酯（俗称中性油），此外还含有数量不等的非甘油三酯成分，即油脂的杂质。这些杂质并非对人体都有害，油脂精炼的目的是根据不同用途与要求，除去油脂中的有害成分，并尽量减少中性油和有益成分的损失。

（一）杂质类型

油脂的杂质一般分为五大类，包括机械杂质（泥沙、料坯粉末、饼渣、纤维、草屑）、水分、胶溶性杂质（磷脂、蛋白质、糖类、树脂和黏液物等）、脂溶性杂质（游离脂肪酸、色素、甾醇、生育酚、烃类、蜡、酮等）和其他微量杂质（微量金属、农药、多环芳烃、黄曲霉毒素等）。

（二）机械杂质的去除

1.沉降法

利用油和杂质间的密度不同借助重力将其自然分开的方法称为沉降法。该法所用设备简单，凡能存油的容器均可利用，但沉降时间长，效率低，生产中已很少采用。

2.过滤法

借助重力、压力、真空或离心力的作用，在一定温度条件下使用滤布过滤的方法称为过滤法，油能通过滤布而杂质留存在滤布表面从而达到去除杂质的目的。

3. 离心分离法

利用离心力的作用进行过滤分离或沉降分离油渣的方法称离心分离法，该法分离效果好，处理能力大，滤渣中含油少，但设备成本较高。

（三）脱胶

脱除油脂中胶体杂质的工艺过程称为脱胶，毛油中的胶体杂质以磷脂为主，故油厂常将脱胶称为脱磷。脱胶的方法有水化法、加热法、加酸法、吸附法等。

水化脱胶工艺分为间歇式和连续式两种，间歇式脱胶的工艺流程为：过滤毛油→预热→加水水化→静置沉淀→分离→水化油→加水脱水→脱胶。

加酸脱胶就是在毛油中加入一定量的无机酸或有机酸，使油中的非亲水性磷脂转化为亲水性磷脂或使油中的胶质结构变得紧密，达到容易沉淀和分离目的的一种脱胶方法，所用酸包括磷酸、硫酸等。

（四）脱酸

包括碱炼法脱酸和蒸馏脱酸，通常采用碱炼法脱酸。

碱炼法脱酸是利用加碱中和油脂中的游离脂肪酸，生成脂肪酸盐和水，脂肪酸盐吸附部分杂质而从油中沉降分离的一种精炼方法，形成的沉淀物称皂角。

蒸馏脱酸法又称为物理精炼，这种方法不用碱液中和，而是借甘油三酯和游离脂肪酸相对挥发度的不同，在高温、高真空下进行水蒸气蒸馏，使游离脂肪酸与低分子物质随着蒸汽一起排出，该法适合于高酸价油脂。

（五）脱色

纯净的甘油三酸酯呈液态时无色，呈固态时为白色，但油脂因含有数量和品种不同的色素物质而带有不同的颜色，影响油脂的外观和稳定性。工业生产中应用最广泛的油脂脱色法是吸附脱色法，此外还有加热脱色法、氧化脱色法、化学试剂脱色法等。

（六）脱臭

纯净的甘油三酸酯是没有气味的，脱臭的目的主要是除去油脂中引起臭味的物质，除去这些不良气味。脱臭的方法有真空蒸汽脱臭法、气体吹入法、加氢法、聚合法和化学药品脱臭法等。真空蒸汽脱臭法是利用油脂内的臭味物质和甘油三酸酯挥发度的差异，在高温、高真空条件下，借助水蒸气蒸馏原理，使油脂中引起臭味的挥发性物质在脱臭器内与水蒸气一起逸出而达到脱臭的目的。气体吹入法是将油脂放置在直立的圆筒罐内，先加热到一定温度（即不起聚合作用的温度范围内），然后吹入与油脂不起反应的惰性气体（如二氧化碳、氮气等），油脂中所含挥发性物质随气体的挥发而除去。

（七）脱蜡

某些油脂中含有较多的蜡质，即一元脂肪酸和一元醇结合的高分子酯类。脱蜡是根据蜡与油脂熔点的差异、蜡在油脂中的溶解度随温度降低而变小的物理性质，通过冷却析出晶体蜡，再经过滤或离心分离而达到蜡油分离的目的。脱蜡的方法有常规法、碱炼法、表面活性剂法、凝聚剂法及综合法等。

三、油脂的深加工

油脂深加工的目的是生产专用油脂，如氢化油、人造奶油、起酥油等，使油脂具有起酥性、可塑性与酪化性，满足人们对食用油脂制品的需求。起酥性是指使食品具有酥脆易碎的性质，对饼干、薄脆饼及酥皮等烘烤食品十分重要。可塑性是指油脂在外力的作用下可以改变形状，甚至可以像液体一样流动的性能。酪化性是指经过搅拌把空气打入油脂中，使油脂体积增大的性能。

（一）氢化油

在金属催化剂的作用下，将氢加到甘油三酸酯的不饱和脂肪双键上，称为油脂氢化。氢化是使不饱和的液态脂肪酸加氢成为饱和固态的过程。反应后的油脂，碘值下降，熔点上升，固体脂数量增加，被称为氢化油或硬化油。根据加氢反应程度的不同，又有轻度（选择性）氢化和深度（极度）氢化之分。轻度氢化是指在氢化反应中，采用适当的温度、压强、搅拌速度和催化剂，使油脂中各种脂肪酸的反应速度具有一定选择性的氢化过程，主要用来制取油脂深加工产品的原料脂肪。极度氢化是指通过加氢，将油脂分子中的不饱和脂肪酸全部转变成饱和脂肪酸的氢化过程，主要用于制取工业用油。

影响氢化反应的因素很多，如温度、压力、搅拌速度、原料质量、氢气质量和数量、反应时间、催化剂活性和添加数量等，在同一种油脂和催化剂条件下，选择不同参数，可生产出不同的氢化油。

（二）人造奶油

人造奶油是油相（油脂和油溶性添加剂）与水相（水和水溶性添加剂）的乳状油脂制品，是水在油中的乳状液经塑化或不经塑化的制品。人造奶油分为家庭用人造奶油和食品工业用人造奶油两大类。生产人造奶油的主要原料是精炼、氢化处理后的各种植物油、动物脂肪、鱼脂肪等，辅助原料有食盐、色素、香精、维生素、乳制品及乳化剂、防腐剂、抗氧化剂等，其中油相占 80%，水相占 16%，添加剂占 4%。

（三）起酥油

起酥油是指精炼的动、植物油脂、氢化油或这些油脂的混合物经速冷捏或不经速冷捏和而加工出来的油脂产品，是具有可塑性、乳化性等加工性能的固态或流动性制品，和人造奶油的区别主要在于起酥油中没有水相。起酥油不是直接食用的油脂，是作为饼干、面包、糕点等加工用的原料，除了具有起酥性外，还要求起酥油具有良好的食品加工性能，如可塑性、酯化性等。起酥油的主要原料是油脂，此外还有乳化剂、抗氧化剂、消泡剂、氮气等。

生产起酥油时，首先将油脂和添加剂在混合罐中预先混合均匀，然后使配合好的热油（约60℃）进入计量罐，氮气或空气则由气阀控制定量地与油脂同时进入齿轮泵，在齿轮泵的搅动下使氮气在油中分散成细小的气泡，物料在泵的压力下进入水预冷管冷却至50℃左右，再连续通过冷却塑化装置，油脂开始生成结晶，并同时被旋转的刮板强烈搅动，然后再被充分捏和塑化，最后通过挤压阀由齿轮栗排出，装入容器。起酥油排出时由于压力突然降低，使油中分散的气泡膨胀，结果失去透明度，变成白色光滑的奶油状，起初呈流体状，装入容器不久则变成膏状。

生产出的起酥油还需要进行熟化处理，即将起酥油在低于熔点的温度下放置 1～4 d，使产品中的 α-型结晶转变成 β-型结晶，提高起酥油的酥化性能。

第三节　焙烤食品加工

焙烤食品泛指用面粉及各种粮食及其半成品与多种辅料相调配，经过发酵或直接用高温焙烤，或油炸而成的一系列香脆可口的食品。其品种花色多，营养丰富，风味诱人，食用方便，主要包括饼干、面包、糕点、月饼、方便面、膨化食品等。

焙烤食品分为许多类，而每一类又分为不同的花色品种，它们之间既存在着同一性，又有各自的特性。归纳起来焙烤食品一般具有以下特点：① 所有焙烤制品均以谷类原料为基础原料。② 大多数焙烤制品以油、糖、蛋等作为主要辅助原料。③ 所有焙烤制品的成熟和定型均采用焙烤工艺。④ 焙烤制品不需调理就能直接食用，是一种冷热皆宜的方便食品。⑤ 所有焙烤制品均属固态食品。

一、面包的加工

面包是以小麦粉、酵母和水为基本原料，添加适量糖、盐、油脂、乳品、鸡蛋、果料、添加剂等，经搅拌、发酵、整形、醒发、烘烤等工序制成的组织松软的烘焙食品。

（一）面包的分类

1.按面包的柔软度分类

（1）硬式面包

如法国棍式面包、荷兰面包、维也纳面包、英国面包以及我国生产的大列巴等。

（2）软式面包

大部分亚洲和美洲国家生产的面包，如汉堡包、热狗、三明治等，我国生产的大多数面包均属于软式面包。

2.按质量档次和用途分类

（1）主食面包

主食面包亦称配餐面包，配方中辅助原料少，主要原料为面粉、酵母、盐和糖，含糖量不超过面粉的7%。

（2）点心面包

点心面包亦称高档面包，配方中含有较多的糖、奶油、奶粉、鸡蛋等高级原料。

3.按成型方法分类

（1）普通面包

成型比较简单的面包。

（2）花色面包

成型比较复杂、形状多样化的面包，如各种夹馅面包、起酥面包等。

（二）面包加工的原辅料

面包加工的原料主要有面粉、酵母、食盐和水，辅料有脂肪、糖、牛奶或奶粉、蛋等及氧化剂、酶制剂、表面活性剂等添加剂。

1.面粉

面粉是面包生产中最主要的成分，其作用是形成持气的黏弹性面团。面粉中的麦胶蛋白和麦谷蛋白两种面筋性蛋白质对面团形成关系重大，面筋性蛋白质遇水迅速吸水胀润形成坚实的面筋网状结构（即湿面筋），它具有特别的黏性和延伸性，形成了面包工艺中各种独特的理化性质。

生产面包宜采用筋力较高的面粉，国内面包专用粉的要求为：精制级要求湿面筋含量 > 33%，粉质曲线稳定时间 > 10 min，降落数值 250 ~ 350 s，灰分 < 0.60%；普通级要求湿面筋含量达到 30% 以上，粉质曲线稳定时间 7 min，降落数值 250 ~ 350 s，灰分 0.75%。

2. 酵母

酵母是面包生产中的基本配料，主要作用是将可发酵的碳水化合物转化为 CO_2 和酒精，转化所产生的 CO_2 使面团起发，生产出柔软蓬松的面包，并产生香气和优良风味。现在广泛采用即发活性干酵母进行面团发酵。

3. 食盐

食盐除具有调味作用外，还具有控制发酵速度、增加面筋筋力和改善内部色泽的作用，一般用量约为面粉重的 1% ~ 2%。

4. 水

面包生产用水应符合食品加工的卫生要求，并且要求中等硬度（8 ~ 10 度）、呈微酸性（pH 5 ~ 6）。

5. 食糖、油脂、蛋品、乳品、果料

普通面包一般只添加适量的食糖和油脂，花式面包除了添加食糖、油脂外，还应添加一定量的蛋品、乳品和果料等。

6. 面质改良剂

主要有氧化剂、乳化剂、酶制剂、硬度和 pH 值调节剂等，用以改善面团的综合特性。

（三）生产工艺及配方

1. 生产工艺

面包生产工艺有一次发酵法、二次发酵法、快速发酵法、液体发酵法、冷冻面团法等。

（1）一次发酵法（直接法）

一次发酵法的优点是发酵时间短，设备利用率及生产效率高，产品的咀嚼性、风味好；缺点是面包的体积小，易于老化，批量生产时，工艺控制相对较难，一旦搅拌或发酵过程中出现失误，将无法弥补。

（2）二次发酵法（中间法）

二次发酵法的优点是面包体积大，表皮柔软，组织细腻，具有浓郁的芳香风味，且成品老化慢；缺点是投资大，生产周期长，效率较低。

（3）快速发酵法（不发酵法）

快速发酵法是指发酵时间很短（20 ~ 30 min）或根本无发酵的一种面包加工方法，整个生产周期只需 2 ~ 3 h。其优点是生产周期短，生产效率高，投资少，可用于特殊情况或应急情况下的面包供应；缺点是成本高，风味相对较差，保质期较短。

2.面包的基本配方

（1）一次发酵法

面粉100%，水50%～65%，即发酵母0.5%～1.5%，食盐1%～2.0%，糖2%～12%，油脂2%～5%，奶粉2%～8%，面包添加剂0.5%～1.5%。

（2）二次发酵法。

①种子面团：面粉60%～80%，水36%～48%，即发酵母0.3%～1%，酵母食物0.5%。

②主面团：面粉20%～40%，水12%～14%，糖10%～15%，油脂2%～4%，奶粉5%～8%，食盐1%～2%，鸡蛋4%～6%。

（3）快速发酵法

面粉100%，水50%～60%，即发酵母0.8%～2%，食盐0.8%～1.2%，糖8%～15%，油脂2%～3%，鸡蛋1%～5%，奶粉1%～3%，面包添加剂0.8%～1.3%。

不同生产企业或不同面包品种在配料上略有不同。

（四）操作要点

1.面团的搅拌

面团搅拌也称调粉或和面，是指在机械力的作用下，将各种原辅料充分混合，面筋蛋白和淀粉吸水润胀，最后得到具有良好黏弹性、延伸性、柔软而光滑的面团的过程。面团搅拌是影响面包质量的决定因素之一。面团搅拌成熟的标志是面团表面光滑、内部结构细腻，手拉可成半透明的薄膜。

2.面团的发酵

发酵是面包生产的关键工序，是使面包获得气体、实现膨松、增大体积、改善风味的基本手段。

温度为28～30℃，相对湿度80%～85%。一次发酵法的发酵时间约为2.5～3h，二次发酵法的种子面团的发酵时间为4～5h。发酵时间因使用的酵母（鲜酵母、干酵母）、酵母用量及发酵方式的不同而差别较大。

3.面包的整形

面包的整形即将发酵好的面团通过称量分割成一定形状的面包坯，整形包括分块、称量、搓圆、中间醒发、压片、成型、装盘或装模等工序。在整形期间，面团仍进行着发酵过程，整形室的条件是温度26～28℃，相对湿度85%。

4.最后醒发

最后醒发即将成型后的面包坯经最后一次发酵使其达到应有的体积和形

状。醒发室（箱）醒发的工艺条件为：温度 38 ~ 40℃，湿度 80% ~ 90%，时间 55 ~ 65 min。一般在醒发后或醒发前（入炉前），在面包坯表面涂抹一层液状物质，如蛋液或糖浆，可增加面包表皮的光泽，使其皮色美观。

5.面包的焙烤

焙烤是面包制作的三大基本工序之一，是指醒发好的面包坯在烤炉中成熟的过程。面团在入炉后的最初几分钟内，体积迅速膨胀，一般面团的快速膨胀期不超过 10 min。焙烤过程主要是使面团中心温度达到 100℃，水分挥发，面包成熟，表面上色。

6.冷却包装

必须将面包中心冷却至接近室温时才可包装，面包经包装后可避免失水变硬，保持新鲜度，有利于卫生和增进美观。烘烤完毕的面包，应采用自然冷却或通风冷却的方法使中心温度降至 35℃左右，再进行切片或包装。

二、饼干的加工

饼干是以小麦粉为主要原料，加入糖、油脂及其他辅料，经过配料、打粉、醒发、成型、烘烤而制成的，水分含量低于 6.5% 的松脆食品。具有质感疏松、营养丰富、水分含量少、体积轻、便于包装携带且耐贮存等优点，已作为军需、旅行、野外作业、航海、登山等方面的重要食品。

（一）饼干的分类

1.按工艺不同分类

（1）韧性饼干

韧性饼干所用原料中油脂和砂糖的用量较少，调制面团时易形成面筋，然后采用辊轧的方法对面团进行延展整形，切成薄片状烘烤，这样可形成层状的面筋组织，焙烤后饼干断面是比较整齐的层状结构。成品极脆，容重轻。

（2）酥性饼干

调制面团时砂糖和油脂的用量较多，加水极少。在调制面团操作时，搅拌时间较短，尽量不使面筋过多地形成，常用凸花无针孔印模成型。成品酥松，一般感觉较厚重，常见的品种有甜饼干、挤花饼干、小甜饼、酥饼等。

（3）发酵饼干

如苏打饼干，苏打饼干的制作特点是先在一部分小麦粉中加入酵母，然后调成面团，经较长时间发酵后加入其余小麦粉，再经短时间发酵后整形。

2.按成型不同分类

按照饼干成型方法可分为冲印成型饼干、辊印成型饼干、挤出成型饼干、挤浆（花）成型饼干、钢丝切割成型饼干等。

（二）原辅料的预处理

饼干生产的主要原料是面粉，此外还有糖、淀粉、油脂、乳品、蛋品、香精、膨松剂等辅料。

1.面粉

生产不同类型的饼干对面粉质量的要求不同。生产韧性饼干，宜使用湿面筋含量在24%～36%的面粉；生产酥性饼干，以使用湿面筋含量在24%～30%的面粉为宜。

面粉在使用前必须过筛，使面粉形成微小颗粒，清除杂质，并使面粉中混入一定量的空气，面团发酵时有利于酵母的增殖，制成的饼干较为酥松。在过筛装置中需要增设磁铁，以便去除磁性杂质。面粉的湿度，应根据季节不同加以调整。

2.糖类

一般都将砂糖磨成糖粉或溶化为糖浆使用。将砂糖溶化为糖浆，加水量一般为砂糖量的30%～40%，加热溶化时，要控制温度并经常搅拌，防止焦糊，煮沸溶化后过滤、冷却后使用。

3.油脂

普通液体植物油、猪油等可以直接使用，奶油、人造奶油、氢化油、椰子油等油脂，低温时硬度较高，可以用文火加热或用搅拌机搅拌，使之软化后使用。

4.乳品和蛋品

使用鲜蛋时，最好经过照检、清洗、消毒、干燥；牛奶要经过滤。奶粉、蛋粉最好放在油或水中搅拌均匀后使用。

5.膨松剂与食盐

膨松剂与食盐必须与面粉调和均匀。膨松剂在用水溶解之前，首先要过筛，如有硬块应该打碎、过筛，使上述物质形成小颗粒，最后溶解于冷水中。注意不要用热水以免降低膨松效果。

（三）饼干生产中的要点

1.面团调制

面团调制是将生产饼干的各种原辅料混合成具有某种特性面团的过程。饼干生产中，面团调制是最关键的一道工序，酥性饼干和韧性饼干的生产工艺不同，调制面团的方法也有较大的差别。酥性饼干的酥性面团采用冷粉酥性操作法，韧性饼干的韧性面团采用热粉韧性操作法。

（1）酥性面团调制

酥性面团要求有较大的可塑性和有限的黏弹性，不粘轧辊和模具，饼干坯应有较好的浮雕状花纹，焙烤时有一定的胀发率而又不收缩变形。要达到以上要求，必须严格控制面团调制时面筋蛋白的吸水率，控制面筋的形成数量，从而控制面团黏弹性，使其具有良好的可塑性。

投料次序是先将水、糖、油放在一起混合，乳化均匀后再将面粉加入。切忌在面团调制时随便加水，一旦加水过量，面筋大量形成，塑性变差，还可能造成大量游离水使面团发黏而无法进行后续工序。

面团调制好后，适当静置几分钟到十几分钟，使面筋蛋白水化作用继续进行，以降低面团黏性，适当增加其结合力和弹性。若调粉时间较长，面团黏弹性适中，可不进行静置立即进行成型工序。

（2）韧性面团调制

韧性面团要求具有较强的延伸性和韧性，适度的弹性和可塑性，面团应柔软光润。与酥性面团相比，韧性面团的面筋形成比较充分，但面筋蛋白仍未完全水合，面团硬度仍明显大于面包面团。

在投料顺序上，先将面粉加入到搅拌机中搅拌，然后将油、糖、蛋、奶等辅料加热水或热糖浆混匀后，缓慢倒入搅拌机中。疏松剂、香精、香料一般在面团调制后期加入，以减少分解和挥发。

韧性面团的调制时间一般在 30 ~ 35 min。对面团调制时间不能生搬硬套，应根据经验，通过判断面团的成熟度来确定。面团温度直接影响面团的流变学性质，根据经验，韧性面团温度一般在 38 ~ 40℃。面团的温度常用加入的水或糖浆来调整，冬季用水或糖浆的温度为 50 ~ 60℃，夏季为 40 ~ 45℃。

为得到理想的面团，韧性面团调制好后，一般需静置 18 ~ 20 min，以松弛形成的面筋，降低面团黏弹性，适当增加其可塑性。

（3）苏打饼干面团调制和发酵

苏打饼干是采用生物发酵剂和化学疏松剂相结合的发酵性饼干，具有酵母发酵食品的特有香味，多采用 2 次搅拌、2 次发酵的面团调制工艺。

面团的第一次搅拌与发酵，即将配方中面粉的与活化的酵母溶液混合，再加入调节面团温度的生产配方用水，搅拌 4 ~ 5 min。然后在相对湿度 75% ~ 80%、温度 26 ~ 28℃的条件下发酵 4 ~ 8 h。

第二次搅拌与发酵，即将第一次发酵成熟的面团与剩余的面粉、油脂和除化学疏松剂以外的其他辅料加入搅拌机中进行第二次搅拌，搅拌开始后，缓慢撒入化学疏松剂，使面团的 pH 值达 7.1 或稍高为止。

2. 辊轧

辊轧是将面团经轧辊的挤压作用，压制成一定厚薄的面片，便于饼干冲印成型或辊切成型，面片表面光滑、质地细腻，且在横向和纵向的张力分布均匀。这样，饼干成熟后，形状完美，口感酥脆。

3. 成型

面片经成型机制成各种形状的饼干坯，饼干成型方式有冲印成型、辊印成型、辊切成型、挤浆成型等多种成型方式。

4. 焙烤

焙烤的主要作用是降低产品水分，使其熟化，并赋予产品特殊的香味、色泽和组织结构。饼干焙烤采用可连续化生产的隧道式烤炉，整个隧道式烤炉由 5 节或 6 节可单独控制温度的烤箱组成，分为前、中和后三个烤区。前区一般使用较低的焙烤温度，为 160～180℃，中区是焙烤的主区，焙烤温度为 210～220℃，后区温度为 170～180℃。

焙烤的温度和时间，随饼干品种与块形大小的不同而异，对于配料、大小和厚薄不同的饼干，焙烤温度和时间都不相同。韧性饼干采用低温长时间焙烤，酥性饼干采用高温短时焙烤。苏打饼干入炉初期底火应旺，面火略低，进入烤炉中区后，要求面火逐渐增加而底火逐渐减弱，这样可使饼干膨胀到最大限度并将其体积固定下来，以获得良好的产品。

5. 冷却

在夏秋春季，可采用自然冷却法，温度是 30～40℃，室内相对湿度 70%～80%。如要加速冷却，可以使用吹风，但空气流速过快，会使水分蒸发过快，饼干易破裂。

6. 包装及贮藏

饼干的包装材料有马口铁、聚乙烯塑料袋、蜡纸等。饼干适宜的贮藏条件是低温、干燥、空气流通好、避免日照的场所，库温应在 20℃左右，相对湿度以不超过 70%～75% 为宜。

三、蛋糕的加工

蛋糕是以鸡蛋、糖、面粉和油脂为主要原料，经打蛋、调糊和烘烤等工序制成的组织松软的糕点食品。根据配料中主要成分含量、调糊和造型操作的特点，一般可分为清蛋糕型、油蛋糕型、复合型和裱花型等。清蛋糕又称为海绵蛋糕，由于成熟方法不同，分为烘蛋糕和蒸蛋糕。下面介绍烘蛋糕的加工工艺。

（一）主要原理

海绵蛋糕是充分利用鸡蛋中蛋白（蛋清）的起泡性能，使蛋液中充入大量的空气，加入面粉烘烤而成的一类膨松点心。在打蛋机的高速搅拌下，降低了蛋白的表面张力，增加了蛋白的黏度，将大量空气均匀地混入蛋液中，同时形成了一层十分牢固的变性蛋白薄膜，将混入的空气包裹起来，并逐渐形成大量蛋白泡沫。面糊入炉烘烤后，随着炉温升高，气泡内空气及水蒸气受热膨胀，促使蛋白膜继续扩展，待温度达到80℃以上时，蛋白质变性凝固，淀粉完全糊化，蛋糕随之而定型。

（二）工艺流程

原料处理→打蛋→调糊→入模→烘烤→冷却→脱模→成品

（三）操作要点

1.原料的要求及处理

（1）鸡蛋

鸡蛋是蛋糕制作的重要原料，最好使用新鲜鸡蛋，工厂化生产中也有使用冰蛋和蛋粉的。

（2）糖类

一般使用白砂糖、绵白糖、蜂蜜、饴糖和淀粉糖浆等。白砂糖要求纯度高，蔗糖含量在99%以上，糖色洁白明亮，颗粒均匀，松散干燥，不含带色糖粒和糖块。

（3）面粉

通常用于加工蛋糕的面粉是低筋粉或蛋糕专用粉，要求湿面筋不低于22%。

（4）油脂

多使用色拉油和奶油。

（5）膨松剂

常用的化学膨松剂有泡打粉、小苏打等，主要作用是增加体积，使结构松软，内部气孔均匀。

（6）蛋糕油

蛋糕油又称蛋糕乳化剂或蛋糕起泡剂，可以缩短打蛋时间，且使成品外观和组织更加均匀细腻，入口更润滑。添加量一般是鸡蛋的3%～5%。

2.打蛋液

打蛋液是将鸡蛋液、白砂糖等放入打蛋机内进行快速搅拌。将全蛋液（蛋白液）、白砂糖加入打蛋机中快速搅打20 min，使蛋、糖溶解均匀，充入大量空气，形成大量乳白色泡沫。

3.调糊

打蛋结束后,加入水、香精和膨松剂,搅打约1 min,加入面粉,低速搅动均匀,约需1 min。

4.入模成型

调好的蛋糊要及时入模烘烤,不可放置过久。蛋糕成型均用铁皮模,入模前注意先将炉盘洒点水烤热,然后将模子均匀地刷上一层油,以防熟后粘模而挑碎。

5.烘烤

蛋糕烘烤温度和时间要依据蛋糕配方种类、形态大小和烤炉特性而决定。一般海绵蛋糕的烘烤温度为180 ~ 230℃,要求底火大、面火小、炉温稳定。进炉时温度为160 ~ 180℃,使蛋糊涨满铁皮模;约10 min后升到200℃,使糕坯定型、上色而成熟;出炉温度为230℃。成熟以后,抽出烤盘,冷却,装箱。

四、面条类食品

(一)挂面

挂面由湿面条挂在面杆上干燥而得名,又称为卷面、筒子面等,是国内各类面条中产量最大、销售范围最广的品种。

1.原料和辅料

(1)面粉

挂面生产用粉的湿面筋含量不宜低于26%,最好采用面条专用粉。

(2)水

一般应使用硬度小于10度的饮用水。

(3)面质改良剂

面质改良剂主要有食盐、增稠剂、氧化剂等,应根据需要添加。

2.工艺流程

原辅料预处理→和面→熟化→压片→切条→湿切面→干燥→切断→计量→包装→检验→成品

3.操作要点

(1)和面

面粉、食盐、回机面头和其他辅料要按比例定量添加;加水量应根据面粉的湿面筋含量确定;加水温度宜控制在30℃左右;和面时间15 min,冬季宜长,夏季较短。

（2）熟化

采用圆盘式熟化机或卧式单轴熟化机对面团进行熟化、贮料和分料，时间一般为 10～15 min，要求面团的温度、水分不能与和面后相差过大。

（3）压片

一般采用复合压延和异径辊轧的方式进行压片。

（4）切条

切条成型由面刀完成，面刀的加工精度和安装使用往往与面条出现毛刺、疙瘩、扭曲、并条及宽厚不一致等缺陷有关。面刀下方设有切断刀，可将湿面条横向切断。

（5）干燥

干燥是整个生产线中投资最多、技术性最强的工序，与产品质量和生产成本有极为重要的关系。

（6）切断

一般采用圆盘式切面机和往复式切刀。

（7）计量、包装

按规格计量后用纸或箱包装，以便运销。

（8）面头处理

湿面头应及时回入和面机或熟化机中；干面头可采用浸泡或粉碎法处理，然后返回和面机；半干面头一般采用浸泡法，或晾干后与干面头一起粉碎。

（二）方便面

方便面加工的基本原理是将成型后的面条通过蒸汽蒸面，使其中的蛋白质变性，淀粉高度 α 化，然后借助油炸或热风将蒸熟的面条进行迅速脱水干燥。方便面按生产工艺不同，可分为热风干燥型方便面和油炸型方便面两类。热风干燥型方便面是借助热风进行最后脱水干燥的方便面，具有干燥速度慢，α 化程度低，复水性差等缺陷，但保存期长，成本低。油炸型方便面是借助于油炸作用最后脱水干燥的方便面，具有干燥速度快，α 化程度高（可达85%），复水性好等优点，但因面条含油量高达 20% 左右，易氧化，保存期短，而且生产成本也较高。

1.原辅料

（1）面粉

生产方便面的面粉，质量要求高：水分含量 12%～14%，蛋白质含量9%～12%，湿面筋含量 28%～36%（32%～34% 为好），灰分含量 ≤ 0.5%，粉质曲线稳定时间 ≥ 4 min，降落数值 ≥ 200 s。

（2）水

水硬度 ≤ 10 度，pH 7.5 ~ 7.5，碱度 ≤ 50 mg/kg，铁 ≤ 0.1 mg/kg，猛 ≤ 0.1 mg/kg。

（3）油脂

选用油炸用油时，首先应考虑油脂的稳定性，其次为风味、色泽、熔点等。生产上多采用棕榈油作为油炸方便面用油。

（4）抗氧化剂

为防止油脂氧化变质，应在炸油中适当加入叔丁基羟基茴香醚（BHA）、二丁基羟基甲苯（BHT）或天然抗氧化剂。

（5）面质改良剂

主要有复合磷酸盐、食盐、碳酸钾或纯碱、乳化剂、增稠剂、增筋剂、鸡蛋等。

2. 生产工艺流程

（1）热风干燥型方便面

配料→调粉→熟化→复合压片→辊切→波纹成型→蒸面→喷淋着味→热风干燥→整理包装

（2）油炸型方便面

配料→调粉→熟化→复合压片→辊切→波纹成型→蒸面→油炸→冷却→整理包装

3. 操作要点

（1）配料

方便面基本配方可根据实际风味适当调整。

（2）调粉

先将面粉和玉米淀粉加入和面机，然后加入混合水和色拉油开始搅拌，食盐、纯碱和味精等预先溶于水，过滤后盛于储罐，用泵定量打入和面机，25 kg 面粉约加 8 kg 混合水，水温保持在 20 ~ 30℃，和面机低速（70 ~ 110 r/min）长时搅拌，搅拌时间为 15 ~ 20 min，和面的质量主要靠感官和经验来判断，要求和好的面团料坯为均匀颗粒状，如散豆腐渣状。

（3）熟化

面团"熟化"，即在低温下"静化"半小时，以改善面团的黏弹性和柔软性，有利于面筋的形成和面团均质化。

（4）压片

压片具有使面团成型，使面条中面筋的网状组织达到均匀分布的作用。一般采用复合压延和异径辊轧的方式进行，技术参数同挂面生产。

（5）切条及波纹成型

切条及波纹成型就是生产出一种具有独特的波浪形花纹的面条，其主要目的是防止直线型面条在蒸煮时会黏结在一起，且折花后脱水快，食用时复水时间短。面条波纹的形成通常由波纹成型机来完成。

（6）蒸面

蒸面的目的是使淀粉受热糊化和蛋白质变性，面条由生变熟。蒸面是在连续式自动蒸面机上进行的。蒸面机有水平式和倾斜式两种，蒸面一般采用倾斜式连续蒸面机，蒸汽压力为 0.15 ~ 0.2 MPa，机内温度 95 ~ 98℃，蒸面时间 90 ~ 120 s，面条 α 化程度可达 85% 以上。

（7）喷淋着味

将面浸入调味液或喷涂调味液使之入味，该工序有的设在蒸面与切断之间，有的设在入模与干燥之间。生产调味方便面时，方法为喷淋或浸渍调味液。

（8）切断、折叠、入模

从连续蒸面机出来的熟面带被旋转式切刀和托辊按一定长度切断，即完成面块的定量操作。接着，折叠导板将切断后的面块齐腰对折（生产碗装面无须对折），并由入模装置输入到油炸锅或热风干燥机的模盒中。

（9）热风干燥

广泛采用往返式链盒干燥机，热风温度为 70 ~ 80℃，相对湿度 ≤ 70%，干燥时间约 45 min，干燥后面块水分含量 ≤ 12.5%。

（10）油炸干燥

油炸设备为自动油炸锅，主要技术参数为：前温 130 ~ 135℃，中温 140 ~ 145℃：，后温 150 ~ 155℃，油炸时间 70 ~ 80 s，炸油周转率 ≤ 16 h，油位高出模盒 15 ~ 20 mm，油炸后面块水分含量 <10%。

（11）整理、冷却、包装

冷却的目的主要是为了便于包装和贮存，防止产品变质。用符合卫生要求的复合塑料薄膜（袋装面）或聚苯乙烯泡沫塑料（碗装面）完成包装，后者将逐渐被可降解材料代替。

（12）调味料的配制

制备调味汤料是方便面生产的重要组成部分，是决定产品营养价值和口味的关键，亦关系到产品的档次和等级。汤料的种类按其内容物可分为粉包、菜包、酱包等，常用的有鸡肉汤料、牛肉汤料、三鲜汤料、麻辣汤料等。所用原料根据其性能和作用，可分为咸味料、鲜味料、天然调味料、香辛料、香精、甜味料、酸味料、油脂、脱水蔬菜、着色剂、增稠剂等。各种原料的比例应遵循一定规律并结合丰富的调味经验来确定。

第九章　果蔬的加工技术

　　果蔬罐藏制品、汁制品、糖制品、干制品等加工的基本原理及工艺流程，重点掌握各制品加工的关键控制点及预防措施，学会各类制品加工的基本操作技能。

　　果蔬加工技术是指根据果蔬的不同特性对果蔬进行加工，目的是为了提高果蔬的保藏价值及经济价值，充分发挥果蔬作为食品的优良特性。

第一节　罐藏制品

　　食品罐藏就是将原料经预处理后装入密封容器，经排气、密封、杀菌、冷却等一系列过程制成的产品。罐藏加工技术是由尼克拉·阿培尔在18世纪发明的，距今已经有200多年的历史，当初由于对引起食品腐败变质的原因还没有认识，故技术上发展较慢，直到1864年巴斯德发现了微生物，为罐藏技术奠定了理论基础，才使罐藏技术得到较快发展，并成为食品工业的重要组成部分。

　　罐藏制品的共同特点为：必须有一个能够密闭的容器（包括复合薄膜制成的软袋）；必须经过排气、密封、杀菌、冷却这四道工序；从理论上讲必须杀死致病菌、腐败菌、产毒菌，达到商业无菌，并使酶失活。

一、罐藏制品的加工原理

　　罐藏食品能长期保藏主要是借助罐藏条件（排气、密封、杀菌）杀灭罐内引起败坏、产毒、致病的微生物，破坏原料组织中酶的活性，并保持密封状态，使食品不再受外界微生物污染来实现的。

（一）影响杀菌的因素

　　杀菌是罐藏工艺中的关键工序，影响杀菌效果的因素主要是微生物，包括需氧性芽孢杆菌、厌氧性芽孢杆菌、非芽孢细菌、酵母菌和霉菌等。

　　1.微生物

　　微生物的种类、抗热力和耐酸能力对杀菌效果有不同的影响，但杀菌还受其他因素的影响。果蔬中细菌的数量，尤其是孢子存在的数量越多，抗热能力越强。果蔬所处环境条件可改变芽孢的抵抗能力，干燥能增加芽孢的抗热力，而冷冻有减弱抗热力的趋势。在微生物一定的情况下，随着杀菌温度的提高，杀菌效率会升高。

2.果蔬原料特点

果蔬原料的品种繁多，组织结构和化学成分不一。

（二）罐头杀菌的理论依据

在罐头食品杀菌中，酶类、霉菌类和酵母菌类是比较容易控制和杀灭的，罐头热杀菌的主要对象是抑制在无氧或微量氧条件下，仍然活动且产生孢子的厌氧性细菌，这类细菌的孢子抗热力是很强的。理论上，要完成杀菌的要求就必须考虑到杀菌温度和时间的关系。

热致死时间就是作为杀菌操作的指导数据，是指罐内细菌在某一温度下被杀死所需要的时间。热对细菌致死的效应是操作时温度与时间控制的结果，温度越高，处理时间越长，效果越显著，但同时也提高了对食品营养的破坏作用。

二、罐藏容器

容器对罐藏食品的保存有重要作用，应具备无毒、耐腐蚀、能密封、耐高温高压、不与食品发生化学反应、质量轻、便于携带等条件。

三、工艺流程

原料→预处理（选别）→分级→清洗→去皮→切分、去核→烫漂→抽真空→装罐→注入汤汁或不注→排气（抽气）→密封→杀菌→冷却→保温处理→贴标→成品

四、关键控制点及预防措施

（一）原料选择

原料选择，是保证制品质量的关键。一般要求原料具备优良的色、香、味，糖酸含量高，粗纤维少，无不良风味，耐高温等。水果常用的原料有柑橘、桃、梨、杏、菠萝等；蔬菜常用的原料有竹笋、石刁柏、四季豆（青刀豆）、甜玉米、蘑菇等。

（二）原料预处理

预处理的目的是为了剔除不适的和腐烂霉变的原料，去除果蔬表面的尘土、泥沙、部分微生物及残留农药，并按原料大小、质量、色泽和成熟度进行分级、

去皮、去核、去心并修整，然后烫漂的操作。

（三）装罐

1.空罐的准备

空罐在使用之前应检查，要求罐型整齐，缝线标准，焊缝完整均匀，罐口和罐盖边缘无缺口或变形，马口铁皮上无锈斑或脱锡现象。玻璃罐应形状整齐，罐口平坦光滑无缺口，罐口正圆，厚度均匀，玻璃内无气泡裂纹。

2.填充液配制

目前生产的各类水果罐头，要求产品开罐后糖液浓度为14%～18%，大多数罐装蔬菜装罐用的盐水含盐量2%～3%。填充液的作用包括：调味；充填罐内的空间，减少空气的作用；有利于传热，提高杀菌效果等。生产上使用的主要是蔗糖，另外还有果葡糖浆、玉米糖浆、葡萄糖等，常用直接法和稀释法进行配制。

3.装罐

原料准备好后应尽快装罐。装罐的方法有人工装罐和机械装罐两种。装罐时注意合理搭配，力求做到大小、色泽、形态、成熟度等均匀一致，排列式样美观。同时要求装罐量必须准确，净重偏差不超过±3%。

4.排气

原料装罐注液后、封罐前要进行排气，将罐头和组织中的空气尽量排除，使罐头封盖后能形成一定程度的真空度以防止败坏，有助于保证和提高罐头食品的质量。为了提高排气效果，在排气前可以先进行预封。所谓预封就是用封口机将罐身与罐盖初步钩连上，其松紧程度以能使罐盖沿罐身旋转而不会脱落为度。

5.密封

密封是使罐头与外界隔绝，不致受外界空气及微生物污染而引起败坏。排气后要立即封罐，封罐是罐头生产的关键环节。不同种类、型号的罐，使用不同的封罐机。封罐机的类型很多，有半自动封罐机、自动封罐机、半自动真空封罐机、自动真空封罐机等。

6.杀菌

罐头食品在装罐、排气、密封后，罐内仍有微生物存在，会导致内容物的腐败变质，所以在封罐后必须迅速杀菌。罐头杀菌一般分为低温杀菌和高温杀菌两种。低温杀菌，又称常压杀菌，温度在80～100℃，时间10～30 min，适合于含酸量较高（pH值在4.6以下）的水果罐头和部分蔬菜罐头。高温杀菌，又称高压杀菌，温度105～121℃，时间40～90 min，适用于含酸量较少（pH值4.6以上）和非酸性的肉类、水产品及大部分蔬菜罐头。在杀菌中热传导介质一般采用热水和热蒸汽。

7.冷却

杀菌后的罐头应立即冷却，如果冷却不够或拖延冷却时间会引起不良现象的发生，如罐头内容物的色泽、风味、组织、结构受到破坏，促进嗜热性微生物的生长等。罐头杀菌后一般冷却到 38 ～ 42℃即可。

8.保温处理

将杀菌冷却后的罐头放入保温室内，中性或低酸性罐头在 37℃下保温一周，酸性罐头在 25℃下保温 7 ～ 10 d，未发现胀罐或其他腐败现象，即检验合格。

9.成品的贴标包装

保温处理合格后就可以贴标签。标签要求贴得紧实、端正、无皱折，贴标中应注明营养成分等。

五、成品的检验与贮藏

成品检验与贮藏是罐头食品生产的最后一个环节。

（一）检验方法

1.感官检验

容器密封完好，无泄漏、胖听现象存在。容器外表无锈蚀，内壁涂料无脱落。内容物具有该品种果蔬类罐头食品的正常色泽、气味和滋味，汤汁清晰或稍有浑浊。

2.细菌检验

将罐头抽样，进行保温试验，检验细菌。

3.化学指标检验

包括总重、净重、汤汁浓度、罐头本身的条件等的评定和分析。水果罐头：总酸含量 0.2% ～ 0.4%，总糖含量为 14% ～ 18%（以开罐时计）。蔬菜罐头：要求含盐量 1% ～ 2%。

4.重金属与添加剂指标检验

指标按国家标准执行。

5.微生物指标

符合罐头食品的商业无菌要求。罐头食品经过适度杀菌后，不含有致病性微生物，也不含有在通常温度下能在其中繁殖的非致病性微生物。

（二）常见败坏现象及原因

罐头食品败坏的原因有很多，根据生产经验总结以下四类作简单说明。

1.罐形损坏

罐形损坏是罐头外形不正常的损坏现象，一般用肉眼即可鉴别。

（1）胀罐

胀罐的形成是由于细菌的存在和活动产生气体，导致罐头内容物发生恶臭味和毒物。根据发生阶段的不同有轻微和严重胀罐之分。轻微的胀罐是由于装罐过量、排气不够或杀菌时热膨胀所致，这种胀罐无害。硬胀是最严重的，施加压力也不能使其两端底盖平坦凹入。

（2）氢胀

由于罐壁的腐蚀作用而释放出氢气，产生内压，使罐头底盖外突。这种胀罐多发生在酸性菇类罐头中，如汤液中加入了太多的柠檬酸，且用马口铁包装的罐头，常发生这类胀罐。这类胀罐不危及人体健康。

（3）漏罐

这是指由罐头缝线或孔眼渗漏出部分内容物，如封盖时缝线形成的缺陷，或铁皮腐蚀生锈穿孔，或是腐败微生物产生气体而引起过大的内压损坏缝线的密封，或机械损伤，都可造成这种漏罐。

（4）变形罐

罐头底盖出现不规则的峰脊状，很像胀罐。这是由于冷却技术掌握不当，消除蒸汽压过快，罐内压力过大造成严重张力而使底盖不整齐地突出，冷却后仍保持其突出状态。这种情况冷却后出来就形成，而不是在罐头贮存过程中形成的。因罐内并无压力，如稍加压力即可恢复正常。这种类型对罐内固体品质无影响。

（5）瘪罐

多发生于大型罐上，罐壁向内凹陷变形。这是由于罐内在排气后，真空度增高、过分的外压或反压冷却等操作不当而造成的，对罐内固体品质无影响。

2.绿色蔬菜罐头色泽变黄

叶绿素在酸性条件下很不稳定，即使采取了各种护色措施，也很难达到护绿的效果，而且叶绿素具有光不稳定性，所以玻璃瓶装绿色蔬菜经长期光照，也会导致变黄。如果生产上能调整绿色蔬菜罐头罐注液的pH至中性偏碱，并采取适当的护绿措施，例如热烫时添加少量锌盐，绿色蔬菜罐头最好选用不透光的包装容器等，在一定程度上能缓解这种现象的发生。

3.果蔬罐头加工过程中发生褐变

采用果蔬原料加工罐头时，通常容易发生酶促褐变。采用热烫进行护色时，必须保证热烫处理的温度与时间；采用抽空处理进行护色时，应彻底排净原料中的氧气，同时在抽空液中加入防止褐变的护色剂；果蔬原料进行前处理时，严禁与铁器接触。

4.果蔬罐头固形物软烂与汁液混浊

在生产上一定要选择成熟度适宜的原料，尤其是不能选择成熟度过高且质地较软的原料；热处理要适度，特别是烫漂和杀菌处理，要求既达到烫漂和杀菌的目的，又不能使罐内果蔬软烂；热烫处理期间，可配合硬化处理；避免成品罐头在贮运与销售过程中的急剧震荡、冻融交替以及微生物的污染。

（三）罐头食品的贮藏

仓库位置的选择要便于进出库的联系，库房设计要便于操作管理，防止不利环境的影响；库内的通风、光照、加热、防火等均要有利于工作和保管的安全。贮存库要有严密的管理制度，按顺序编排号码，安置标签，说明产品名称、生产日期、批次和进库日期或预定出库日期。管理人员必须详细记录，便于管理。贮存库要避免过高或过低的温度，也要避免温度的剧烈波动。空气温度和湿度的变化是影响生锈的条件，因此，在仓库管理中，应防止湿热空气流入库内，避免含腐蚀性的灰尘进入。对贮存的罐头应经常进行检查，以检出损坏漏罐，避免污染好罐。

第二节　汁制品

果蔬汁是优质新鲜的果蔬经挑选、清洗后，通过压榨或浸提制得的汁液，含有新鲜果蔬中最有价值的成分，是一种易被人体吸收的果蔬饮料。虽然发展历史较短，但发展非常迅速。世界各国生产的果蔬汁以柑橘汁、菠萝汁、苹果汁、葡萄汁、胡萝卜汁、番茄汁及浆果汁为多，国内主要是柑橘汁、菠萝汁、苹果汁、葡萄汁、胡萝卜汁、番茄汁和石榴汁等。

一、汁制品的分类及特点

汁制品的分类及特点见表9-1。

表9-1　果蔬汁制品的分类及特点

分类标准	分类	特点
状态	澄清汁	不含悬浮物，澄清透明
	混浊汁	悬浮小颗粒，橙黄色果实榨取，富含胡萝卜素
	浓缩汁	新鲜果蔬汁浓缩液

续　表

分类标准	分类		特点
成分	原汁	澄清原汁	未经发酵、稀释、浓缩，果蔬果肉直接榨汁，100% 原果蔬汁
		混合原汁	
	鲜汁		原汁或浓缩果汁经过稀释调配而成，含原汁 > 40%
	饮料果蔬汁		原果蔬汁含量为 10% ~ 39%
	浓缩果蔬汁		原果蔬汁按重量计浓缩 1 ~ 6 倍
	果蔬汁糖浆		调配（糖、柠檬酸）果蔬汁，含糖量达 40% ~ 65%，柠檬酸含量达 0.9% ~ 2.5%，含原果蔬汁不低于 30%
	果蔬浆		含果肉，原果浆含量 40% ~ 45%，糖度 13%
	复合果蔬汁		由两种或两种以上果蔬榨汁复合而成
原料类型	蔬菜汁		按加工情况分：有正常含酸蔬菜制成的果蔬汁，添加高酸度产品果蔬汁，添加有机酸或无机酸果蔬汁，发酵蔬菜汁，未加酸的果蔬汁或调配成非酸性果蔬汁按配合情况分：蔬菜单汁、蔬菜复合汁
	果汁		按国家标准，可分为十类：原果汁、浓缩汁、原果浆、浓缩果浆、水果汁、果肉果汁饮料、高糖果汁饮料、果粒果汁饮料、果汁饮料、果汁水
原料名称	如苹果汁、荔枝汁、番茄汁		
其他	按果汁成品浓度分为原汁、浓缩汁、果汁粉及加水复原果汁；按保藏条件分为巴氏杀菌果汁、高温灭菌果汁等		

二、工艺流程

原料选择→预处理→破碎（或榨汁）→澄清或筛滤→调配→脱气、均质→糖酸调整→罐装→杀菌、冷却→成品

三、关键控制点及预防措施

（一）原料选择

榨汁果蔬原料要求优质、新鲜，并有良好的风味和芳香、色泽稳定、酸度适中，另外要求汁液丰富，取汁容易，出汁率较高。常用果蔬原料有：柑橘类中的

甜橙、柑橘、葡萄柚等；核果类有桃、杏、乌梅、李、梨、杨梅、樱桃、草莓、荔枝、猕猴桃、山楂等；蔬菜类有番茄、胡萝卜、冬瓜、芦笋、黄瓜等。

（二）原料预处理

鲜果榨汁前，要用流动水洗涤，除去黏附在表面的农药、尘土等，可用 0.03% 的高锰酸钾溶液或 0.01% ~ 0.05% 二氧化氯溶液洗涤，后者可不用水再冲洗。

（三）原料破碎或打浆

不同种类的原料可选择不同的设备和工艺。破碎粒度要适当，粒度过大，出汁率低，榨汁不完全；过小，外层果汁迅速流出，但内层果汁反而降低滤出速度。破碎程度视果实品种而定，大小可通过调节机器来控制。如用辊压机进行破碎，苹果、梨破碎后大小以 3 ~ 4 mm、草莓和葡萄等以 2 ~ 3 mm、樱桃为 5 mm 为宜。同时要注意不要压破种子，否则会使果汁有苦味。常用破碎机械有粉碎机和打浆机。桃、杏、山楂等破碎后要预煮，使果肉软化，果胶物质降低，以降低黏度，利于后期榨汁工序。

（四）榨汁或浸提

榨汁前为了提高出汁率，通常要对果实进行预处理，如红色葡萄、红色西洋樱桃、李、山楂等水果，在破碎后，须进行加热处理或加果胶酶制剂处理。目的是使细胞原生质中的蛋白质凝固，改变细胞通透性，使果肉软化、果胶质水解，降低汁液黏度，同时有利于色素和风味物质的渗出，并能抑制酶的活性。榨汁机主要有螺旋榨汁机、带式榨汁机、轧辊式压榨机、离心分离式压榨机等。一般原料经破碎后就可以直接压榨取汁。

对于汁液含量少的果蔬应采用加水浸提法，如山楂片提汁，将山楂片剔除霉烂果片，用清水洗净，加水并加热至 85 ~ 95℃后，浸泡 24 h，滤出浸提液。

对有很厚外皮如柑橘类和石榴类果实，不宜采用破碎压榨取汁，因为其外皮中有不良风味和色泽的可溶性物质，同时柑橘类果实外皮中含有精油，果皮、果肉皮和种子中存在柚皮苷和柠檬碱等导致苦味的化合物，所以此类果实宜采用逐个榨汁法。

（五）过滤

过滤一般包括粗滤和精滤两个环节，对于混浊果汁是在保存色粒以获得色泽、风味和香味特性的前提下，去除果蔬汁中粗大果肉颗粒及其他一些悬浮物，筛板孔径为 0.8 mm 和 0.4 mm；对于透明汁，粗滤之后还需精滤或先澄清后过滤，务必除尽全部悬浮粒。

（六）脱气

脱气也称去氧或脱氧，即在果汁加工中除去存在于果实细胞间隙中的氧、氮和呼吸作用产生的二氧化碳等气体，防止或减轻果汁中色素、维生素 C、香气成分和其他物质的氧化，防止品质降低，同时去除附着于悬浮微粒上的气体，减少或避免微粒上浮，以保持良好外观，防止或减少装罐和杀菌时产生泡沫，减少马口铁罐内壁的腐蚀。但脱气会造成挥发性芳香物质的损失，为减少这种损失，可先进行芳香物质回收，然后再加入到果汁中。

果汁的脱气方法有真空脱气法、氮气交换法、酶法脱气法和抗氧化剂法等。一般果蔬脱气采用真空脱气罐进行脱气，要求真空度在 90.7 ~ 93.3kPa 以上。

（七）均质

均质是使果蔬汁中不同粒子通过均质设备，使其中悬浮粒进一步破碎，使粒子大小均一，促进果胶渗出，使果胶和果汁亲和，保持一定的混浊度，获得不易分离和沉淀的果汁。均质设备主要有高压均质机，操作压力为 9.8 ~ 78.6 Mpa。

（八）糖酸调整

糖酸调整是为使果汁适合消费者口味，符合产品规格的要求和改进风味，保持果蔬汁原有风味，在鲜果蔬汁中加入适量的砂糖和食用酸（柠檬酸或苹果酸）或用不同品种原料的混合制汁进行调配。一般成品果汁糖酸比为（13 ~ 18）：1 为宜。

（九）装罐

果蔬汁一般采用装汁机热装罐，装罐后应立即密封，封口应在中心温度 75℃以上，真空度 5.32kPa 条件下抽气密封。

（十）杀菌

果蔬汁中会存在大量微生物和各种酶，存放过程中会影响果蔬汁的保藏性和品质。杀菌的目的就是杀死其中的微生物、钝化酶，尽可能在保证果蔬汁品质不变基础上延长其保藏期。但果蔬汁热敏性较强，为了保持新鲜果汁的风味，部分采用了非加热钝化微生物的方法，但大多数还是采用加热杀菌的方法，其中最常用的是高温瞬时杀菌，即 92（±2）℃保持 15 ~ 30 s 或 120℃以上保持 3 ~ 10 s。

冷却后即时擦干送检，有条件者先自检，同时送中心化验室检测，检验合格者，可进行贴标和装箱，然后将成品入库。

第三节　糖制品

果蔬糖制加工的起源是蜜饯类，最早用天然蜂蜜，到了 5 世纪，蔗糖提取后，用蔗糖进行糖制。

一、糖制品的分类及特点

糖制品按其加工方法和状态分为两大类，即果脯蜜饯类和果酱类。果脯蜜饯类属于高糖食品，保持果实或果块原形，大多含糖量在 50% ~ 70%；果酱类属高糖高酸食品，不保持原来的形状，含糖量多在 40% ~ 65%，含酸量约在 1% 以上。

（一）果脯蜜饯类

根据果脯蜜饯类的干湿状态可分为干态果脯和湿态蜜饯。

1.干态果脯

在糖制后经晾干或烘干而制成表面干燥不粘手的制品，也有的在其外表裹上一层透明的糖衣或形成结晶糖粉，如各种果脯、某些凉果、瓜条及藕片等。

2.湿态蜜饯

在糖制后，不进行烘干处理，而是稍加沥干，制品表面发黏，如某些凉果，也有的糖制后，直接保存于糖液中制成罐头。

（二）果酱类

果酱类主要有果酱、果泥、果糕、果冻及果丹皮等。

1.果酱

呈黏稠状，也可以带有果肉碎块，如杏酱、草莓酱等。

2.果泥

呈糊状，即果实必须在加热软化后经打浆过滤，因此酱体细腻，如苹果酱、山楂酱等。

3.果糕

将果泥加糖和增稠剂后加热浓缩而制成的凝胶制品。

4.果冻

将果汁和食糖加热浓缩而制成的透明凝胶制品。

5.果丹皮

将果泥加糖浓缩后，刮片烘干制成的柔软薄片。山楂片是将富含酸分及果胶的一类果实制成果泥，刮片烘干后制成的干燥的果片。

二、糖制原理

果蔬糖制是利用高浓度食糖的防腐作用为基础的加工方法。食糖本身对微生物无毒害作用，低浓度糖还能促进微生物的生长发育。

（一）食糖的性质

糖制中使用的食糖主要有：甘蔗糖、甜菜糖、饴糖、淀粉糖浆、蜂蜜等。蔗糖类因纯度高、风味好、色泽淡、取用方便和保藏作用强等优点被广泛使用。食糖的性质对糖制品的质量有很大影响，食糖的性质主要包括糖的甜度、糖的溶解度和晶析、糖的吸湿性、糖的沸点及蔗糖的转化等。

1. 糖的甜度

糖的种类、糖液的浓度、温度对甜度均有影响。

食糖除甜味不同外，风味也不同，蔗糖甜味纯正，显味快，葡萄糖甜中带酸涩，麦芽糖甜味小带酸，因此糖的风味会影响制品风味，糖制品一般多用蔗糖。但蔗糖溶液和食盐混合后，会呈现对比现象，使其别具风味。

2. 糖的溶解度和晶析

食糖在水中的溶解度随温度的升高而加大。如蔗糖在 10℃时溶解度为 65.6%（相当于糖制品的含糖量），果蔬糖制时温度为 90℃，溶解度为 80.6%。制品贮藏时温度降低，当低于 10℃时，就会出现晶析现象（即返砂）。在生产中，为避免产生晶析，可加入部分淀粉糖浆、饴糖、蜂蜜或果胶等，增大糖液的黏度，阻止蔗糖晶析，增大糖液的饱和度。

3. 吸湿性和潮解

糖的吸湿性与糖的种类及环境的相对湿度有关。果糖与麦芽糖的吸湿性最大，其次是葡萄糖。各种结晶糖吸水达 15% 以下，便于开始失去晶形成液态，蔗糖吸湿后会发生潮解结块，所以制品必须用防潮纸或玻璃纸包裹。蔗糖宜贮存在相对湿度 40% ~ 60% 的环境中。

4. 沸点

糖液的沸点随浓度增加而升高。在生产中，糖制时常常利用沸点估算浓度或固形物含量，进而确定煮制终点。如干态蜜饯出锅时糖液沸点为 107 ~ 108℃，可溶性固形物含量可达 75% ~ 76%，含糖量达 70%。果酱类出锅时糖液沸点为 104 ~ 105℃，制品的可溶性固形物为 62% ~ 66%，含糖量约为 60%。

5. 蔗糖的转化

蔗糖在酸和转化酶的作用下，在一定温度下可水解为转化糖（等量的葡萄糖和果糖）。蔗糖转化的适宜 pH 为 2.5。蔗糖转化为转化糖后，可抑制晶析的形成和增大，但转化糖吸湿性强，在中性或微碱性条件下不易分解，加热可产生焦糖。糖制品中转化糖含量应控制在 30% ~ 40%，占总糖量的 60% 以上时，质量最佳。

（二）糖制品的保藏原理

1.食糖的高渗透压

糖溶液有一定的渗透压，通常使用的蔗糖，其 1% 的浓度可产生 70.9kPa 的渗透压，糖液浓度达 65% 以上时，远远大于微生物的渗透压，从而抑制微生物的生长，使制品能较长期保存。

2.降低水分活性

水分活度 Aw 表示食品中游离水的水蒸气压与同条件下纯水水蒸气压之比。大部分微生物适宜生长的 Aw 值在 0.9 以上。当食品中可溶性固形物增加时，游离含水量减少，Aw 值变小，微生物就会因游离水的减少而受到抑制。如干态蜜饯的 Aw 值在 0.65 以下时，能抑制一切微生物的活动，果酱类和湿态蜜饯的 Aw 值在 0.80 ~ 0.75 时，霉菌和一般酵母菌的活动被抑制。对耐渗透压的酵母菌，需借助热处理、包装、减少空气或真空包装才能被抑制。

3.抗氧化作用

氧在糖液中的溶解度小于在水中的溶解度，糖浓度越高，氧的溶解度越低。如浓度为 60% 的蔗糖溶液，在 20℃时，氧的溶解度仅为纯水含氧量的 1/6。于糖液中氧含量的降低，有利于抑制好氧型微生物的活动，也利于制品色泽、风味和维生素的保存。

4.加速糖制原料脱水吸糖

高浓度糖液的强大渗透压，亦加速原料的脱水和糖分的渗入，缩短糖渍和糖煮时间，有利于改善制品的质量。然而，糖制初期若糖浓度过高，也会使原料因脱水过多而收缩，降低成品率。蜜制或糖煮初期的糖浓度以不超过 30% ~ 40% 为宜。

（三）果胶及其胶凝作用

果胶是天然高分子化合物，具有良好的胶凝化和乳化稳定作用，广泛用于食品、医药等行业。果胶具有胶凝性，影响胶凝的主要因素是溶液的 pH 值、温度、食糖的浓度和果胶种类。在 pH 2.0 ~ 3.5 范围内果胶能胶凝，pH 3.1 左右时，凝胶的硬度最大，pH 3.6 时凝胶比较柔软，甚至不能胶凝，称为果胶胶凝的临界 pH 值。食糖能使果胶脱水，糖液浓度越大，脱水作用也越大，胶凝也越快，硬度也越大，但只有溶液中含糖量达 50% 以上时，才有脱水作用。当果胶、糖、酸比适当时，温度越低，胶凝越快，硬度越大，而当温度高于 50℃时不胶凝。果胶若含甲氧基较多或糖液浓度较大时，则果胶需要量可相应减少，一般要求含量在 1% 左右即可。胶凝温度范围为 0 ~ 58℃，在 30℃以下，温度越低胶凝度越大，30℃凝胶强度开始减弱，温度越高强度越弱，58℃时接近于 0，所以制得的果冻必须保存于30℃以下。糖液浓度对低甲氧基果胶的胶凝无影响，所以，用低甲氧基果胶制造含糖量低的果冻，实用价值最大，风味也好。

三、果脯蜜饯类加工工艺

（一）工艺流程

原料选择→预处理→果坯处理→预煮→糖渍→调味→着色→整形→干燥→整饰→包装→成品

（二）操作要点

1.原料选择

一般选用果实含水量少，固形物含量高，成熟时不易软绵，煮制中不易糜烂的品种，多选择果实颜色美观，肉质细腻并具有韧性，果核易脱落，耐贮藏，七分熟的果实为原料。

2.预处理

包括原料的洗涤、选别、硬化处理或硫化处理、去皮等操作。硬化处理是用石灰、氯化钙、亚硫酸氢钠进行处理，硬化后的果实需经预煮脱盐脱硫。硫化处理的目的在于使果蔬蜜饯色泽明亮，防止褐变及蔗糖的晶析，减少维生素 C 的损失。干态蜜饯原料需要脱酸者则用石灰，如冬瓜、橘饼的料坯常用 0.5% 石灰水溶液浸泡 1～2 h；果脯及含酸量低的用氯化钙、亚硫酸钙等，如苹果脯、胡萝卜蜜饯等一般用 0.1% 氯化韩溶液处理 8～10 h；而蜜枣、蜜姜片等本身耐煮制，一般不进行硬化处理。

3.果坯制作

原料进行预处理后，用适量食盐进行腌制，一般包括盐腌、曝晒、回软和复晒，目的是利用食盐的保藏作用改变组织细胞的通透性，促进糖渍时糖分的渗透。

4.预煮

预煮的目的是为了抑制微生物、防止败坏、固定品质、破坏酶、排除果蔬中氧气、防止果蔬氧化变色。也能适度软化果肉，糖制时使糖易于渗入。

5.糖渍

糖渍是最关键的步骤，糖渍方法有很多，根据加工方式分为糖腌法和糖渍法。

（1）糖腌法

中式蜜饯加工时，将原料杀菌滴水，用约 1/3 糖一层层撒布于原料上进行腌渍，并酌加 0.2%～0.3% 的柠檬酸，使 pH 在 3～4，次日稍稍加热，另加 1/3 量糖腌渍，1～2 d 后，将最后 1/3 的糖加入，浓缩至半透明。

（2）糖渍法

糖腌法易造成原料收缩影响外观，且糖不易渗入，故改良型中式蜜饯与西式蜜饯的制作采用糖渍法。首次糖渍液与水果糖度差不宜超过 10 ~ 15° Bx，糖液糖度一般为 25 ~ 30° Bx，糖渍 24 h 后，提高糖液糖度到 40° Bx，之后，每浸渍 24 h 提高 10° Bx，直到所求糖度达到 70° Bx 左右为止。现代也用真空连续渗透法，此法可缩短糖渍时间及提高品质。

6. 调味、着色、整形

针对不同蜜饯和果脯，糖渍至终点后，根据品种品质要求用香料调味，用着色剂着色，或对糖渍半成品进行整形，以达到成品色、香、形的要求。

7. 干燥

糖渍后滴干所附着的糖液就得湿式蜜饯。干燥的目的是为了减少果肉水分以提高糖度和降低水活性，并在加温下使还原糖与氨基酸发生轻微美拉德反应以增加成品色泽。煮制的糖制品捞出沥去糖液，可以以热水洗涤表面，使成品最后不太粘手，然后铺于屉上，干燥温度一般为 50 ~ 60℃，糖制品含水量达 18% ~ 20%，即可获干态蜜饯。

8. 装饰

为了使产品美观与避免粘手，常用糖衣法、糖结晶析出法和糖结晶混合法装饰。糖衣法是指蜜饯干燥后，再以过饱和糖液包覆成品；糖结晶析出法是指将糖渍后的蜜饯浸于过饱和糖液中，使其表面析出细小糖晶；糖结晶混合法是指糖渍后以颗粒均匀细砂糖洒于成品表面。

9. 包装

一般用透明材料包装，使之卫生、美观并防潮。

四、果酱类加工工艺

（一）工艺流程

原料选择→原料预处理→调味或加入添加剂→加热煮软→浓缩→冷却→充填→密封→杀菌→成品

（二）操作要点

1. 原料选择

选择成熟度适宜的果蔬，含酸及果胶量多，芳香味浓，色泽美观，去除病虫害或劣质部分果蔬，并于 24 h 内进行加工。如番茄、草莓、西瓜皮、桃、杏、柑橘、山楂等。

2. 原料预处理

充分洗涤并除去杂物。洗涤时应注意防止果形崩溃、果汁外流，同时去除不可食部分，再以打浆机打浆筛滤，果质柔软者，可原形直接加热浓缩。

3. 调配

一般要求果肉（汁）占总配料量的 40% ~ 55%，糖占 55% ~ 60%，若使用淀粉糖浆则其量为占总用糖量的 20% 以下。若在制作过程中加入柠檬酸或果胶，则柠檬酸补加量应控制在成品含酸量的 0.5% ~ 1.0%，果胶、琼脂补加量应控制在成品含果胶量的 0.4% ~ 0.5%。

4. 加热煮软

配制好的物料需加热 10 ~ 20 min，目的在于蒸发部分水分，破坏酶活性，防止变色和果胶水解，软化果肉组织，便于糖液渗透，使果肉中果胶溶出。

5. 浓缩

常用浓缩方法有常压浓缩和真空浓缩两种。

（1）常压浓缩

常压浓缩是在夹层锅中用蒸汽加热浓缩，开始时蒸汽压力可大约为 0.3 ~ 0.4kPa，后期压力宜降低至 0.2kPa 左右。边加热边搅拌，防止锅底原料焦化，每锅时间控制在 20 ~ 30 min。

（2）真空浓缩

真空浓缩也称减压浓缩，将调配好的原料送入真空锅前先预热至 60 ~ 70℃，将原料送入真空锅中，锅内蒸汽压力为 0.15 ~ 0.21kPa，真空度为 84.5 ~ 93.6kPa，锅内温度为 50 ~ 60℃，然后加入辅料溶解，保持温度浓缩至所需浓度，再送转化槽，在 82℃下加热 10 min 使砂糖发生 30% ~ 40% 转化并杀菌。

6. 装罐密封

浓缩后的果酱冷却到 85 ~ 90℃，趁热装罐并密封，一般不需单独杀菌，只要保持在 85℃以上装填，倒立静置 3 ~ 5 min，即可利用余温对瓶盖杀菌。为了安全起见，密封后趁热在 90℃以上热水中加热 20 ~ 30 min，杀菌后马口铁罐直接冷却到 38℃以下，玻璃罐要分 65℃，50℃，35℃及一般冷水等四段温度喷洒冷水冷却。

（三）注意事项

（1）使用粉末果胶时，以 5 ~ 10 倍砂糖混合均匀，然后加水搅拌，彻底煮沸，使其充分溶解。

（2）充填温度不宜太高，一般在 85 ~ 90℃，防止果肉上浮。

（3）香料、色素都要求具有耐热性和耐酸性，以防分离破坏。

（4）气泡含量较多的果酱要注意防止泡沫进入容器内，影响品质。

（5）终点的正确判断一般以糖度为依据，多用仪器或经验判定。常用方法有流下法、冷水杯法、折光计法和温度计法等。流下法是用大匙或搅拌棒舀起果酱，任其滴下观察，若果酱呈浆状流下，表示未到终点；若有一部分附着在搅拌棒上，呈凝固胶状缓慢流下，或将果酱滴落在器皿上冷却，倾斜时表面呈薄皱纹状，表示已达终点。冷水杯法是将浓缩果酱滴入盛有冷水的杯中，凝固成胶状常常表示达终点。折光计法是用折光计测定糖度，若糖度达 65° Bx 左右则表示达到终点。温度计法是用温度计测沸点，温度为 104 ～ 105℃则表示达到终点。

第四节　干制品

干制品是指原料经预处理后，采用干燥或脱水的方法使果蔬中水分减少而使可溶性物质的浓度增加到微生物不能利用的程度，同时抑制果蔬本身所含酶活性而得到的产品。新鲜果蔬大多含水量达 70% ～ 90%，易腐败，极难保存。若能除去过多水分，就能减少微生物危害，减少重量，缩小体积，便于包装与储运。

一、干制原理

果蔬的干制主要是用物理的方法降低水分来抑制微生物和酶的活性，使微生物处于反渗透的环境中，处于生理干燥的状态，从而使果蔬得到保存。

干制除去水分的方法有干燥和脱水两种。干燥是指利用日光照晒或热源直接烘烤等方法使果蔬所含水分直接转变成气体而除去，同时果蔬品质发生改变，食用时无须加水复原的干制方法。脱水是指用人工方法如间接热风、蒸气、减压、冻结等方法使果蔬所含水分以液体状态被除去，果蔬品质不会改变，食用时需加水复原的干制方法。

果蔬干燥机理包括外扩散作用和内扩散作用。在干燥初期，首先是原料表面的水分吸热变为蒸汽而大量蒸发，称为水分的外扩散。当表面水分逐渐低于内部水分时，内部水分才开始向表面移动，借助湿度梯度的动力，促使果蔬内部的水蒸气向表面移动，同时促使果蔬内部的水分也向表面移动，这种作用称为水分的内扩散。湿度梯度大，水分移动就快；湿度梯度小，水分移动就慢，所以湿度梯度是干燥的一个动力。

此外，在干制过程中，有时采用升温、降温、再升温、再降温的方法，形成温度的上、下波动，即将温度升高到一定的程度，使果蔬内部受热，而后再降低其表面的温度，这样内部温度就高于表面温度，这种内外层温度的差别称为温度梯度。水分借助温度梯度沿热流方向向外移动而蒸发，因此，温度梯度也是干燥的一个动力。

在水分蒸发的过程中，空气起热传导作用，也起输送的作用，将蒸发出的水分以蒸汽的形式输送出去。如果外扩散作用小于内扩散作用，则产生流汁，内部水分到达表面不能蒸发，在表面凝结；如果外扩散作用大于内扩散作用（如温度过高，风速过大）易使物料表面产生结壳的现象，将物料表面水分蒸发的通道阻塞，这种现象叫作外干内湿，或叫糖心，在实际生产中要注意。

干燥速度的快慢对于成品的品质起着决定性的作用，当其他条件相同时，干燥越快越不容易发生不良变化，干制品的品质就越好。影响干燥速度的因素主要有：内在因素，即原料的种类、状态等，外在因素，即干燥介质的温度、干燥介质的湿度、气流速度、原料的装载量、大气压力等。

二、干制的方法和设备

自然干燥法用自然光、风等进行干燥，设备简单，成本低，但时间长，品质差，易变色，受气候影响大，无法批量生产，成品水分含量高，不易久贮。常用于葡萄干、杏、甘薯、笋的干燥。

常压干燥法中的泡沫簇干燥法是指在液体果蔬制品中加适量增稠剂或表面活性剂，再用打泡器通入高压气体，形成泡沫而聚集为泡沫簇，再吹热风干燥。干燥剂干燥法是在果蔬中加入硅胶、硼砂、盐、珍珠岩、浓硫酸等干燥剂间接干燥。最常用的热风干燥法是用人工强制吹送热风使果蔬原料干燥，常用设备有箱式、隧道式、带式、回转式、气流式干燥机等。真空干燥法是将原料放在真空干燥器内，在一定真空度下使原料中水分蒸发或升华，在常温下对原料进行干燥。该法可减少因热和氧化作用而使维生素及其他成分分解或变质，也能减少组织表面硬化现象，制品复原性好。但要求包装材料气密性好，耐冲击或耐压。冷冻干燥法是在加工时将原料冷冻到 -40 ~ 30℃，再在高真空度（0.013 3 ~ 0.133kPa）下，使水分升华而达到干燥的目的，常用设备有冷冻干燥机、真空连续薄膜干燥机和喷雾冷冻干燥机等。

三、工艺流程

原料选择→整理分级→洗涤→去皮去核→切分→护色→干燥→成品→均湿回软→包装

四、关键控制点及预防措施

（一）原料挑选

干制对原料总的要求是干物质含量高，风味好，皮薄，肉质厚，组织致密，粗纤维少，新鲜饱满，色泽好。适于干制加工的蔬菜有甘蓝、萝卜、洋葱、胡萝卜、青豌豆、黄花、食用菌、竹笋、甜椒等。葡萄、枣子、菠萝、柿子、李子、山楂等大部分水果均可以用于干制。

（二）清洗

目的是去除果蔬表面的泥土、杂质及药剂的残留，一般先用 0.05% ~ 0.1% 高锰酸钾溶液或 0.06% 漂白粉溶液浸泡数分钟，后用水冲洗干净。

（三）去皮

可用人工去皮或机械去皮，去皮后必须立即浸入清水或护色液中以防褐变。

（四）切分、成型

根据市场的要求，将果蔬切分成一定的形式（粒状、片状等），易褐变的果蔬切分后应立即浸入护色液或进行烫漂。

（五）烫漂

一般采用沸水、热水或蒸汽进行烫漂。水温因不同果蔬品种而异，范围为 80 ~ 100℃，时间为 1 ~ 2 min。目的在于利用热力以破坏酶的活性，防止氧化，避免变色，减少营养物质的损失，同时具有洗涤作用。烫漂时，可在水中加入少量食盐、糖或有机酸等，以改进果蔬的色泽和增加硬度，烫漂完毕应立即冷却，冷却时间越短越好。

（六）硫处理

硫处理的目的是抑制褐变并促进干燥及防止虫害、杀死微生物，主要用于水果和竹笋，是果蔬干制中的一个重要工序。样品烫漂处理后，冷却沥干喷以 0.1% ~ 0.2% 的 Na_2SO_3 溶液或按 1 t 切分巧料约 0.1% ~ 0.4% 硫黄粉燃烧处理 0.5 ~ 5 h。因熏硫法需有严密的熏硫室，因此常用浸硫法进行硫处理，即用含 SO_2 的化学药品如 0.2% ~ 0.6% 浓度的亚硫酸、亚硫酸盐溶液浸泡。

（七）干燥

根据原料不同选用不同的干燥方法。为了提高干燥效率，对于葡萄、李子、无花果等果皮外附着蜡质的水果，可用 0.5% ~ 1.0% 的 NaOH 的沸腾液浸渍 5 ~ 20 s，苹果、梨、桃等果肉中含有气体的水果品种，一般用表面活性剂浸渍后干燥，对于果皮组织致密的，可在果皮表面刺上小孔等。

（八）分拣、包装

干燥后的产品应立即分拣，剔除杂质及等外品，部分蔬菜要经过回软，以保证干制品变软，水分均匀一致，一般菜干回软时间为 1 ~ 3 d，并按要求准确称量，装入包装容器内。

第五节　酿造制品

果酒酿造在我国已有两千多年的历史，但一直未得到很好的发展，直到1892年，华侨张弼士在烟台建立"张裕葡萄酒公司"才开始进行小型工业化生产。果醋主要是以残次的果皮、果屑、果心等为加工原料，一直是以残次品的利用为目的，发展较慢，但在欧美国家，果醋的生产和消费量很大，很多果醋因具有特殊的保健功效而被作为保健饮品饮用。

一、果酒的酿造

果酒是以各种人工种植的果品或野生的果实为原料，经过破碎、榨汁、发酵或浸泡等工艺流程，经精心酿制调配而成的低度饮料酒。

（一）果酒分类

果酒的种类较多，其中以葡萄酒的产量和类型最多。根据国内最新国家标准，葡萄酒是以新鲜葡萄或葡萄汁为原料，经酵母发酵酿制而成的、酒精度不低于7%（以体积分数计）的果酒。葡萄酒分类如下。

1.按酒的颜色分类

（1）红葡萄酒

用皮红肉白或皮肉皆红的葡萄带皮发酵而成，酒色分为深红、鲜红、宝石红等。

（2）白葡萄酒

用白皮白肉或红皮白肉的葡萄经去皮发酵而成，色淡黄或金黄，澄清透明，有独特的典型性。

（3）桃红葡萄酒

用带色葡萄经部分浸出有色物质发酵而成，颜色介于红葡萄酒和白葡萄酒之间，主要有桃红色、浅红色、淡玫瑰红色等，桃红葡萄酒在国际市场上也很流行。

2.按葡萄酒的含糖量分类

可分为干红葡萄酒、半干红葡萄酒、半甜红葡萄酒和甜红葡萄酒。

（二）果酒酿造原理

1.酒精发酵及其产物

（1）乙醇的生成

乙醇是果酒的主要成分之一，为无色液体，具有芳香和带刺激性的甜味。长期贮存后，由于与水通过氢键缔合生成分子团，使人的感官不能感知，因此缔合度越高，其酒味越醇和。乙醇来源于酵母的酒精发酵，同时产生 CO_2 并释放能量，因此在发酵过程中，往往伴随着有气泡的逸出与温度的上升，特别是发酵旺盛时期，要加强管理。

（2）甘油及其形成

甘油味甜且稠厚，可赋予果酒清甜味，增加果酒的稠度，果酒含有较多的甘油而总酸不高时，会有自然的甜味，使果酒变得轻快圆润。甘油主要由磷酸二羟丙酮转化而来，少部分由酵母细胞所含卵磷脂分解产生。

（3）杂醇及形成

果酒的杂醇主要有甲醇和高级醇。甲醇有毒害作用，含量高对品质不利，酒中甲醇主要来源于果实原料中的果胶，果胶脱甲氧基后生成低甲氧基果胶时即会形成甲醇。此外，甘氨酸脱羧也会产生甲醇。高级醇是构成果酒二类香气的主要成分，但含量太高，可使酒具有不愉快的粗糙感，且使人头痛致醉。它溶于酒精，难溶于水，在酒度低时似油状，又称杂醇油，主要为异戊醇、异丁醇、活性戊醇等，其他还有丁醇等。高级醇主要从代谢过程中的氨基酸、六碳糖及低分子酸中生成，它的形成受酵母种类、酒醪中氨基酸含量、发酵温度、添加糖量的影响。

2.酯类及生成

酯类赋予果酒以独特的香味，新产的葡萄酒一般含酯为 176 ～ 264 mg/L，陈酒上升至 792 ～ 880 mg/L。果酒中酯的生成有两个途径：陈酿和发酵过程中的酯化反应及发酵过程中的生化反应。

（1）酯化反应

酸和醇反应生成酯，这一简单的化学反应，即使在无催化的情况下也照样发生。葡萄酒中的酯主要有醋酸、琥珀酸、异丁酸、己酸和辛酸的乙酯，还有癸酸、己酸和辛酸的戊酯。酯化反应为一可逆反应，一定程度时可达到平衡。

（2）生化反应

在果酒发酵中，通过其代谢同样有酯类物质的生成，已证明它是酰基辅酶 A 与酸作用生成的，通过生化反应形成的酯主要为中性酯。酯类形成的影响因素很多，温度、酸含量、pH 值、菌种及加工条件均会影响酯的生成。

3.氧化还原作用

氧化还原作用是果酒加工中一个重要的反应，氧化和还原是同时进行的两个方面，如酒内某一成分被氧化，那么必然有一部分成分被还原，葡萄酒加工中由于表面接触、搅动、换桶、装瓶等操作会溶入一些氧。葡萄酒在无氧的条件下形成和发展其芳香（醇香）成分，当葡萄酒通气时，芳香味的发展就或多或少变得微弱。强烈通气的葡萄酒则易形成某些过氧化物，酒中会出现苦涩味。

氧化还原作用与葡萄酒的芳香和风味关系密切，在成熟阶段，需有氧化作用，以促进单宁与花色素的缩合，促进某些不良风味物质的氧化，使易沉淀的物质尽早沉淀去除。而在酒的老化阶段，则希望处在还原状态为主，以促进酒的芳香气味的产生。

4.葡萄酒酵母

果酒酿造采用葡萄酒酵母，这种酵母附生在葡萄果皮中，在土壤中过冬，通过昆虫或灰尘传播，可由葡萄自然发酵、分离制得。葡萄酒酵母形状为椭圆形，细胞大小一般为（3 ~ 6）mm×（6 ~ 11）mm，膜很薄，原生质均匀，无色。在固体培养基上，25℃培养3 d，形成的菌落呈乳白色，边缘紧齐，菌落隆起，湿润光滑。

（三）工艺流程

果酒生产是以新鲜的水果为原料，利用野生的或人工添加的酵母菌来分解糖分，产生酒精及其他副产物，伴随着酒精和副产物的产生，果酒内部发生一系列复杂的生化反应，最终赋予果酒独特的风味及色泽。果酒酿造的工艺流程为：

鲜果→分选→破碎、除梗→果浆→分离取汁→澄清→清汁→发酵→倒桶→贮酒→过滤→冷处理→调配→过滤→成品

（四）关键控制点及预防措施

1.发酵前的处理

前处理包括水果的选别、破碎、压榨、果汁的澄清及改良等。

（1）破碎、除梗

要求每枚果实都破裂，但不能将种子和果梗破碎，否则种子内的油脂、糖苷类物质及果梗内的一些物质会增加酒的苦味。破碎后的果浆应立即将果浆与果梗分离，防止果梗中的青草味和苦涩物质溶出。

（2）渣汁的分离

破碎后不加压自行流出的果汁叫自流汁，加压后流出的汁液叫压榨汁。自流汁质量好，宜单独发酵制取优质酒。压榨分两次进行，第一次逐渐加压，尽可能压出果肉中的汁，质量稍差，应分别酿造，也可与自流汁合并。将残渣疏松，加水或不加，作第二次压榨，压榨汁杂味重，质量低，宜作蒸馏酒或其他用途。

（3）澄清

压榨汁中的一些不溶性物质在发酵中会产生不良效果，给酒带来杂味。用澄清汁制取的果酒胶体稳定性高，对氧的作用不敏感，酒色淡，芳香稳定，酒质爽口。

2.果汁的调整

（1）糖的调整

酿造酒精含量为 10% ~ 12% 的酒，果汁的糖度需 17 ~ 20° Bx。如果糖度达不到要求则需加糖，实际加工中常用蔗糖或浓缩汁。

（2）酸的调整

酸可抑制细菌繁殖，使发酵顺利进行，使红葡萄酒颜色鲜明，使酒味清爽，并具有柔软感。酸与醇生成酯，增加酒的芳香，增加酒的贮藏性和稳定性。干酒酸含量为 0.6% ~ 0.8%，甜酒酸含量为 0.8% ~ 1%，一般 pH 大于 3.6 或可滴定酸低于 0.65% 时应该对果汁加酸。

3.发酵

（1）酒母的制备

酒母即扩大培养后加入发酵醪的酵母菌，生产上需经三次扩大后才可加入，分别称一级培养（试管或三角瓶培养）、二级培养、三级培养，最后用酒母桶培养。

（2）发酵设备

发酵设备要求应能控温，易于洗涤、排污，通风换气良好等。使用前应进行清洗，用 SO_2 或甲醛熏蒸消毒处理。发酵容器也可制成发酵贮酒两用，要求不渗漏，能密闭，不与酒液起化学作用，有发酵桶、发酵池，也有专门的发酵设备，如旋转发酵罐、自动连续循环发酵罐等。

（3）果汁发酵

发酵分主（前）发酵和后发酵。主发酵时，将果汁倒入容器内，装入量为容器容积的 4/5，然后加入 3% ~ 5% 的酵母，搅拌均匀，温度控制在 20 ~ 28℃，发酵时间随酵母的活性和发酵温度而变化，一般约为 3 ~ 12 d。残糖下降为 0.4% 以下时主发酵结束，然后应进行后发酵，即将酒容器密闭并移至酒窖，在 12 ~ 28℃ 下放置 1 个月左右。发酵结束后要进行澄清，澄清的方法和果汁相同。

4.成品调配

果酒的调配主要有勾兑和调整。勾兑即选择一定的原酒按适当比例的混合，根据产品质量标准对勾兑酒的某些成分进行调整。勾兑一般先选一种质量接近标准的原酒作基础原酒，据其缺点选一种或几种另外的酒作勾兑酒，按一定的比例混合后进行感官和化学分析，从而确定比例。调整主要包括酒精含量，糖、酸等指标的调整，酒精含量的调整最好用同品种酒精含量高的酒进行调配，也可加蒸馏酒或酒精，甜酒若含糖不足，用同品种的浓缩汁效果最好，也可用砂糖，视产品的质量而定，酸分不足可用柠檬酸调整。

5. 过滤、杀菌、装瓶

过滤有硅藻土过滤、薄板过滤、微孔薄膜过滤等。果酒常用玻璃瓶包装。装瓶时，空瓶用 2% ~ 4% 的碱液在 50℃ 以上温度浸泡后，清洗干净，沥干水后杀菌。果酒可先经巴氏杀菌再进行热装瓶或冷装瓶，含酒精低的果酒，装瓶后还应进行杀菌。

二、果醋的酿造

（一）果醋发酵原理

当氧气、糖源充足时，醋酸菌将葡萄汁中的糖分解成醋酸；当缺少糖源时，醋酸菌将乙醇变为乙醛，再将乙醛变为醋酸。

（二）果醋的酒酿造工艺

1. 清洗

将水果或果皮、果核等投入池中，用清水冲洗干净，拣去腐烂部分与杂质等，取出沥干。

2. 蒸煮

将上述洗净的果实放入蒸汽锅内，在常压下蒸煮 1 ~ 2 h。在蒸煮过程中，可上下翻动 2 ~ 3 次，使其均匀熟透，然后降温至 50 ~ 60℃，加入为原料总重量 10% 的用黑曲霉制成的麸曲，或加入适量的果胶酶，在 40 ~ 50℃ 温度下，糖化 2 h。

3. 榨汁

糖化后，用压榨机榨出糖化液，然后泵入发酵用的木桶或大缸中，并调整浓度。

4. 发酵

糖化液温度保持在 28 ~ 30℃，加入酒母液进行酒精发酵，接种量（酒母液量）为糖化液的 5% ~ 8%。发酵初期的 5 ~ 10 d，需用塑料布密封容器。当果汁含酸度为 1% ~ 1.5%、酒精度为 5 ~ 8 度时，酒精发酵已基本完成。接着将果汁的酒精浓度稀释至 5 ~ 6 度，然后接入 5% ~ 10% 的醋酸菌液，搅匀，将温度保持在 30℃，进行醋酸静置发酵。经过 2 ~ 3 d，液面有薄膜出现，说明醋酸菌膜形成，一般 1 度酒精能产生 1% 的醋酸，发酵结束时的总酸度可达 3.5% ~ 6%。

5. 过滤灭菌

在醋液中加入适量的硅藻土作为助滤剂，用泵打入压滤机进行过滤，得到清醋。滤渣加清水洗涤 1 次，将洗涤液并入清醋，调节其酸度为 3.5% ~ 5%。然后将清醋经蒸汽间接加热至80℃以上，趁热入坛包装或灌入瓶内包装，即为成品果醋。

上述液体发酵工艺，能保持水果原有香气。但应注意，酒精发酵完毕后，应立即投入醋酸菌，最好保持30℃恒温进行醋酸发酵，温度高低相差太大，会使发酵不正常。如果在糖化液中加入适量饴糖或糖类混合发酵，效果更好。

第六节 腌制品

蔬菜腌渍在我国有着悠久的历史，经过劳动人民的不断实践和改进，出现不少加工方法和品种繁多的腌渍蔬菜，可谓咸、酸、甜、辣应有尽有，其中有不少是各地著名的特产，如四川榨菜、泡菜，北京冬菜，扬州酱菜，浙江萧山萝卜干，云南大头菜，广东酥姜和咸酸菜等，畅销国内外，深受消费者欢迎。

一、腌制品的分类及特点

根据所用的原料、腌制过程、发酵程度及风味，可分为以下几类。

（一）发酵性蔬菜腌制品

这类腌菜食盐用量较低，往往加用香辛料，在腌制过程中，经乳酸发酵，利用发酵所产生的乳酸与加入的食盐及香辛料等的防腐作用来保藏蔬菜并增进其风味，这一类产品具有较明显的酸味。根据腌制处理方法的不同可分为干盐处理和盐水处理两类。干盐处理是先将菜体晾晒，使菜萎蔫失去部分水分，然后用食盐揉搓后下缸腌制，让其自然发酵产生酸味，如酸菜。盐水处理是将菜放入调制好的盐水中，任其进行乳酸发酵产生酸味，如泡菜等。

（二）非发酵性蔬菜腌制品

这类腌菜食盐用量较高，不产生乳酸发酵或只有极轻微的发酵，主要是利用高浓度的食盐、糖及其他调味品来保藏和增进风味。依其所含配料、水分和味道不同，分咸菜、酱菜、糖醋菜三大类。

1.咸菜类

咸菜类制品是一种腌制方法比较简单、大众化的蔬菜腌制品，只进行盐腌，利用较浓的盐液来保藏蔬菜，并通过腌制改进蔬菜的风味。根据产品状态不同有湿态、半干态和干态三种。

（1）湿态

在盐渍过程中，乳酸发酵轻微，制成成品后菜不与菜卤分开，如腌白菜等。

（2）半干态

在盐渍过程中，经过不同程度乳酸发酵，制成成品后菜与菜卤分开，如榨菜等。

（3）干态

利用盐渍先脱去一部分水分，再经晾晒或干燥使其制品水分降至15%左右的盐渍品，如霉干菜、干菜笋等。

2.酱菜类

将经过盐腌的蔬菜浸入酱或酱油内进行酱渍，使酱液中的鲜味、芳香、色素和营养物质等渗入蔬菜组织内，增进制品的风味。酱腌菜的共同特点是无论何种蔬菜，均先进行盐腌制成半成品咸坯，而后再酱渍成酱菜。根据干湿状态不同可分卤性酱菜和干态酱菜两种。

（1）卤性酱菜

这是各种咸坯蔬菜经选料、切制、去咸，再以酱或酱油等调料浸泡、酱渍，形成滋味鲜甜的酱菜，如酱萝卜头、酱乳黄瓜等。

（2）干态酱菜

干制酱菜主要用鲜、咸大头芥、腌萝卜为原料，经加工切制成细丝、橘片、蜜枣形等形状，如龙须大头芥、蜜枣萝卜头等。

（3）糖醋菜类

蔬菜经过盐腌后，浸入配制好的糖醋液中，使制品酸甜可口，并利用糖醋的防腐作用保藏蔬菜，如糖醋大蒜头等。

二、泡酸菜类

泡菜和酸菜是用低浓度食盐溶液或少量食盐来腌泡各种鲜嫩蔬菜而制成的一种带酸味的腌制加工品，主要是利用乳酸菌在低浓度食盐溶液中进行乳酸发酵。

（一）生产工艺

1.泡菜

泡菜不仅咸酸适口，味美嫩脆，还能增进食欲帮助消化，具有一定的医疗功效。

（1）工艺流程

原料选择→原料预处理→装坛泡制与管理→成品

（2）工艺要点

①原料选择

泡菜以脆为贵，凡质地紧密，腌制后仍能保持脆嫩状态的蔬菜，均可采用。如萝卜、胡萝卜、甘蓝等。

②泡菜容器

最好用泡菜坛子，普通的坛罐不能保持嫌气状态，易于败坏。泡菜坛用陶土烧制而成，口小肚大，在距坛口边沿约 6 ~ 16 cm 处设有一圈水槽，槽缘稍低于坛口，坛口上放一菜碟作为假盖以防生水浸入。

③加工过程

先将泡菜坛洗净沥干水分，然后将洗净并切分好的蔬菜原料投入坛内，加入 6% ~ 8% 的盐水，以淹没蔬菜为度，液面距坛口约 6 ~ 7 cm，盖上假盖，覆以坛盖，在水槽中加注冷开水或盐水，形成水槽封口。将坛置于阴凉处，任其自然发酵，至含酸量达 0.4% ~ 0.8% 时即为成熟。

④泡菜的成熟

泡菜的成熟期随所用蔬菜种类和当时的气温而异。一般新配盐水在夏天泡制约需 5 ~ 7 d 成熟，冬天需放温暖处 12 ~ 16 d 成熟。叶菜类如甘蓝需时较短，根茎类需时较长。直接用陈泡菜卤泡制时则成熟期可缩短，泡菜卤泡的次数愈多，菜的风味也愈浓厚，不过应注意泡菜卤食盐浓度的变化。

2.酸菜

酸菜的腌制方法简单，除乳酸发酵外，不加或加少量食盐腌制，制品有特殊酸香味。

（1）原料选择

腌制酸菜的主要原料是叶菜类，如芥菜、结球白菜、黄瓜等。蔬菜收获后，除去烂叶老叶，削去菜根，晾晒 2 ~ 3 d，以晾晒至原重量的 65% ~ 70% 为宜。

（2）容器

腌制容器一般采用大缸或木桶。用盐量是每 100 kg 晒过的菜用盐 4 ~ 5 kg，如要保藏较长时间可酌量增加。腌渍用水以硬水为宜。

（3）腌制方法

腌制时，一层菜一层盐，并进行揉压，以全部菜压紧压实至见卤水为止。一直腌渍到距缸沿 10 cm 左右，加上竹栅，压以重物。待菜下沉，菜卤上溢后，还可加腌一层，其上仍然压上重物，使菜卤漫过菜面 7 ~ 8 cm，然后置于凉爽处任其自然发酵产生乳酸，约经 30 ~ 40 d 即可腌成。

（二）泡菜腌制的关键控制点及预防措施

1.失脆及预防措施

（1）失脆原因

蔬菜腌制过程中，促使原果胶水解而引起脆性减弱的原因有两方面：一是原料成熟度过高，或者原料受了机械损伤；二是由于腌制过程中一些有害微生物分泌的果胶酶类水解果胶物质，导致果蔬变软。

（2）预防措施

① 原料选择

原料预处理时剔除过熟及受过损伤的蔬菜。

② 及时腌制与食用

收获后的蔬菜要及时腌制，防止品质下降；不宜久存的蔬菜应及时取食；及时补充新的原料，充分排出坛内空气。

③ 抑制有害微生物

腌制时注意操作及加工环境，尽量减少微生物的污染。

④ 使用保脆剂

把蔬菜在铝盐或钙盐的水溶液中进行短期浸泡，然后取出再进行腌制。

⑤ 泡菜用水的选择

泡菜用水与泡菜品质有关，以用硬水为好，井水和泉水是含矿物质较多的硬水，用以配制泡菜盐水，效果最好，硬度较大的自来水亦可使用。

⑥ 食盐的选用

食盐宜选用品质良好，含苦味物质如硫酸镁、硫酸钠及氯化镁等极少，而氯化钠含量至少在95%以上者为佳。我们常用的食盐有海盐、岩盐、井盐。最宜制作泡菜的是井盐，其次为岩盐。

⑦ 调整腌制液的pH值与浓度

果胶在pH值为4.3～4.9时水解度最小，所以腌制液的pH值应控制在这个范围。另外，果胶在浓度大的腌渍液中溶解度小，菜不容易软化。

2.生花及预防措施

（1）生花原因

在泡菜成熟后的取食期间，有时会在卤水表面形成一层白膜，俗称"生花"，实为酒花酵母菌繁殖所致。此菌能分解乳酸，降低泡菜酸度，使泡菜组织软化，甚至导致腐败菌生长而造成败坏。

（2）预防措施

① 注意水槽内的封口水，务必不可干枯。坛沿水要常更换，始终保持洁净，并可在坛沿内加入食盐，使其含盐量达到15%～20%。

② 揭坛盖时，勿把生水带入坛内。

③ 取泡菜时，先将手或竹筷清洗干净，严防油污。

④ 经常检查盐水质量，发现问题，及时酌情处理。

补救办法是先将菌膜捞出，加入少量白酒或酒精，或加入切碎洋葱或生姜片，将菜和盐水加满后密封几天，花膜即可消失。

三、咸菜类

咸菜类是我国南北各地普遍加工的一类蔬菜腌制品，产量大，风味各异，保存性好，深受人们欢迎。咸菜加工工艺不完全相同，下面介绍几种常见咸菜的加工工艺。

（一）咸菜

咸菜全国各地每年都有加工，四季均可进行，而以冬季为主。

1.原料选择与处理

适用的蔬菜有芥菜、白菜、萝卜、辣椒等，尤以前三种最常用。采收后削去菜根，剔除边皮黄叶，在日光下晒 1 ~ 2 d，减少部分水分，并使质地变软。

2.腌制方法

将晾晒后的净菜依次排入缸内（或池内），按每 100 kg 净菜加食盐 6 ~ 10 kg，依保藏时间的长短和所需口味的咸淡而定。按照一层菜铺一层盐的方式，并层层搓揉或踩踏，进行腌制。要求搓揉到见菜汁流出，排列紧密不留空隙，撒盐均匀而底少面多，腌至八至九成满时将多余食盐撒于菜面，加上竹栅并压上重物。到第 2 ~ 3 d 时，卤水上溢菜体下沉，使菜始终淹没在卤水下面。

3.腌渍时间

冬季约 1 个月左右，以腌至菜梗或片块呈半透明而无白心为标准，成品色泽嫩黄，鲜脆爽口。一般可贮藏 3 个月。腌制时间过长，其上层接近缸面的腌菜质量下降，开始变酸，质地变软直至发臭。

（二）榨菜

榨菜是四川的特产，目前除四川外，江浙一带发展也很快。现将浙江榨菜加工工艺介绍如下。

1.工艺流程

原料收购→剥菜→头次腌制→头次上囤→二次腌制→二次上囤→修剪挑筋→淘洗上榨→拌料装坛→覆口封口→成品

2.工艺要点

（1）原料收购

菜头大小适中，不抽薹，呈团圆形，无空心硬梗，菜体完整无损伤，空心老壳菜及硬梗菜应不予收购。

（2）剥菜

用刀从根部倒扦，除去老皮老筋，刀口要小，不可损伤菜头上的突起菜瘤及菜耳，剥菜损耗约 10% ~ 15%。剥菜后根据菜头形状和大小，进行切分，长形菜头则拦腰一切为二,500 g 以上菜头，切分为 2 ~ 3 块，中等大小圆形的对剖为两半，150 g 以下的不切。

（3）头次腌制

一般采用大池腌制，每批不超过 16 ~ 17 cm，撒盐要均匀，层层压紧，直到食盐溶化，如此层层加菜加盐压紧，腌到与池面齐时，将所留面盐全部撒于菜面，铺上竹栅压上重物。

（4）头次上囤

腌制一定时间后（一般不超过 3 d）即出池，进行第一次上囤。先将菜块在原池的卤水中进行淘洗，洗去泥沙后即可上囤，囤底要先垫上篾垫，囤苇席要围得正直，上囤时要层层耙平踩紧，囤的大小和高度，按菜的数量和情况适当掌握，以卤水易于沥出为度，面上压以重物。上囤时间勿超过一天。出囤时菜重为原重的 62% ~ 63%。

（5）二次腌制

菜出囤后过磅，进行第二次腌制。操作方法同前，但菜块下池时每批不超过 13 ~ 14 cm。用盐量按出囤后重每 100 kg 用盐 5 kg。在正常情况下腌制时间一般不超过 7 d，若需继续腌制，则应翻池加盐，每 100 kg 再加 2 ~ 3 kg，灌入原卤，用重物压好。

（6）二次上囤

操作方法同前一次上囤，这次囤身宜大不宜小，菜上囤后只需耙平压实，面上可不压重物，上囤时间以 12 h 为限。出囤时的折率约为 68% 左右。

（7）修整挑筋

出囤后将菜块进行修剪，修去粗筋，剪去飞皮和菜耳，使外观光滑整齐，整理损耗约为第二次出囤菜的 5% 左右。

（8）淘洗上榨

整理好的菜块再进行一次淘洗，以除尽泥沙。淘洗缸需备两只以上，一只供初洗，二只供复洗，淘洗时所用卤水为第二次腌制后的滤清卤。洗净后上榨，上榨时榨盖一定要缓慢下压，使菜块外部的明水和内部可能压出的水分徐徐压出，而不使菜块变形或破裂。上榨时间不宜过久，程度须适当，勿太过或不及，必须掌握出榨折率在 85% ~ 87%。

（9）拌料装坛

出榨后称重，按每 100 kg 加入以下配料：辣椒粉 1.75 kg、花椒 65 ~ 95 g、五香粉 90 g、甘草粉 65 g、食盐 5 kg、苯甲酸钠 60 g。

（10）覆口封口

装坛后 15 ~ 20 d 要进行一次覆口检查，将塞口菜取出，如坛面菜块下陷，应添加同等级的菜块使其装紧，铺上一层菜叶，然后塞入干菜叶，要塞得平实紧密，随即封口。封口用水泥，其配方为水泥 4 份，河沙 9 份，石灰 2 份，先将各物拌匀加适量水调成稠浆状。涂封要周到、勿留孔隙。

四、酱菜类

酱菜加工各地均有传统制品，如扬州的什锦酱菜、北京的酱菜都很有名。优良酱菜除应具有所用酱料色、香、味外，还应保持蔬菜固有的形态和质地脆嫩的特点。

（一）扬州什锦酱菜

什锦酱菜是一种最普通的酱菜，系由多种咸菜配合而成，所以称之为“什锦”。什锦酱菜所选用的蔬菜有大头菜、萝卜、胡萝卜、草石蚕、洋姜、生姜、球茎甘蓝、榨菜、莴笋、花生仁等。

1.原料选择及配料（以百分比计算）

（1）传统什锦酱菜配料

甜瓜丁 15 kg，大头芥丝 7.5 kg，莴苣片 15 kg，胡萝卜丝 7.5 kg，乳黄瓜段 20 kg，佛手姜 5 kg，萝卜头丁 20 kg，宝塔菜 5 kg，花生仁 2.5 kg，核桃仁 1 kg，青梅丝 1 kg，瓜子仁 0.5 kg。

（2）普通什锦苦菜配料

黄瓜段 20 kg，菜瓜丝 8 kg，胡萝卜片 8 kg，莴苣片 16 kg，大头菜丝 6 kg，菜瓜丁 8 kg，萝卜头丁 15 kg，大头菜片 6 kg，佛手姜 5 kg，宝塔菜 3 kg，胡萝卜丝 5 kg。

2.加工方法

加工时先去咸漂淡排卤后，进行初酱。即将菜坯抖松后混合均匀，装入布袋内（装至口袋容量的 2/3，易于酱汁渗透），投入 1 ∶ 1 的二道甜酱内，漫头酱制 2 ~ 3 d，每天早晨翻捺酱袋一次，使酱汁渗透均匀。初酱后，把酱菜袋子取出淋卤 4 ~ 5 h（袋子相互重叠堆垛，一半时间后上下对调一次），然后投入 1 ∶ 1 的新稀甜酱内进行复酱，仍按初酱的工艺操作，复酱 7 ~ 10 d 即成色泽鲜艳（红、绿、黄、黛）、咸甜适宜、滋味鲜甜、质地脆嫩的酱菜。

（二）绍兴酱瓜

绍兴酱瓜因原料及制法不同，分为贡瓜、酱瓜和酱黄瓜三种。

1.贡瓜

用鲜嫩菜瓜制成，瓜长约 15 ~ 16 cm，横径约 1.5 ~ 1.6 cm。洗净沥干后按每 100 kg 原料加盐 15 kg 入缸腌制，腌足 4 d，出缸沥干，再翻入另一缸中再加盐 5 kg 作第二次腌制，腌 3 d 后取出沥干 4 h。此时瓜重约为原重的 66% 左右。酱制时每 100 kg 瓜坯用"酱籽"（即作甜酱的霉饼）56 kg，预先将其晒干捣碎，按一层酱籽一层瓜的装法入缸，瓜要排列整齐，约经 5 ~ 6 d，其瓜卤逐渐上升，使表面酱籽润湿，即可进行第一次翻缸。如此时尚未润湿，可洒入少量二榨酱油后再行翻缸。翻缸后放在室内酱制的约需 40 d 酱好，置于室外日晒者约 30 d 即可酱好。将酱好的贡瓜从酱缸内取出抹去面酱，装入小口坛内压紧，坛口处加原酱 2.5 ~ 3 kg 将瓜淹没，然后密封坛口即成。

2.酱瓜

用较大的菜瓜制成。腌制时第一次按每 100 kg 鲜瓜加食盐 20 kg，腌制 7 d，出缸沥干，翻入另一缸中加盐 12 kg 进行第二次盐腌。在瓜面加上竹栅压以重物，使瓜淹没在卤水中即可长期贮藏，以备随时取用。酱制前取出咸瓜切开去籽，再切成片状，在清水中去咸，取出沥水排卤，按每 100 kg 瓜片加入榨酱油 40 kg 浸渍酱制，夏季浸 24 h，冬季浸 48 h 即成。

3.酱黄瓜（乳黄瓜）

原料为 10 cm 左右的鲜嫩小黄瓜。洗净后每 100 kg 用盐 18 kg，腌渍 4 ~ 5 d。时间不宜过短，否则使第二次腌制时出卤多，对贮藏不利。准备长期贮藏的咸坯，于第一次腌制后取出沥干，翻入另一缸中再加盐 12 kg，加竹栅以重物压实。如不需贮藏可随即酱制，第一次用盐量也可以酌减。用贮藏的咸坯酱制时，先行去咸（不需切分），按每 100 kg 加入榨酱油 30 kg，酱制 24 h 后，取出沥干，翻入另一缸中再加入榨酱油 30 kg，酱渍 24 h 后，即为成品。

（三）玫瑰大头菜

玫瑰大头菜是用鲜大头菜或其咸坯，经腌制浸烫、拌料酱制而成的干制酱菜，亦可用咸大头菜加工。

1.工艺流程

采收洗涤→腌制→选型切割→烫卤→拌料酱制→成品

2.工艺要点

（1）采收洗涤

鲜大头菜每年小雪前后采收，收后削去头尾缨须、表皮疙瘩，洗净泥沙。

（2）腌制

洗净沥干后放入缸内，用老卤（即贮存大头菜的咸卤）漫头浸泡，3 d后翻缸，再按每100 kg鲜大头菜用盐5～6 kg撒匀，腌制3～4 d后封缸，缸面用竹片卡紧，再用高浓度盐卤漫头浸渍贮存，定期测量缸内菜卤浓度。

（3）选型切割

选择个形圆整、大小均匀（每只在150～200 g）的咸大头菜，先将表皮削净，后沿着大头菜对角两面交叉方向，每边分别切割成0.5～0.8 cm的薄片，切割深度达菜头的1/2左右，形成上下片交叉连接的网状，呈兰花形的菜头。菜坯切割好后，须曝晒3～4 d，晒至菜体卷边皱缩，占原重量的70%左右，即可收存，为半成品玫瑰大头菜坯。

（4）烫卤

将晒干后的大头菜坯倒入缸中，用淡酱油或二酱卤，加热煮沸后冷却至70℃左右时，均匀地倒入菜坯上浸烫，一般烫卤后浸泡5～6 d，每天将菜坯翻捺一次使其吸卤均匀。浸泡后，捞出菜坯曝晒2～3 d，至菜坯皱缩干燥后倒入缸内。再将浸泡原卤加热煮沸冷却至70℃后，进行第二次漫头浸烫，一般再浸泡3～4 d后，出缸曝晒1～2 d，晒至菜坯表面干燥，即可拌料酱制。

（5）拌料酱制

按每100 kg上述菜坯用料如下：酱油10 kg，稀甜酱卤10 kg，酱色5 kg，13～14° Be淡酱油40～50 kg，糖精10 g，味精50 g，食糖5 kg，曲酒1 kg，干玫瑰花25 g，苯甲酸钠100 g，玫瑰香精25 g。

将上述各种辅料放入锅内加热煮沸约25 min，出锅前放入干玫瑰花及玫瑰香精，搅拌均匀，待辅料卤冷至65～75℃时，进行拌料酱制。拌料时先将晒干菜坯放入缸内，容量占1/2左右，将辅料卤均匀地倒在菜坯上，边倒边拌，使卤汁均匀渗透。拌料后每天翻拌倒缸一次，翻后需将菜坯捺实，翻拌倒缸七次，后再焖缸3 d，约10 d后成熟。然后装坛封口贮存即为成品。

五、糖醋菜类

糖醋菜类各地均有加工，以广东糖醋酥姜、镇江糖醋大蒜等较为有名。原料以生姜、大蒜、萝卜等为主，制品甜而带酸，又脆又嫩，清香爽口，深受人们欢迎。

（一）糖醋大蒜

大蒜收获后选择鲜茎整齐、肥大色白、质地鲜嫩的蒜头。切去根部和假茎，剥去包在外部的粗老蒜皮，洗净沥干水分，进行盐腌。腌制时，按每 100 kg 鲜蒜头用盐 10 kg，分层腌入缸中，一层蒜头一层盐，装到半缸或大半缸时为止。腌后每天早晚各翻缸一次，连续 10 d 即成咸蒜头。

把腌好的咸蒜头从缸内捞出沥干卤水，摊铺在席上晾晒，每天翻动 1 ~ 2 次，晒到 100 kg 咸蒜头只重 70 kg 左右为宜。

按晒后重每 l00 kg 用食醋 70 kg，红糖 18 kg，糖精 15 g。先将醋加热至 80℃，加入红糖令其溶解，稍凉片刻后加入糖精，即成糖醋液。

将晒过的咸蒜头先装入坛内，只装 3/4 坛并轻轻摇晃，使其紧实后灌入糖醋液至近坛口，将坛口密封保存，1 个月后即可食用。在密封的状态下可供长期贮藏，糖醋腌渍时间长些，制品品质会更好一些。

（二）糖醋芥头

芥头形状美观，肉质洁白而脆嫩，是制作糖醋菜的好原料。原料采收后除去霉烂、带青绿色及直径过小的芥头，剪去根须和梗部，保留梗长约 2 cm，用清水洗净泥沙。

腌制时，按每 100 kg 原料用盐 5 kg。将洗净的原料沥去明水，放在盆内加盐充分搅拌均匀，然后倒入缸内，至八成满时，撒上封面盐，盖上竹帘、用大石头均匀压紧，腌制 30 ~ 40 d，使芥头腌透呈半透明状。捞出并沥去卤水，用清水等量浸泡去咸，时间约 4 ~ 5 h。最后用糖醋液，方法和蒜头腌法基本相同，但所用糖醋液配料为 2.5% 的冰醋酸液 70 kg，白砂糖 18 kg，糖精 15 g。不可用红糖和食醋，这样才能显出制品本身的白色。

第七节　速冻制品

果蔬速冻，是将经过处理的果蔬原料以很低的温度（-35℃左右）在极短的时间内采用快速冷冻的方法使之冻结，然后在 -20 ~ -18℃的低温中保藏的方法。这种保藏方法不同于新鲜果蔬的保藏，属于果蔬的加工范畴，因为原料在冻结之前，需经过修整、热烫或其他处理，再放入 -35 ~ -25℃的低温条件下迅速冻结，这时原料已不再是活体，但物质成分变化极小。

速冻保鲜方法是食品保鲜方法中能最大限度地保持食品原有色、香、味和外观、品质的方法，低温不仅能抑制微生物及酶类活动，而且降低了食品基质中的水活性，防止了食品的腐烂变质，并且能起到地区和季节差异的调节作用。

一、速冻原理及速冻过程

冷冻是一种去热的结果，热是与物体相联系的能量，来自物体内部的分子运动。冷冻就是将产品中的热或者能量排出去，使水变成固态的冰晶结构，这样可以有效地抑制微生物的活动及酶的活性，使产品得以长期保存。

（一）冷冻过程及冰点温度

水的冻结包括降温和结晶两个过程。水由原来的温度降到冰点时（0℃）开始变态，由液态变为固态即结冰。在有温差的条件下，待全部水分结冰后温度才能继续下降。

在冷冻过程中，果蔬品温的下降会出现一个过冷现象，过冷现象的产生，主要是液态变为固态须放出潜热的缘故。

水在降温过程中，当其达到冰点时，就开始液态—固态之间的转变，进行结冰。结冰过程也包括两个过程，即晶核的形成和晶体的增长。晶核的形成是极少一部分水分子以一定的规律结合成颗粒型的微粒，是结晶的核心，晶体增大的基础。晶核是在过冷条件下形成的。晶体的增大是水分子有次序地结合到晶核上去，继续增加就会使晶体不断扩大。

纯水的结冰温度称为冰点（0℃），而果蔬中的水呈一种溶液状态，内含许多有机物质，它的冰点温度比纯水要低，而且溶液浓度越高，冰点温度越低。

（二）冷冻时晶体形成的特点

晶体形成的大小与晶核的数目有关，而晶核数目的多少又与冷冻速度有关。在速冻条件下，由于果蔬组织细胞内和细胞间隙中的水分能够同时形成数量多、分布又比较均匀的晶核，进而生成比较细小的晶体，这样在晶体增长过程中，体积增长得小，不会损伤果蔬细胞组织，因此解冻后容易恢复原状，从而更好地保持了果蔬原有的品质，使色、香、味和质地均接近于新鲜原料。

与缓冻相比较，即形成的晶核数目少。随着冷冻的持续进行，晶核就要增长为较大的晶体，由于晶体在细胞间隙中不断增长变大，就要造成细胞的机械损伤：细胞破裂，汁液外流，果蔬软化，风味消失，影响产品质地，食用时具有一定的冻味。

果蔬解冻后再冻结，会使冰晶体的体积继续增大，对产品不利，如解冻和冷冻反复进行，情况将更严重，因此在冻藏中要避免库温的波动，否则就是速冻产品也会失去速冻的优越性。

（三）冷冻量的要求

冷冻食品的生产，首先是在控制的条件下，排除食品中的热量达到冰点，使产品内的水冻结凝固，其次是冷冻保藏。两者都涉及热的排除和防止外来热源的影响。冷冻的控制、制冷系统的要求以及保温建筑的设计，都要依据产品的冷冻量进行合理规划。

二、速冻方法和设备

果蔬速冻的方法大体可分为间接冷冻和直接冷冻两类，以间接冷冻方法比较普遍。

（一）鼓风冷冻机

生产上一般采用的是隧道式鼓风冷冻机，在一个长形的、墙壁有隔热装置的通道中进行，产品放在车架上层筛盘中以一定的速度通过隧道。冷空气由鼓风机吹过冷凝管再送到隧道中川流于产品之间，使之降温冻结。冷风的进向与产品通过的方向相对进行，产品出口的温度与最低的冷空气接触得到良好的冻结条件。有的装置是在隧道中设置几次往复运行的网状履带，原料先落入最上层网带上，运行到末端则卸落到第二层网带上，如此反复运卸到最下层的末端，冷冻完毕卸出。

这种速冻方法一般采用的冷空气温度为 −34 ~ −18℃，风速 30 ~ 1000m/ min。

（二）流动床式冻结器

这是当前被认为较理想的速冻方法，特别适用于小型水果，如草莓、樱桃等，冻结器中有带孔的传送带，也可以是固定带孔的盘子，从孔下方以极大的风速向上吹送 −35℃以下的强冷风，使果实几乎悬空漂浮于冷气流中冷冻，缺点是原料失重较大。此法也是小型颗粒产品，如青豆、甜玉米及各种切分成小块的蔬菜常用的速冻方法，但该方法要求原料形体大小要均匀，铺放厚度一致，冷冻效果才迅速、均衡。

（三）板式冰结器

在冻结器中有一组冷冰板，垂直或平行排列，将小包装或散装的原料夹在两冻结板之间，加压使之与冻结板紧密接触，冷冻板降温到 −35℃以下，因而原料迅速冻结。目前板式冻结器的使用也很普遍，有间歇式、半自动和全自动的，但其冷冻方式基本上是一样的，即将包装的原料放置在冷冻器的空心金属板上，上面的空心金属板紧密地压放在包装原料的上面，制冷剂川流于空心金属板中，以维持低温。这种方式冷冻速度很快，一般在 30 ~ 90 min 即完成冷冻任务，冷冻时间的差异取决于包装体积的大小和内容物的性质等。

（四）鼓式冻结器

主要设备是一个能够旋转的鼓形冻结器，其内壁光滑并安装有蒸发器，使温度降到 -35℃以下。这种冻结器适用于果汁等流体的冻结，当冻结鼓缓缓旋转时，倒入果汁即可在鼓的内壁冻结成薄冰片，然后剥下装入容器中贮藏。

（五）浸渍（或喷淋）冷冻法

这是一种直接的冷冻方法，即将产品直接浸在液体制冷剂中的冷冻方法。由于液体是热的良好导体，且产品直接与制冷剂接触，增加热交换效能，冷冻速度最快。进行浸渍冷冻的产品，有包装的和不包装的，直接浸入制冷剂中或用制冷剂喷淋产品。

果蔬浸渍冷冻中，为了不影响产品的风味质量，常采用糖液或盐液作为直接浸渍冷冻介质，而糖液和盐液由机械冷凝系统将其降温维持在要求的冷冻温度。

三、速冻工艺

果蔬种类不同，速冻前处理方法也不同，有的需要烫漂，有的需要以添加剂浸泡，所以果蔬速冻加工工艺可分为烫漂速冻工艺和浸泡速冻工艺两种。

（一）烫漂速冻工艺

原料验收→挑选→清洗→预处理→烫漂→冷却、沥干→快速冻结→加冰衣→包装→冻藏

（二）浸泡速冻工艺

原料验收→挑选→清洗→预处理→浸泡、漂洗→（沥干）、预冷→快速冻结→包装→冻藏

第八节　果蔬脆片加工

果蔬脆片是利用真空低温油炸技术加工而成的一种脱水食品，在加工过程中，一般先把果蔬切成一定厚度的薄片，然后再在真空低温的条件下将其油炸脱水，产生一种酥脆性的片状食品，故而命名为果蔬脆片。果蔬脆片以其自然的色泽，松脆的口感，天然的成分，宜人的口味，融合纯天然、高营养、低热量、低脂肪的优点，深受人们的宠爱。

一、工艺流程

原料→选择→预处理→热烫→浸渍→沥干→冷冻→低温真空油炸→脱油→调味→包装→成品

二、工艺要点

（一）原料选择

要求原料须有较完整的细胞结构，组织较致密，新鲜，无虫蛀、病害、无霉烂及机械伤。适合加工果蔬脆片水果主要有：苹果、柿、枣、哈密瓜、香蕉、菠萝、芒果等。适合加工果蔬脆片的蔬菜有：胡萝卜、马铃薯、甘薯、马蹄、黄豆等。

（二）预处理

（1）挑选原料

经初选，剔除有病、虫、机械伤及霉烂变质的原料，按果蔬成熟度及等级分级，便于加工。

（2）洗涤

洗去原料表面的尘土、泥沙及部分微生物、残留农药等。对农药严重污染的原材料要用 0.5% ~ 1.0% 的盐酸浸泡 5 min 后，再用冷水冲洗干净。

（3）整理、切片

有些果蔬应去皮、去核后再切片，有些可直接切片，一般厚度为 2 ~ 4 mm。

（三）热烫

热烫主要是防止酶褐变。一般温度为 100℃、时间 15 min。

（四）浸渍

一般用 30% ~ 40% 的葡萄糖溶液浸渍已经过热烫的原料。

（五）预冻结

油炸前进行冷冻处理有利于油炸，但原料经冷冻后，对油炸的温度、时间有较高的要求，要注意条件。一般原料冻结速率越高，油炸脱水效果越好，脆片的感官质量也越理想。

（六）真空低温油炸

原料油炸前，油脂应先预热，温度为 100 ~ 120℃时将已冻结的原料迅速加入，关闭仓门，启动真空系统，以防物料在油炸前融化。当真空度达到要求时，启动油炸开关，在液压推杆的作用下，物料被慢速浸入油脂中油炸。到达底点时，被相同的速度缓慢提起，升至最高点又缓慢下降，如此反复，直至油炸完毕，整个过程耗时 15 min，如未冻结的原料则需要 20 min。

（七）脱油

油炸后的物料表面沾有不少油脂，需要脱油。

（八）后处理

包括调味、冷却、半成品检测、包装等工序。

三、关键控制点及预防措施

果蔬脆片生产结合了真空干燥技术、真空冷冻干燥技术，在生产中的应用十分复杂，还需要不断改进。

（一）原料选择

原料应进行严格的质量控制，应对原料产地的农药使用情况及周围生态情况进行调查和监督，加强对原料的检查验收。

（二）护色硬化

由专业人员根据工艺要求配置护色硬化液，将切片后的原料迅速浸入浸泡。

（三）冷冻

冷冻可以改善产品的品质，提高产品的酥脆度。冷冻方式的选择，对产品的酥脆度影响很大。

（四）真空油炸

真空油炸是整个工艺的关键，尤其是起始油炸真空度、油炸温度、油炸时间、脱油时间直接影响产品的感官品质和营养品质。起始油炸真空度越高，产品的酥脆度越好。油炸温度太高会使产品色泽发暗，油炸温度太低会使油炸时间延长。

较理想的工艺为：起始油炸真空度为 0.09 ~ 0.094 MPa，油炸温度为 85 ~ 88℃，油炸时间随果蔬性能的不同而异，有的几十秒，有的几十分钟，同时应定期对油进行清洗、检测、更换。

（五）脱油

一般用离心甩油方法脱油，离心甩油又有常压脱油、真空脱油两种。常压脱油时间为 4 ~ 5 min，脱油后产品的含油率高达 15% ~ 20%。真空脱油时间为 1 min 左右，脱油后产品的含油率为 12% 以下。因脱油时物料太脆，稍有不慎，将造成大量碎片，应在脱油时增加防止果蔬脆片破碎的装置。

（六）包装

包装车间应注意消毒。包装最好采用抽空充 N_2 包装，并确保封口严密。

第九节　果蔬最少加工处理

MP（minimally processed，最少加工处理）果蔬是美国于20世纪50年代以马铃薯为原料开始研究的，20世纪60年代在美国开始进入商业化生产。20世纪80年代以来，在欧美、日本等国得到了较快的发展。

目前工业化生产MP果蔬的品种主要有甘蓝、胡萝卜、生菜、韭葱、芹菜、马铃薯、苹果、梨、桃、草莓、菠萝等。MP果蔬生产在我国起步较慢，加工规模比较小，但随着人们生活水平的提高，对果蔬消费的要求除了优质新鲜外，对于食用的简便性也提出了更高的要求，因此，MP加工愈来愈受到重视。

一、基本原理

MP果蔬与传统的果蔬保鲜技术相比，货架期不仅没有延长，而且明显缩短，更不用说与传统的果蔬加工制品相比了。MP果蔬生产必须解决两个基本问题。一是果蔬组织仍是有生命的，而且果蔬切分后呼吸作用和代谢反应急剧活化，品质迅速下降，由于切割造成的机械损伤导致细胞破裂、切分表面发生木质化或褐变，失去新鲜产品的特征，大大降低切分果蔬的商品价值。二是微生物的繁殖，必然导致切割果蔬迅速败坏腐烂，尤其是致病菌的生长还会导致安全问题。完整果蔬的表面有一层外皮和蜡质层保护，有一定的抗病力，在MP果蔬中，这一保护层常被除去，并被切成小块，使得内部组织暴露，表面含有的糖和其他营养物质，有利于微生物的繁殖生长。因此，MP果蔬的保鲜主要是保持品质、防止褐变和防病害腐烂。保鲜方法主要有低温保鲜、气调保鲜和食品添加剂处理等，并且经常需要几种方法配合使用。

（一）低温保鲜

低温可抑制果蔬的呼吸作用和酶的活性，降低各种生理生化反应的速度，延缓果蔬衰老和抑制褐变，同时也抑制了微生物的活动，所以MP果蔬品质的保持，最重要的是低温保存。温度对果蔬质量的变化，作用最强烈，影响也最大。环境温度愈低，果蔬生命活动进行得愈缓慢，保鲜效果愈好，但不同果蔬对低温的忍耐力不同，每种果蔬都有其最佳保存温度。当温度降低到某一程度时会发生冷害，使货架期缩短。因此，有必要对每一种果蔬进行冷藏适温试验，以期在保持品质的基础上，延长MP果蔬的货架寿命。

值得注意的有些微生物在低温下仍然可以生长繁殖，因此为保证 MP 果蔬的安全性，除低温保鲜外，还需要结合酸化、加防腐剂等其他防腐处理。

（二）气调保鲜

气调保鲜主要是降低 O_2 浓度、增加 CO_2 浓度。CO_2 浓度为 5% ~ 10%，O_2 浓度为 2% ~ 5% 时，可以明显降低组织的呼吸速率，抑制酶活性，延长 MP 果蔬的货架寿命。不同果蔬对最高 CO_2 浓度和最低 O_2 浓度的忍耐度不同，如果 O_2 浓度过低或 CO_2 浓度过高，将导致低无氧呼吸和高 CO_2 伤害，产生异味、褐变和腐烂。此外，果蔬组织切割后还会产生乙烯，乙烯的积累又会导致组织软化等劣变，因此，还需要加入乙烯吸收剂。

（三）食品添加剂处理

虽然低温保鲜和气调保鲜能较好地保持 MP 果蔬品质，但不能完全抑制褐变和微生物的生长繁殖，因此，为加强保鲜效果，使用某些食品添加剂处理果蔬是必需的。MP 果蔬褐变主要是酶褐变，其发生需要底物、酶和氧三个条件，防止酶褐变的主要措施有：加抑制剂抑制酶活性和隔绝氧气。

根据研究，将切分的马铃薯分别浸泡在异抗坏血酸、植酸、柠檬酸、$NaHSO_3$ 溶液中，时间各为 10 min、20 min，浓度各为 0.1%、0.2%、0.3%，结果表明均有一定护色效果，且浓度越高，浸泡时间越长，护色效果越好，其中以 $NaHSO_3$ 最好。但由于 $NaHSO_3$ 在国际上许多国家不提倡使用，仅作为参照。进一步以正交试验设计，筛选最佳护色剂组合，得出最优处理组合为 0.2% 异抗坏血酸、0.3% 植酸、0.1% 柠檬酸、$0.2\%CaCl_2$ 混合溶液，同时由极差（R）分析可知，影响护色效果的主次因素顺序为植酸、异维生素 C、柠檬酸、$CaCl_2$。考虑到风味的问题，护色液浓度或浸泡时间要适宜，同时结合包装（最好抽真空）可有效防止褐变。切分马铃薯浸泡于混合溶液中 20 min，抽真空包装（真空度为 0.07 MPa），在 4 ~ 8℃贮藏 10 d 后几乎不变色。

可以使用的防腐剂有苯甲酸钠和山梨酸钾，但一般应尽量不用。醋酸、柠檬酸对微生物也有一定的抑制作用，可结合护色处理达到酸化防腐的目的。

二、加工工艺

（一）MP 果蔬加工设备

主要设备有切割机、浸渍洗净槽、输送机、离心脱水机、真空预冷机或其他预冷装置、真空封口机、冷藏库等。

（二）工艺要点

1.挑选

通过手工作业剔除腐烂次级果蔬、摘除外叶、黄叶，然后用清水洗涤，送往输送机。

2.去皮

方法有手工去皮、机械去皮，也有加热或化学去皮。

3.切分（割）

按产品质量要求，进行切片、切粒或切条等处理，一般用机械切割，有时也用手工切割。

4.清洗、冷却

经切割后，在装满冷水的洗净槽里洗净并冷却。叶菜类除用冷水浸渍方式冷却外，也可采用真空冷却，其原理是利用减压使水分蒸发时夺取产品的汽化热，从而使产品冷却，同时还有干燥的作用，所以真空冷却有时可省去脱水工序。

5.脱水

洗净冷却后，控掉水分，装入布袋后用离心机进行脱水处理。

6.包装、预冷

经脱水处理的果蔬，即可进行抽真空包装或普通包装。包装后应尽快送预冷装置（如隧道式、压差式）预冷内到规定的温度。真空预冷则先预冷后包装。

7.冷藏、运销

预冷后的产品再用专用塑料箱或纸箱包装，然后迅速冷藏或立即运送至目的市场。

三、关键控制点及预防措施

MP果蔬容易腐败，有时还会带有致病菌，因此，加工工厂等现场卫生管理，品质管理要相当严格。最好实施GMP（良好操作规范）或HACCP（危害分析关键控制点）管理。

（一）质量控制点

1.切分大小和刀刃状况

切分大小是影响切分果蔬品质的重要因素之一，切分越小，切分面积越大，保存性越差。如需要贮藏时，一定以完整的果蔬贮藏，到销售时再加工处理，加工后要及时配送，尽可能缩短切分后的贮藏时间。

刀刃状况与所切果蔬的保存时间也有很大的关系，锋利刀切割的果蔬产品保存时间长，钝刀切割的果蔬产品切面受伤多，容易引起变色、腐败。

2. 洗净和控水

洗净是延长切分果蔬保存时间的重要处理过程，洗净不仅可以减少病原菌数，还可起到洗去附着在切分果蔬表面细胞液的效果，减轻变色。切分果蔬洗净后，如在湿润状态放置，比未洗净的更容易变坏或老化，通常使用离心机进行脱水，但过分脱水容易使切分果蔬干燥枯萎，反而使品质下降，故离心脱水时间要适宜。

3. 包装

切分果蔬暴露于空气中，会发生萎蔫、切断面褐变，通过合适的包装可防止或减轻这些不利变化。包装材料的厚薄或透气率大小和真空度选择依切分果蔬种类而不同。切分甘蓝包装真空度不能太高（0.02 ~ 0.04 MPa 较合适），而切分马铃薯可以用较高的真空度（0.06 ~ 0.08 MPa），这可能与甘蓝的呼吸强度较马铃薯强有关。

包装后的切分果蔬若透气率大或真空度低时易发生褐变，透气率小或真空度高时易发生无氧呼吸产生异味。在保存中的切分果蔬由于呼吸作用会消耗 O_2、生成 CO_2，结果 O_2 减少、CO_2 增加。因此，要选择厚薄适宜的包装材料来控制合适的透气率或合适的真空度，以保持其最低限度的有氧呼吸和造成低 O_2、高 CO_2 的环境，可延长切分果蔬的货架期。

（二）预防措施

1. 热处理

热处理即食型鲜切果蔬和部分调料，应采用热处理的方法杀灭李斯特菌、大肠杆菌、沙门氏杆菌和肉毒杆菌等菌。

2. 化学保藏

安全的化学保藏剂有丙酸和丙酸盐、山梨酸及盐、苯甲酸及盐、对羟基苯甲酸、SO_2 及亚硫酸盐、环氧乙烷和环氧丙烷硝酸钠、甲酸乙酯等。乳酸抗生素、枯草菌素均具有良好的抗菌能力。柠檬酸、醋酸和其他有机酸、抗坏血酸及其盐、EDTA 等也可用来加强保藏效果。

钙对于鲜切果蔬的防褐变和保持质地有特殊的意义，它可以与果胶酸类物质形成果胶酸钙，增加组织的硬度，降低呼吸，延迟分解代谢，保持细胞壁和细胞膜的完整性。

3. 气调贮藏

气调贮藏是鲜切果蔬的最基本保存方法。

4. 冷藏

除热带和部分亚热带果蔬外，大部分鲜切果蔬应在 2 ~ 4℃ 条件下保存和流通。

冷藏与气调贮藏结合，可以更有效地延长产品的货架寿命。

5.辐照保鲜

根据其波长，可有以下几种应用于鲜切果蔬保鲜中。

（1）近红外线加热

高于 800 nm 的近红外线，其穿透力很低，可以快速加热鲜切果蔬的表面，达到消毒的目的。

（2）紫外线

用于表面消毒和包装间的消毒，最有效的波长是 260 nm。

（3）电离辐射

果蔬本身对辐射的敏感性有很大的差异，最敏感的有油梨、黄瓜、葡萄、青刀豆、柠檬、油橄榄、辣椒、人参果、夏天成熟的南瓜、叶菜类、抱子甘蓝、花椰菜；中等敏感的有杏、香蕉、南美番荔枝、无花果、葡萄柚、金柑、枇杷、荔枝、橙、柿子、梨、菠萝、李、柚、红橘；最耐辐射的是苹果、樱桃、番石榴、芒果、甜瓜、油桃、西番莲、桃、树莓、草莓、番茄。

6.抗氧化

氧气的多少直接影响微生物和酶的活性，因此真空处理和加入抗氧化剂可以降低因氧化而引起的品质败坏。

第十节　现代果蔬加工新技术

一、超临界流体萃取技术

超临界流体萃取（SFE）是指利用超临界流体作为溶剂来萃取（提取）混合物中可溶性组分的一种萃取分离技术。

（一）基本原理

1.超临界流体的性质

在分子物理学上，物质存在着气体和液体不能共存的固有状态，此态称为临界态。在临界态，气体能被液化的最高温度称为临界温度（T_c），在临界温度下气体被液化的最低压力称为临界压力（P_c），临界温度和临界压力统称为临界点。在临界点附近，压力和温度的微小变化都会引起气体密度的很大变化。随着向超临界气体加压，气体密度增大到液态性质，这种状态的流体称为超临界流体（SCF），其性质介于气体和液体之间。超临界流体的密度为气体的数百倍，并且接近液体，而其流动性和黏度仍接近于气体，扩散系数大约为气体的 1 倍，而较液体大数百倍。因此，物质移动或分配时，均比其在液体溶剂中进行得要快。将温度或压力适当变化时，可使其溶解度在 100 ~ 1 000 倍的范围内变化。一般 SCF 中物质的溶解度在恒温下随压力（$P > P_c$ 时）升高而增大，而在恒压下，其溶解度随温度（$T > T_c$ 时）增高而下降。这一特性有利于从物质中萃取某些易溶解的成分，SCF 的高流动性和扩散能力，有助于所溶解的各成分之间的分离，并能加速溶解平衡，提高萃取效率。

适用于超临界萃取的溶剂有二氧化碳、乙烷、丙烷、甲苯等，目前应用最广的是二氧化碳。

2.二氧化碳的超临界特性

应用二氧化碳作溶剂进行超临界萃取具有以下优点。

（1）超临界萃取可以在接近室温（35 ~ 40℃）及 CO_2 气体笼罩下进行提取，有效地防止了热敏性物质的氧化和逸散，在萃取物中不仅保留了有效成分，而且能把高沸点、低挥发性、易热解的物质在远低于其沸点温度下萃取出来。

（2）由于全过程不需有机溶剂，因此萃取物绝无残留的溶剂物质，从而防止了提取过程中对人体有害物的存在和对环境的污染。

（3）萃取和分离合二为一，当含有饱和溶解物的 CO_2 流体进入分离器时，由于压力的下降或温度的变化，使得 CO_2 与萃取物迅速成为两相（气液分离）而立即分开，不仅萃取的效率高而且能耗较少，提高了生产效率，也降低了费用成本。

（4）CO_2 是一种不活泼的气体，萃取过程中不发生化学反应，且属于不燃性气体，无味、无臭、无毒、安全性非常好。

（5）CO_2 气体价格便宜，纯度高，容易制取，且在生产中可以重复循环使用，从而有效地降低了成本。

（6）压力和温度都可以成为调节萃取过程的参数，通过改变温度和压力达到萃取的目的。压力固定，通过改变温度也同样可以将物质分离开来；反之，将温度固定，通过降低压力也可使萃取物分离，因此操作工艺简单，容易掌握，而且萃取速度快。

（二）超临界流体萃取的特点

同普通的液体提取和溶剂提取法相比，在提取速度和分离范围方面，超临界流体萃取更为理想。其特点有如下：

（1）操作控制参数主要是压力和温度，且容易控制，萃取后的溶质和溶剂分离彻底。

（2）选用适宜的溶剂，可以在较低温度下操作，可用于一些热敏性物质的萃取和精制。

（3）超临界流体具有良好的渗透性能和溶解性能，能从固体或黏稠的原料中快速萃取有效成分。选定适宜的萃取溶剂及工作条件，可选择性地分离出高纯度的溶质，从而提高产品品质。

（4）由于溶剂能从产品中清除，无溶剂污染问题，而且溶剂经加压后可重复循环使用。

（5）超临界萃取过程要求在高压下进行，设备及工艺技术要求高，故设备投资费用高。

（三）超临界流体萃取的应用

欧美国家已将超临界流体萃取技术应用于啤酒花的风味成分回收、咖啡中脱咖啡因等生产中。在食品工业中的应用有柑橘汁脱苦、钝化果胶酶活性、精油提取和有效成分的分离等。以香精与芳香成分的萃取为例，可在 30 MPa 和 40℃条件下，对柠檬果皮进行萃取，得到 0.9% 的香精油，大大降低了常规提取中的挥发损失。在 40 ~ 70℃、8.3 ~ 12.4 MPa 范围内对柑橘香精油进行萃取分离，可去除大部分产生苦味的萜烯化合物。在 70℃、8.3 MPa 下，可得到柑橘风味浓厚的橘香精油。

超临界流体萃取技术也可用来萃取籽油或汁油，如在葡萄籽粉碎度为 40 目、水分含量 4.52%、湿蒸处理、萃取压力 28 MPa、温度 35℃、CO_2 流容比 8 ~ 9、萃取 80 min 的条件下，葡萄籽油的萃取率可达 90%。在 22 ~ 23 MPa、50℃条件下，萃取 3 h，可以从姜汁中萃取姜汁油，萃取率达 5%。此外，超临界萃取还应用在色素萃取上。

二、超微粉碎技术

（一）超微粉碎技术概述

超微粉碎一般是指将 3 mm 以上的物料颗粒粉碎至 10 ~ 25 μm 以下的程度。由于颗粒的微细化导致表面积和孔隙率增加，超微粉体具有独特的化学性能，例如良好的分散性、吸附性、溶解性、化学活性等。食品超微粉碎作为一种新型的食品加工方法，已在许多食品加工中得到应用。许多可食动植物，包括微生物等原料都可用超微粉碎技术加工成超微粉，甚至动植物的不可食部分也可通过超微化而被人体吸收。加工果蔬超微粉可以大大提高果蔬内营养成分的利用程度，增加利用率。果蔬在低温下磨成微膏粉，既可保存全部的营养素，纤维质也因微细化而增加了水溶性，口感更佳。灵芝、花粉等材料需破壁之后才可有效地利用，是理想的制作超微粉的原料。日本、美国市售的果味凉茶、冻干水果、超低温速冻龟鳖粉等都是利用超微粉碎技术加工而成的。

（二）超微粉碎技术的原理及分类

目前微粒化技术有化学法和机械法两种。化学合成法能够制得微米级、亚微米级甚至纳米级的粉体，但产量低、加工成本高、应用范围窄。机械粉碎法成本低、产量大，是制备超微粉体的主要手段，现已大规模应用于工业生产。超微粉碎可分为干法粉碎和湿法粉碎。根据粉碎过程中产生粉碎力的原理不同，干法粉碎有气流式、高频振动式、旋转球（棒）磨式、锤击式和自磨式等几种形式；湿法粉碎主要是胶体磨和均质机。

（三）超微粉碎技术的应用

目前该技术在食品工业的应用主要表现在以下方面。

1. 贝壳类产品

钙在人体中作用的重要性使得补钙问题成了人体健康的热门话题，人类食用钙源的开发，成了食品工业和医药工业急需解决的课题。贝壳中含有极其丰富的钙，在牡蛎的贝壳中，含钙量超过 90%，利用超微粉碎技术，将牡蛎壳粉碎至很细小的粉粒，用物理方法促使粉粒的表面性质发生变化，可以达到使牡蛎壳更好地被人体吸收利用的目的。

2. 食品加工下脚料

花生壳等食品加工下脚料经过处理加工成膳食纤维以后，可以用作蜜糖的载体，加工特效食品等，最常见的是用于制作膳食纤维的饼干、加工高纤维低热量面包和加工韧性良好的面制品等。

3. 巧克力生产

巧克力一个重要的质构特征是口感特别细腻滑润，尽管巧克力细腻滑润的口感特性是由多种因素造成的，但其中最主要并起决定性作用的因素是巧克力配料的粒度。分析表明，配料的平均粒度在 25 μm 左右，且其中大部分质粒的粒径在 15 ~ 20 μm，巧克力就有很好的细腻滑润的口感特性。当平均粒度超过 40 μm 时，就可明显感到粗糙，这样巧克力的品质就明显变差。因此，超微粉碎技术在保证巧克力质构品质上发挥了重要的作用。

4. 畜骨粉加工

畜骨作为钙磷营养要素的丰富源泉，还含有蛋白质、脂肪、维生素及其他营养物质。为了更有效地吸收这些营养成分，就需要采取一定的措施使之更利于人体吸收，超微粉碎技术就是解决吸收问题的有效方法之一。由超微粉碎制得的骨粉与其他方法生产出的骨粉相比，蛋白质含量明显高于其他几种，而脂肪含量也很低，其另一个特点是灰分含量显著提高，这是超微粉碎骨粉的优势所在。

5.在保健食品中的应用

在保健食品生产当中，一些微量活性物质（硒等）的添加量很小，若颗粒稍大，就会带来不良反应，这就需要非常有效的超微粉碎手段将其粉碎至足够细小的粒度，并加上有效的混合操作，才能保证在食品中的均匀分布且有利于人体的吸收。因此，超微粉碎技术已成为现代保健食品加工的重要技术之一。

6.粉茶加工

速溶茶生产中，传统的方法是通过萃取将茶叶中的有效成分提取出来，然后浓缩、干燥制成粉状速溶茶。现在采用超微粉碎技术，将茶叶粉碎成 300 目以下，约 60 μm 的微细粉末，仅需一步工序便可得到粉茶产品，大大简化了生产工序。超微粉茶因为粒度很细，添加于食品中，吃在口中不会有任何粒度的感觉，故可使食品中既富含茶叶的营养和保健成分，又使原来舍弃的纤维素等得以利用，同时还赋予了食品天然绿色，形成具有特殊风格的茶叶食品。

三、酶工程技术

（一）酶与酶制剂

酶是活细胞产生的一类具有生物催化活性的蛋白质，是一类生物催化剂。酶具有高效性、专一性、多样性和温和性的特点，普遍存在于生物界。可采取适当的理化方法将酶从生物组织或细胞以及发酵液中提取出来，加工成具有一定纯度和酶的特性的生化制品，这就是酶制剂，专用于食品加工的酶制剂被称为食品酶制剂。

目前，已被发现的酶有近 4 000 种，有 200 多种酶已可制成结晶，但真正获得工业应用的仅 50 多种，已形成工业规模生产的只有 10 多种。近年来，世界酶制剂的销售量每年以 20% 的速度递增，国内已有 20 多种酶制剂投产，但由于起步较晚，与国际水平尚有较大差距，许多酶制剂仍需进口。

（二）果蔬加工用酶

我国批准使用于食品工业的酶制剂有淀粉酶、糖化酶、固定化葡萄糖异构酶、木瓜蛋白酶、果胶酶、β-葡聚糖酶、乙酰乳酸脱羧酶等，主要被应用于果蔬加工、酿造、焙烤、肉禽加工等方面，应用于果蔬加工中的酶类主要有以下几种。

1.果胶酶

果蔬加工中应用的最主要的酶是果胶酶，商品果胶酶制剂都是复合酶，它除了含有数量不同的各种果胶分解酶外，还有少量的纤维素酶、半纤维素酶、淀粉酶、蛋白酶和阿拉伯聚糖酶等。果胶酶可分为两类，一类能催化果胶解聚，另一类能催化果胶分子中的酯水解。

果胶酶制剂分固体和液体两种，主要由各种曲霉属霉菌制成，霉菌用固体或液体培养基培养，其种类和性能主要取决于霉菌种类、培养方法和培养基成分。

2. 非果胶酶

除果胶酶外，还有其他非果胶酶制剂已经或正在成功地引入果蔬食品加工中，应用于果蔬加工中的非果胶酶制剂主要有淀粉酶、蛋白酶、葡萄糖氧化酶等。

3. 粥化酶

粥化酶又称软化酶，是一种由黑曲霉经过发酵而获得的复合酶，主要有果胶酶、半纤维素酶（包括木聚糖酶、阿拉伯聚糖酶、甘露聚糖酶）、纤维素酶、蛋白酶及淀粉酶等。主要作用于溃碎果实，可以破碎植物细胞，使果蔬原料产生粥样软化，从而促进过滤，提高出汁率、澄清度及降低果汁黏度，提高果蔬饮料的产量。应用于果蔬加工的粥化酶酶系有两种，即粥化酶Ⅰ和粥化酶Ⅱ，其功能不同、作用各有侧重。

（三）酶在果蔬加工中的应用

1. 果汁处理

（1）果汁澄清

水果中含有大量的果胶，为了达到利于压榨，提高出汁率，使果汁澄清的目的，在果汁生产过程中广泛使用果胶酶。

（2）增香、除异味

通过添加 β-葡萄糖苷酶可释放果蔬汁中的萜烯醇，增加香气。酶制剂在柑橘果汁中可除去由柚皮苷和柠檬苦素类似物而引起的苦味。加入柠檬苷素脱氢酶可把柠檬酸苦素氧化成柠檬苦素环内酯，从而达到脱苦的目的。

2. 提高果浆出汁率

果胶酶、粥化酶能提高果蔬出汁率，其次是纤维素酶。果浆榨汁前添加一定量果胶酶、纤维素酶可以有效地分解果肉组织中的果胶物质，使纤维素降解，使果汁黏度降低，易榨汁、过滤，从而提高出汁率，并提高可溶性固形物含量，减少加工过程中营养成分的损失，增加产品的稳定性，使过滤或超滤的速度大大加快，提高生产效益。

（四）酶在其他方面的应用

1. 淀粉类原料

在淀粉类原料的加工过程中，应用较多的酶是淀粉酶、糖化酶和葡萄糖异构酶等。在啤酒、白酒、黄酒、酒精及谷氨酸等有机酸的生产中，酶主要用来处理发酵原料，使淀粉降解。

2.蛋品工业

用葡萄糖氧化酶去除禽蛋中含有的微量葡萄糖，是酶在蛋品加工中的一项重要用途。用葡萄糖氧化酶处理蛋品，除糖效率高，周期短，产品质量好，而且还可改善环境卫生。

3.乳品工业

在乳品工业中，凝乳酶可用于制造干酪，过氧化氢酶可用于牛奶消毒，溶菌酶可用于生产婴儿奶粉。将溶菌酶添加到牛乳及其制品中，可提高牛乳的营养价值，使牛乳人乳化。在干酪生产中添加溶菌酶，可代替硝酸盐等来抑制丁酸菌的污染，防止干酪产气，并对干酪的感官质量有明显的改善作用。牛乳中含有 5% 的乳糖，有些人饮用牛奶后常发生腹泻、腹痛等症状，为了解决以上问题，采用聚丙烯酰胺包埋法，将乳糖酶固定后再与牛乳作用，即可以制造出不含乳糖的牛奶。

4.面包焙烤

为了保证面团的质量，可以通过添加酶来对面粉进行强化。在面粉中添加 α-淀粉酶，可调节麦芽糖生成量，使二氧化碳产生的量和面团气体保持力相平衡。添加蛋白酶可促进面筋软化，增加伸延性，减少揉面时间，改善面包发酵效果。

5.肉类加工

用酶可嫩化牛肉，过去使用木瓜酶和菠萝蛋白酶，最近美国批准使用米曲霉等微生物蛋白酶，并将嫩化肉类品种扩大到家禽肉与猪肉。利用蛋白酶可生产可溶性的鱼蛋白粉和鱼露等，用三甲基胺氧化酶可使得鱼制品脱除腥味，从而使口味易于接受。

四、超高压杀菌技术

习惯上把大于 100 MPa 的压力称为超高压，高压杀菌技术是近年来备受各国重视的一项食品高新技术。

（一）基本原理

超高压杀菌的原理是压力对微生物的致死作用，高压导致微生物的形态结构、生物化学反应、基因机制以及细胞壁膜发生多方面的变化，从而影响微生物原有的生理活动机能，甚至使原有功能破坏或发生不可逆的变化。常用的压力范围是 100 ~ 1 000 MPa。一般来说细菌、霉菌、酵母在 300 MPa 的压力下可被杀死；钝化酶需要 400 MPa 以上的压力，600 MPa 以上的压力可使带芽孢的细菌死亡。

（二）超高压技术在食品加工中的应用

1. 肉制品加工

经高压处理后的肉制品在嫩度、风味、色泽等方面均得到改善，同时也加强了保藏性。

2. 果酱加工

生产果酱时采用高压杀菌，不仅将果酱中的微生物杀死，而且还可简化生产工艺，提高产品品质。如日本明治屋食品公司，在室温下以 400 ~ 600 MPa 的压力对软包装密封果酱处理 10 ~ 30 min，所得产品保持了新鲜水果的颜色和风味。

3. 其他方面

由于腌菜向低盐化发展，化学防腐剂的使用也越来越不受欢迎，因此，对低盐、无防腐剂的腌菜制品，高压杀菌更显示出其优越性。高压处理时，可使酵母或霉菌致死，既提高了腌菜的保存期又保持了原有的生鲜特色。

五、膜分离技术

膜分离技术被认为是 21 世纪最有发展前途的高新技术之一，膜分离技术可简化生产工艺，减少废水污染，降低成本，提高生产效率。同时可在常温下操作，营养成分损失少，操作方便，不产生化学变化，因而具有显著的经济效益和社会效益。

（一）膜分离技术简介

膜分离技术是指借助一定孔径的高分子薄膜，以外界能量或化学位差为推动力，对多组分的溶质或溶剂进行分离、分级、提纯和浓缩的技术。用于制膜的材料主要是由聚丙烯腈、聚砜、醋酸纤维素、聚偏氟乙烯等，有时也可以采用动物膜。膜分离技术在工业中应用的主要装置是膜组件，膜组件主要有管式或卷式、板框式、螺旋盘绕式、中空纤维式等四种。

膜分离技术根据过程推动力的不同，大体可分为两类。一类是以压力为推动力的膜过程，如微滤（孔径为 0.1 ~ 10 μm）、超滤（孔径为 0.001 ~ 0.1 μm）和反渗透（孔径为 0.000 1 ~ 0.001 μm）分别需要 0.05 ~ 0.5 MPa、0.1 ~ 1.0 MPa、1.0 ~ 10 MPa 的操作压力（压差）；另一类是以电化学相互作用为推动力的膜过程，如电渗透、离子交换、透析。

（二）膜分离技术的应用

1. 果蔬产品

在果蔬汁生产中，微滤、超滤技术用于澄清过滤；纳滤、反渗透技术用于浓缩。用超滤法澄清果蔬汁时，细菌将与滤渣一起被膜截留，不必加热即可除去混入果汁中的细菌。利用反渗透技术浓缩果蔬汁，可以提高果蔬汁成分的稳定性、减少体积以便运输，并能除去不良物质，改善果蔬汁风味。如果蔬汁中的芳香成分在蒸发浓缩过程中几乎全部失去，冷冻脱水法也只能保留大约 8%，而用反渗透技术则能保留 30% ~ 60%。

2. 其他方面的应用

（1）乳品工业

将反渗透技术用于稀牛奶的浓缩，可生产出品质令人满意的奶酪及甜酸奶。用反渗透技术除去牛乳清中的微量青霉素，大大延长了乳制品的保质期。采用超滤法浓缩乳清蛋白时，还可同时除去乳糖、灰分等。

（2）酒类的生产

可以除去酒及酒精饮料中残存的酵母菌、杂菌及胶体物质等，改善酒的澄清度、延长保存期，还能使生酒具有熟成味，缩短老熟期。生啤酒的口味虽优于熟啤酒，但不能长期保存，给运输及销售等带来一定的困难，采用超滤技术进行啤酒的精滤和无菌过滤，可以使生啤酒不经低温加热灭菌而能长期保存。

（3）豆制品工业

膜技术在豆制品工业中的主要应用是分离和回收蛋白质，如生产豆乳时产生的大豆乳清，通常方法只能从中提取 60% 的蛋白质，利用超滤技术浓缩残留蛋白质，能够增加 20% ~ 30% 的豆腐收得率。利用膜技术还可以获得大豆异黄酮、大豆寡糖、大豆分离蛋白、寡肽、免疫球蛋白、竹叶黄酮等功能食品的功能配料。

第十章　畜禽产品的的加工技术

经济的快速发展，使人们对畜禽产品的需要不断增加，极大地促进了畜禽产品加工业的发展。从食品安全及提高产品的营养价值、利用价值、延长保存期等角度出发，畜禽产品必须经过加工后才能利用，它是畜牧生产中的重要环节，可使畜禽产品增值，实现优质高效。

第一节　肉制品的加工

一、腌腊肉制品的加工

咸肉

咸肉是以鲜肉或冻肉作为原料，用食盐腌制而成的肉制品。咸肉的品种繁多，有名的有浙江咸肉、四川咸肉、江苏如皋咸肉、上海咸肉等。下面以浙江咸肉、四川小块咸肉为例加以说明。

1. 浙江咸肉

（1）原料肉的选择

选择新鲜整片猪肉或截去后腿的前、中躯肉作为原料。

（2）修整

剔去第一对肋骨，挖去脊髓，割去碎油脂，去净污血肉、碎肉及筋膜等，割下后腿作咸腿或火腿。

（3）划开肉体

在肉面用刀划开一定深度的若干刀口，目的是为了便于盐液迅速渗透到肉层内，以保证质量。

（4）腌制

按 100 kg 鲜肉用细盐 15 ~ 18 kg，分 3 次上盐。第 1 次上盐（出水盐），均匀地将盐撒在肉表面。第 2 次上盐，于第 1 次上盐的次日进行，沥去盐液，再均

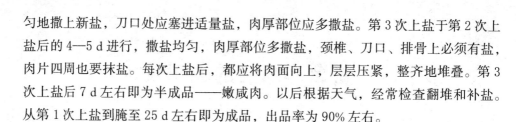

匀地撒上新盐，刀口处应塞进适量盐，肉厚部位应多撒盐。第3次上盐于第2次上盐后的4—5 d进行，撒盐均匀，肉厚部位多撒盐，颈椎、刀口、排骨上必须有盐，肉片四周也要抹盐。每次上盐后，都应将肉面向上，层层压紧，整齐地堆叠。第3次上盐后7 d左右即为半成品——嫩咸肉。以后根据天气，经常检查翻堆和补盐。从第1次上盐到腌至25 d左右即为成品，出品率为90%左右。

浙江咸肉皮薄、肉嫩、颜色嫣红、肥肉光洁、色美味鲜、气味醇香、久藏。如皋咸肉和上海咸肉也多选用大片猪肉，加工方法大同小异。

2. 四川小块咸肉

（1）原料选择

选择去骨带皮的新鲜猪肉。

（2）修整

把肉顺肋骨方向切成2 ～ 2.5 kg重的长条块，修去碎肉，血污和淋巴、筋腱等，每块纵划2 ～ 3刀，不能切开皮。

（3）腌制方法

按每100 kg原料肉用食盐14 ～ 16 kg、亚硝酸钠50 g混合备用。第1次用混合盐4 ～ 5 kg，撒于肉的表面，然后皮面向下平摊在平面上，分层堆码。第2次上盐，于第1次上盐后的1—2 d，再用盐8 ～ 9 kg，逐块涂抹，上下调换堆码。腌制5—7 d后，进行第3次补盐，逐块检查肉面，刀口，将发软、发酸、发臭等异常肉选出另做处理。将正常肉块上下翻堆，调换位置，补足盐量，再腌制8—9 d即为成品。

四川咸肉瘦肉色红，肥肉洁白，咸度适中，香味自然。

2. 腊肉

腊肉因产地和风味不同，品种颇多。按产地分，有广东腊肉、四川腊肉、湖南腊肉、云南腊肉等；按原料肉来源分，有腊猪肉、腊牛肉、腊羊肉、腊鸡等。下面是广东腊肉的加工工艺。

（1）原料肉的选择与处理

选取皮薄肉嫩、膘层不低于1.5 cm、切除奶脯的肋条肉为原料。切成宽1.5 ～ 2.0 cm，长33 ～ 40 cm的肉块。

（2）配料

广东腊肉腌制用辅料的种类和配方比例不完全一致，下面为两种经常采用的配方。

① 腊肉坯100 kg，白砂糖4 kg，酱油4 kg，食盐2 kg，大曲酒（酒精体积分

数 60%）2 kg，硝酸钠 50 g。

2）腊肉坯 100 kg，白糖 400 g，食盐 2.5 kg，红酱油 3 kg，白酒（酒精体积分数 50%）2 kg，小茴香 200 g，桂皮 900 g，花椒 200 g，硝酸钠 50 g。

（3）腌制

将肉坯放入 50 ~ 60℃的温热水中泡软脂肪，洗去污垢、杂质，捞出沥干。将各种配料按比例混合于缸中，力求匀和，将肉坯放于腌料中，每 2 h 上下翻动一次，腌制 8 ~ 10 h，便可出缸系绳。

（4）烘烤

肉坯完成腌制出缸后，挂竿送入熏房。竿距保持 2 ~ 3 cm，室温保持 40 ~ 5，先高后低。正确掌握烘房温度是决定产品质量的关键，温度过高则滴油多和成品率低；温度过低则易发酸和色泽发暗，影响质量。广式腊肉约需烘烤 72 h，若为 3 层烘房，每层约烧烤 24 h 左右便可完成烘烤过程。

（5）贮存保管

吊挂于阴凉通风处，可保存 3 个月。缸底放 3.0 cm 厚生石灰，上覆一层塑料薄膜和两层纸，装入腊肉后密封缸口，可保存 5 个月。将腊肉条装于塑料袋，扎紧袋口，埋藏于草木灰中，可保存半年。

二、肠制品的加工

肠制品是指将经切绞的肉，加以辅料制成馅，灌入肠衣或其他包装材料制成的一类肉制品。我国根据加工工艺主要分为香肠、灌肠、香肚等几大类。在国外根据含水量将香肠分为干香肠（含水 30% ~ 35%）和半干香肠（含水 55% 左右）；根据发酵与否分为发酵与不发酵香肠；根据是否烟熏分为烟熏或不烟熏香肠。

国内加工的传统香肠属于生香肠，多用上等猪肉加工制成。香肠品种繁多，一般以原产地命名，如广东香肠、四川香肠、南京香肠、北京香肠、武汉香肠等，以广式香肠最负盛名，下面主要介绍广式香肠的加工工艺。

（一）工艺流程

原料选择整理（加入盐、硝）→腌制→切绞→混合制馅（加入配料、准备肠衣）→灌装→清洗干燥→晾晒或烘烤→成熟→包装→成品

（二）加工制作方法

1.原料的选择与整理

按品种配方要求选择肉的种类，瘦肉以后腿和背脊肉最好，前腿肉次之；肥肉以背部硬膘最好，腿膘次之，不用腹膘。冷冻肉以解冻至中心不完全变化即可。

将选择好的肉剔骨、去皮，肥瘦肉分开，切成 0.5 kg 大小的肉块，洗净沥干水。

2.腌制

配料不同是各种香肠相互区别的主要因素。

根据配方用食盐和硝酸盐对肉进行腌制，腌制时先用少量水将硝酸盐溶解后，与食盐混合均匀，再与准备好的肉坯混匀进行腌制，肥瘦肉要分别腌制。腌制应在 2 ~ 4℃温度条件下进行，腌到瘦肉内部呈均匀鲜红色、肉质坚实有弹性即可。

3.切绞

将腌制好的肥肉切成 0.5 ~ 1 cm² 的肉丁，瘦肉用 0.5 ~ 0.6 cm² 筛板的绞肉机绞碎。

4.混合制馅

将切绞好的肥、瘦肉及各种辅料相互混合，在制馅机中进行充分搅拌。为了调节肉馅黏度和硬度，可添加占肉重 10% ~ 20% 的水，有发酵剂可将发酵剂加入，待将搅拌好时将酒及味精加入。

5.灌装

（1）准备肠衣

用于灌装香肠的肠衣有天然肠衣和人造肠衣两大类。天然肠衣是将猪、羊之小肠浸泡，清洗干净，置于一光滑平台上用竹制刮刀刮除肠管的黏膜层、肌肉层、浆膜层，只留坚韧透明的黏膜下层，即为灌装香肠的肠衣。人造肠衣又分为用动物皮、筋、骨中胶原蛋白加工制成的可食性人造肠衣和利用塑料薄膜、玻璃纸、纤维等材料加工制成的非可食性肠衣。

加工香肠所用的天然肠衣是用食盐腌制处理过的盐渍肠衣，使用前要用清水浸泡，并多日换水，泡到肠衣发白透明即可。可食性人造肠衣亦需用水泡软。然后将肠衣套在灌嘴上，并将肠头结扎。

（2）灌肠

将肉馅移入灌肠机，注意尽量减少肉馅之间空隙。把肠衣套在灌肠机上，启动灌肠机，让肉馅均匀饱满地装入肠衣，要掌握松紧适度。目前使用的灌肠机有真空式、液压活塞式、油压活塞式等几种类型，以真空式灌装机灌装效果最好。

（3）结扎、排气

用细绳将装好的肠体每隔 10 ~ 20 cm 结扎一道，再用排气针刺扎肠体，排除混入内部的空气。

6.清洗干燥

将灌装好的湿肠用清水把表面油污漂洗干净，再在 40 ~ 50℃烘房内进行干燥处理，也可挂在晒肠架上，在通风有阳光的地方晾晒干燥。干燥至肠体表面干爽、表面呈蜡样透明时即可。

7.成熟

干燥后的香肠需悬挂在20℃左右、相对湿度85%～90%的房间内成熟10—15 d。也可用密封包装后进行成熟，使蛋白质分子继续分解产生香味。

8.包装

香肠目前普遍采用真空包装，规格为227 g，250 g，454 g，500 g等。包装后，可保质6个月。

（三）香肠的质量标准

1.外观

肠衣干燥、坚固而有弹性、无霉变且紧贴于肉馅上，无破裂，外形整齐、饱满。

2.组织状态

切面坚实、平整，有弹性，肥，瘦肉分布均匀。

3.色泽

肉馅呈均匀粉红色，肥肉呈白色，分布于红色中。

4.滋气味

具产品特有的香味，无腐败味。咸淡适中，无"哈喇"味。

三、其他肉制品的加工

（一）肉干制品的加工

肉干制品是将肉先经热加工，再成型干燥或先成型干燥再经热加工制成的干熟肉制品。肉干制品主要包括肉干、肉松和肉脯三大类。原料肉经过干制后，一是抑制微生物和酶的活性，提高肉制品的保藏性质；二是减轻肉制品的重量，缩小体积，便于运输；三是改善肉制品的风味，适应消费者的嗜好。下面介绍肉干、肉脯的加工技术。

1.肉干的加工

肉干是指瘦肉经预煮、切丁（条、片）、调味、浸煮、收汤、干燥等工艺制成的干熟肉制品。

（1）配料

肉干按味道主要分为以下三种，其配料差别较大。

① 五香肉干

以江苏靖江牛肉干为例，每100 kg牛肉所用辅料：食盐2.00 kg，白糖8.25 kg，酱油2.0 kg，味精0.18 kg，生姜0.3 kg，白酒0.625 kg，五香粉0.2 kg。

② 咖喱肉干

以上海产咖喱牛肉干为例，100 kg 鲜牛肉所用辅料：精盐 3.0 kg，酱油 3.1 kg，白糖 12.0 kg，白酒 2.0 kg，咖喱粉 0.5 kg，味精 0.5 kg，葱 1 kg，姜 1 kg。

③ 麻辣牛肉干

以四川生产的麻辣猪肉干为例，每 100 kg 鲜肉所用辅料：精盐 3.5 kg，酱油 4.0 kg，姜 0.5 kg，混合香料 0.2 kg，白糖 2.0 kg，酒 0.5 kg，胡椒粉 0.2 kg，味精 0.1 kg，海椒粉 1.5 kg，花椒粉 0.8 kg，菜油 5.0 kg。

（2）工艺要点

① 原料的预处理

肉干加工一般多用牛肉后腿瘦肉，将原料肉剔去皮、骨、筋腱、脂肪及肌膜后，顺着肌纤维切成 1 kg 左右的肉块，用清水浸泡 1 h 左右以除去血水污物，沥干后备用。

② 初煮

将清洗沥干水分的肉块放在沸水中煮制，水盖过肉面。初煮时不加任何辅料，但有时为了除异味，可用 1% ~ 2% 的鲜姜，初煮时水温保持在 90℃ 以上，并及时撇去汤面污物，待肉呈粉红色、无血水时将肉块捞出后，汤汁过滤待用。

③ 切坯

肉块冷却后，按不同规格要求切成块、片、条、丁，力求大小均匀一致。

④ 复煮

将切好的肉坯放在调味汤中煮制，取肉坯重 20% ~ 40% 的过滤初煮汤，将配方中不溶解的辅料装纱布袋入锅煮沸后，加入其他辅料及肉坯。用大火煮制 30 min 后，应减少火力以防焦锅，用小火煨 1 ~ 2 h 左右，待卤汁收干即可起锅。

⑤ 烘烤

将收汁后的肉还铺在竹筛或铁丝网上，放置于烘房或远红外供箱中烘干。烘烤温度前期可控制在 60 ~ 70℃，后期可控制在 50℃，一般需要 5 ~ 6 h，即可使含水量下降到 20% 以下。在烘烤过程中要注意定期翻动。

⑥ 冷却、包装

烘烤后的肉干应冷却至室温后再包装，包装材料以复合膜为好，尽量选用阻气、阻湿性能好的材料。

2. 肉脯的加工

肉脯是指瘦肉经切片（或绞碎）、调味、腌制、摊筛、烘干、烤制等工艺而制成的干、熟薄片型的肉制品。

（1）配方

① 靖江猪肉脯

原料肉 50 kg，白糖 6.75 kg，高粱酒 1.25 kg，胡椒粉 0.005 kg，味精 0.25 kg，酱油 4.25 kg，鸡蛋 1.5 kg。

② 天津牛肉脯

牛肉片 100 kg，酱油 4 kg，山梨酸钾 0.02 kg，食盐 2 kg，味精 2 kg，五香粉 0.30 kg，白砂糖 12 kg，维生素 C0.02 kg。

（2）工艺要点

① 原料的选择和整理

选择新鲜的猪后腿肉，去掉脂肪、结缔组织，顺肌纤维切分成小肉块后装入模内移入速冻冷库中速冻至肉块深层温度达 -2 ~ 4℃出库。

② 切片

切片时须顺肌肉纤维方向，切片厚度一般控制在 1 ~ 2 mm。

③ 拌料腌制

将肉片与辅料拌匀，在不超过 10℃的冷库中腌制 2 h 左右。

④ 摊筛

在竹筛上涂刷食用植物油，将腌制好的肉片平铺在竹筛上。

⑤ 烘烤

将摊放在竹筛上的肉片晾干水分后，送入远红外烘箱中或烘房中脱水熟化。其烘烤温度控制在 55 ~ 70℃，前期烘烤温度可稍高。烘烤时间 2 ~ 3 h。

⑥ 烧烤

把半成品放在远红外空心烘炉的转动铁丝网上，用 200 ~ 220 ℃烧烤 1 ~ 2 min，至表面油润，色泽深红为止。

⑦ 压平、成型

烘烤结束后用压片机压平，按规格要求切成一定的形状。

⑧ 包装

冷却后应及时包装。

（二）发酵肉制品的加工

发酵肉制品是指肉制品在加工过程中经过了微生物发酵，由特殊细菌或酵母菌将糖转化为各种酸或醇，使肉制品的 pH 降低，经低温脱水使 Aw 下降，进而加工而成的一类肉制品。

1.发酵肉制品的种类

发酵肉制品主要是发酵香肠制品，另外还有部分火腿，常见的分类方法主要有三种。

（1）按产地分类

这类分类方法是最传统也是最常用的方法，如黎巴嫩大香肠、塞尔维拉特香肠、欧洲干香肠、萨拉米香肠等。

（2）按脱水程度分类

可分成半干发酵香肠和干发酵香肠。

（3）根据发酵程度分类

根据发酵程度可分为低酸发酵肉制品和高酸发酵肉制品。低酸发酵肉制品的pH 为 5.5 或大于 5.5。对低酸肉制品，低温发酵和干燥有时是唯一抑制杂菌直至盐浓度达到一定水平（Aw 值降至 0.96 以下）的手段，著名的低酸发酵干燥肉制品有法国、意大利、匈牙利的萨拉米香肠，西班牙火腿等。绝大多数高酸发酵肉制品采用发酵剂接种或发酵香肠的成品接种，接种用的微生物有能发酵添加的碳水化合物而产酸的菌种，因此，成品的 pH 在 5.4 以下。

2.发酵香肠的加工

（1）工艺流程

绞肉→斩拌→灌肠→接种霉菌或酵母菌→发酵→干燥和成熟→包装

（2）操作要点

①绞肉

粗绞时原料的温度应当在 −4 ~ 0℃的范围内，脂肪要处于 −8℃的冷冻状态，以避免水的结合和脂肪的融化。

②斩拌

首先将精肉和脂肪倒入斩拌机中，稍加混匀，然后将食盐、腌制剂、发酵剂和其他的辅料均匀地倒入斩拌机中斩拌均匀。斩拌的时间取决于产品的类型，一般的肉焰中脂肪颗粒的直径为 1 ~ 2 mm 或 2 ~ 4 mm。

③灌肠

将斩拌好的肉馅用灌肠机灌入肠衣。灌制时要求充填均匀，肠坯松紧适度。整个灌制过程中肠焰的温度维持在 0 ~ 1℃。为了避免气泡混入最好利用真空灌肠机灌制。

④接种霉菌或酵母菌

肠衣外表面霉菌或酵母菌的生长不仅对于干香肠的食用品质具有非常重要的

作用，而且能抑制其他杂菌的生长，预防光和氧对产品的不利影响。商业上应用的霉菌和酵母发酵剂多为冻干菌种，使用时，将酵母和霉菌的冻干菌用水制成发酵剂菌液，然后将香肠浸入菌液中即可。

⑤ 发酵

发酵温度依产品类型而有所不同。一般认为，发酵温度每升高5℃，乳酸生成的速率将提高一倍，发酵温度越高，发酵时间越短。一般涂膜型香肠的发酵温度为22～30℃，发酵时间最长为48 h；半干香肠的发酵温度为30～37℃，发酵时间最长为14～72 h；干发酵香肠的发酵温度为15～27℃，发酵时间为24～72 h。发酵结束时，香肠的酸度因产品而异，对于半干香肠，其pH应低于5.0，美国生产的半干香肠的pH值更低，德国生产的干香肠的pH值在5.0～5.5的范围内。

⑥ 干燥和成熟

在香肠的干燥过程中，控制香肠表面水分的蒸发速度，使其平衡于香肠内部的水分向香肠表面扩散的速度是非常重要的。在半干香肠中，干燥损失少于其湿重的20%，干燥温度在37～66℃，温度高，干燥时间短，温度低时，可能需要几天的干燥时间。干香肠的干燥温度较低，一般为12～15℃，干燥时间主要取决于香肠的直径。对于干香肠，特别是接种霉菌和酵母菌的干香肠，在干燥过程中会发生许多复杂的化学变化，也就是成熟。在某些情况下，干燥过程是在一个较短的时间内完成的，而成熟则一直持续到消费为止，通过成熟形成发酵香肠的特有风味。

⑦ 包装

为了便于运输和贮藏，保持产品的颜色和避免脂肪氧化，成熟以后的香肠通常要进行包装。真空包装是最常用的包装方法。

第二节 乳制品的加工

一、消毒乳的加工

（一）消毒乳的概念

消毒乳又称杀菌鲜乳，系指以新鲜牛乳为原料，经净化、杀菌、均质等处理，以液体鲜乳状态用瓶装或其他形式的小包装，直接供应消费者饮用的商品乳。因消毒乳大部分在城镇销售，故也称市乳。随着生产技术的改进，目前消毒乳已能在常温下保存数月不变质，故有"长寿乳"之称。

（二）消毒乳的种类

消毒乳可根据制品的组成、杀菌方法、包装形式等进行分类。

1. 按组成分类

（1）普通消毒乳

以鲜乳为原料，不加任何添加剂而加工成的消毒鲜乳，包括全脂消毒乳、半脱脂消毒乳和脱脂消毒乳。

（2）强化消毒乳

于新鲜乳中添加各种维生素或钙、磷、铁等无机盐类，以增加营养成分，但风味和外观与普通消毒乳无区别。

（3）花色消毒乳

消毒乳中添加咖啡、可可或各种果汁，其风味和外观均有别于普通消毒乳。

（4）再制消毒乳

也称复原乳。系以全脂乳粉、浓缩乳、脱脂乳粉和无水奶油等为原料，经混合溶解后，制成与鲜乳成分相同的饮用乳。

2. 按杀菌方法分类

（1）低温长时杀菌乳

低温长时杀菌（LTLT）乳也称保持式杀菌消毒乳（或称巴氏杀菌乳），是经 $62 \sim 65℃$、30 min 保温杀菌的乳。为了避免冷藏中的脂肪分离，应进行均质处理。

（2）高温短时杀菌乳

高温短时杀菌（HTST）乳是指乳经 $72 \sim 75℃$，保持 15 s 杀菌，或采用 $80 \sim 85℃$，保持 $10 \sim 15$ s 加热杀菌的乳。一般采用片式热交热器进行连续杀菌。由于加热过程中进行均质，故脂肪不分离，而且由于受热时间短，热变性现象很少，风味浓厚，无蒸煮味。

（3）超高温杀菌乳

超高温杀菌（UHT）乳是指乳加热至 $130 \sim 150℃$，保持 $0.5 \sim 4.0$ s 进行杀菌的乳。采用超高温杀菌时，由于时间很短，故风味、性质和营养价值等与普通乳相比无差异。此外，由于耐热性细菌都被杀灭，产品保存性明显提高。

3. 按包装形式分类

有玻璃瓶装消毒乳、塑料瓶装消毒乳、塑料涂层的纸盒装消毒乳、塑料薄膜包装的消毒乳、多层复合纸包装的灭菌（或消毒）乳等。

（三）乳的杀菌和灭菌

生产消毒乳时，杀菌或灭菌是最重要的工序，它不仅影响消毒乳的质量，而且影响风味和色泽。

1. 杀菌和灭菌的概念

所谓杀菌，就是将乳中的致病菌和造成成品缺陷的有害菌全部杀死，但并非百分之百地杀灭非致病菌，也就是说还会残留部分的乳酸菌、酵母菌和霉菌等。

所谓灭菌，就是要杀灭乳中所有细菌，使其呈无菌状态，但事实上，热致死率只能达到 99.999 9%，欲将残存的百万分之一甚至千万分之一的细菌杀灭，必须延长杀菌时间，这样会给鲜乳带来更多的缺陷。极微量的细菌在检测上近于零，即所谓的灭菌。

2. 杀菌和灭菌的方法

（1）低温长时杀菌法

加热条件为 62 ~ 65℃、30 min，可分为单缸保持法和连续保持法两种。单缸保持法常在保温缸中进行杀菌。杀菌时先向保温缸中泵入牛乳，开动搅拌器，同时向夹套中通入蒸汽或 66 ~ 77℃的热水，使牛乳温度徐徐上升至所规定的温度。然后停止供应蒸汽或热水，保持一定温度维持 30 min 后，立即向夹套通以冷水，尽快冷却。本法只能间歇进行，适于少量牛乳的处理。连续保持法通常采用片式、管式或转鼓式等杀菌器，先加热到一定温度后自动流出，流量可自动调节，本法适用于较多牛乳的处理。低温长时杀菌法由于所需时间长，效果也不够理想。因此，目前生产上很少采用。

（2）高温短时杀菌法

杀菌条件为 72 ~ 75℃保持 15 s 或 80 ~ 85℃保持 10 ~ 15 s。一般采用板式杀菌装置进行连续杀菌。

（3）超高温杀菌法

超高温杀菌法又称 UHT 灭菌。处理条件为 130 ~ 150℃、0.5 ~ 4.0 s。用这种方法杀菌时，乳中微生物全部被杀灭，是一种比较理想的灭菌法。

（四）消毒鲜乳的加工工艺

1. 工艺流程

原料乳的验收→过滤或净化→标准化乳→均质→杀菌→冷却→灌装→封盖→装箱→冷藏

2. 质量控制

（1）标准化

我国食品卫生标准规定，消毒乳的含脂率为 3.0%。因此，凡不合乎标准的乳，都必须进行标准化。

（2）预热均质

均质乳具有下列优点：风味良好，口感细腻；在瓶内不产生脂肪上浮现象；表面张力降低，改善牛乳的消化、吸收程度，适于喂养婴幼儿。通常荷兰牛的乳中，15%脂肪球直径为 2.5 ~ 5.0 μm，其余为 0.1 ~ 2.2 μm，均质后的脂肪球大部分在 1.0 μm 以下。

低温长时消毒牛乳生产时，一般于杀菌之前进行均质。均质效果与温度有关，所以须先预热。牛乳进行均质时的温度宜控制在 50 ~ 66℃，在此温度下乳脂肪处于熔融状态，脂肪球膜软化，有利于提高均质效果，一般均质压力为 16.7 ~ 20.6 MPa。使用二段均质机时，第一段均质压力为 16.7 ~ 20.6 MPa，第二段均质压力为 3.4 ~ 4.9 MPa。

（3）杀菌或灭菌

消毒牛乳的杀菌或灭菌可根据设备条件选择低温长时杀菌法、高温短时杀菌法或超高温杀菌法。

（4）冷却

用片式杀菌器杀菌时，乳通过冷却区段后已冷至 4℃。如用保温缸或管式杀菌器杀菌，需用冷排或其他方法将乳冷却至 2 ~ 4℃。

（5）灌装、冷藏

冷却后的牛乳应直接分装，及时分送给消费者。如不能立即分送时，也应贮存于 5℃ 以下的冷库内。以前我国乳品厂采用的灌装容器主要为玻璃瓶和塑料瓶。目前已逐步发展为塑料袋和涂塑复合纸袋包装。

灌装后的消毒乳，送入冷库做销售前的暂存。冷库温度一般为 4 ~ 6℃。欧美国家巴氏杀菌乳的贮藏期为 1 周，国内为 1—2 d。无菌包装乳可在室温下贮藏 3—6 个月。

（五）灭菌乳的加工工艺

1.工艺流程

原料乳→超高温灭菌→无菌平衡贮罐→无菌灌装

2.操作要点

（1）原料的质量

用于生产灭菌乳的牛乳必须新鲜，有极低的酸度、正常的盐类平衡及正常的乳清蛋白含量。为了适宜超高温处理，牛奶必须至少有 75% 的酒精浓度中保持稳定，另外，牛奶的细菌数量，特别对热有很强抵抗力的芽孢及数目应该很低。

（2）灭菌工艺

下面以管式间接 UHT 乳生产为例说明灭菌工艺。

① 预热和均质

牛乳从料罐泵送到超高温灭菌设备的平衡槽，由此进入到板式热交换器的预热段与高温奶热进行交换，将其加热到约 66℃，同时进行无菌奶冷却。经预热的奶在 15 ~ 25 MPa 的压力下均质。

② 杀菌

牛乳经预热及均质后，进入板式热交换器的加热段，被热水系统加热至137℃，热水温度由喷入热水中的蒸汽量控制（热水温度为139℃）。然后，137℃的热乳进入保温管保温 4 s。

（3）无菌冷却

离开保温管后，灭菌乳进入无菌冷却段，被水冷却，从137℃降温至76℃，最后进入回收段，被 5℃的进乳冷却至20℃。

（4）无菌包装

无菌包装是指将灭菌后的牛乳，在无菌条件下装入事先杀过菌的容器内的一种包装技术，其特点是牛乳可在常温下贮存而不会变质，色、香、味和营养素的损失少，而且无论包装尺寸大小，产品质量都能保持一致。可供牛乳制品无菌包装的设备主要有无菌菱形袋包装机、无菌砖型盒包装机、无菌纯包装机等。

二、再制乳和花色乳的加工

（一）再制乳的加工

再制乳就是把几种乳制品，主要是脱脂乳粉和无水黄油，经过加工制成的液态奶。其成分与鲜乳相似，也可以强化各种营养成分。再制乳的生产克服了自然乳业生产的季节性，保证了淡季乳制品的供应，并可调剂缺乳地区乳的供应。

1.原料

（1）脱脂乳粉和无水黄油

脱脂乳粉和无水黄油是再制乳的主要原料，其质量的好坏对成品质量有很大影响，必须严格控制质量，储存期通常不超过 12 个月。

（2）水

水是再制乳的溶剂，水质的好坏直接影响再制乳的质量。金属离子（如 Ca^{2+}，Mg^{2+}）。高时，影响蛋白质胶体的稳定性，故应使用软化水。

（3）添加剂

① 乳化剂

起稳定脂肪的作用，常用的有磷脂，添加量为 0.1%。

② 乳化稳定剂

常用的主要有：阿拉伯树胶、果胶、琼脂、海藻酸盐等。

③ 盐类

如氯化钙和柠檬酸钠等，起稳定蛋白质的作用。

④ 风味料

天然和人工合成的香精，增加再制奶的奶香味。

⑤ 着色剂

常用的有胡萝卜素、安那妥等，赋予制品以良好颜色。

2.加工方法

（1）全部均质法

先将脱脂奶粉与水按比例混合成脱脂奶，再添加无水黄油、乳化剂和芳香物等，充分混合，然后全部通过均质，再消毒冷却而制成。

（2）部分均质法

先将脱脂奶粉与水按比例混合成脱脂奶，然后取部分脱脂奶，在其中加入制乳所需的全部无水黄油，制成高脂奶（含脂率为 8% ～ 15%）。将高脂乳进行均质后，再与其余的脱脂奶混合，经消毒、冷却而制成。

（3）稀释法

先用脱脂奶粉、无水黄油等混合制成炼乳，然后用杀菌水稀释而成。

（二）花色乳的加工

1.原料

（1）咖啡

咖啡浸出液的调制，可用咖啡粒浸提，也可以直接使用速溶咖啡。由于咖啡酸度较高，容易引起乳蛋白不稳定，故应少用酸味强的咖啡，多用稍带苦味的咖啡。

咖啡浸出液的提取，可用 0.5% ～ 2% 的咖啡粒，用 90℃的热水（咖啡粒的12 ～ 20 倍）浸提制取。浸出液受热过度，会影响风味，故浸出后应迅速冷却并在密闭容器内保存。

（2）可可和巧克力

通常采用的是用可可豆制成的粉末，稍加脱脂的称可可粉，不进行脱脂的称巧克力粉。其风味随产地而异。

巧克力含脂率在 50% 以上，不容易分散在水中。可可粉的含脂率随用途而异，通常为 10% ~ 25%，在水中比较容易分散，故生产乳饮料时，一般均采用可可粉，用量为 1% ~ 1.5%。

（3）甜味料

通常用蔗糖（4% ~ 8%），也可用饴糖或转化糖液。

（4）稳定剂

常用的有海藻酸钠、CMC、明胶等。明胶容易溶解，使用方便，使用量为 0.05% ~ 0.2%，也有使用淀粉、洋菜、胶质混合物等。

（5）果汁

各种水果果汁。

（6）酸味剂

柠檬酸、果酸、酒石酸、乳酸等。

（7）香精

根据产品需要确定香精类型。

2. 配方及工艺

（1）咖啡奶

将咖啡浸出液和蔗糖与脱脂乳混合，经均质、杀菌而制成。

① 咖啡奶的配方

可以根据各地区的条件加以调整。

全脂乳 40 kg，脱脂乳 20 kg，蔗糖 8 kg，咖啡浸提液（咖啡粒为原料的 0.5% ~ 2%）30 kg，稳定剂 0.05% ~ 0.2%，焦糖 0.3 kg，香料 0.1 kg，水 1.6 kg。

② 加工要点

将稳定剂与少许糖混合后溶于水，与咖啡液一起充分添加到乳等料液中，经过滤、预热、均质、杀菌、冷却后进行包装。

（2）巧克力奶或可可奶

① 巧克力奶的配方

全脂乳 80 kg，脱脂奶粉 2.5 kg，蔗糖 6.5 kg，可可（巧克力板）（可可奶使用可可粉）1.5 kg，稳定剂 0.02 kg，色素 0.01 kg，水 9.47 kg。

② 可可奶的加工方法

首先需要制备糖浆，其调制方法为 0.2 份的稳定剂（海藻酸钠、CMC）与 5 倍的蔗糖混合，然后将 1 份可可粉与剩余的 4 份蔗糖混合，在此混合物中，边搅拌边徐徐加入 4 份脱脂乳，搅拌至组织均匀光滑为止。然后加热到 66℃，并加入稳定剂与蔗糖的混合物均质，在 82 ~ 88℃、加热 15 min 杀菌，冷却到 10℃以下进行灌装。生产巧克力奶时，将巧克力板先溶化，其他过程相同。

（3）果汁牛奶及果味牛奶

果汁牛奶是以牛奶和水果汁为主要原料，果味牛奶是以牛奶为原料加酸味剂调制而成的花色奶。其共同特点是产品呈酸性，此生产技术的关键是乳蛋白质在酸性条件下的稳定性，需要适当的配制方法，选择适当的稳定剂并进行完全的均质。

三、发酵乳制品

（一）发酵乳制品的种类及营养特点

发酵乳的定义为乳或乳制品在特征菌的作用下发酵而成的酸性凝状产品。在保质期内该类产品中的特征菌必须大量存在，并能继续存活且具有活性。

1.发酵乳制品的种类

按国际乳品联合会的分类方式，发酵乳可分为两大类四小类。

（1）嗜热菌发酵乳

① 单菌发酵乳

单菌发酵乳是由单一特征菌发酵而成的发酵乳，例如嗜酸乳杆菌发酵乳、保加利亚乳杆菌发酵乳。

② 复合菌发酵乳

复合菌发酵乳是指由两种或两种以上的特征菌混合发酵而成的发酵乳，例如普通的凝固性酸乳是由普通酸乳的两种特征菌和双歧杆菌混合发酵而成的发酵乳。

（2）嗜温菌发酵乳

① 经乳酸发酵而成的产品

这种发酵乳中常用的菌如乳酸链球属及其亚属、肠膜状明串珠菌和干酪乳杆菌。

② 经乳酸和酒精发酵而成的产品

经乳酸和酒精发酵而成的产品如酸牛乳酒、酸马奶酒等乳制品。发酵乳制品种类繁多，但在我国最主要的有酸乳、乳酸菌饮料、乳酸菌制剂等。

2.发酵乳制品的营养特点

发酵乳制品营养全面，风味独特，比牛乳更易被人体吸收利用，发酵乳制品具有如下功效。

（1）抑制肠道内腐败菌的生长繁殖，对便秘和细菌性腹泻具有预防和治疗作用。

（2）酸乳中产生的有机酸可促进胃肠蠕动和胃液的分泌。胃酸缺乏症者，每天适量饮用酸乳，有助于恢复健康。

（3）可克服乳糖不耐症。

（4）酸乳可降低胆固醇。

（5）酸乳在发酵过程中乳酸菌产生抗诱变活性物质，具有抑制肿瘤发生的潜能。同时，酸乳还可提高人体的免疫功能。

（6）饮用酸乳对预防和治疗糖尿病、肝病也有一定辅助作用。

（7）酸乳还有美容、润肤、明目、固齿、健发等作用。酸乳中有丰富的氨基酸、维生素和钙，益于头发、眼睛、牙齿、骨骼的生长发育；同时由于酸乳能改善消化功能，防止便秘，抑制有害物质如酚、吲哚及胺类化合物在肠道内的产生和积累，能防止细胞老化，使皮肤白皙而健美。

（二）发酵剂

1.发酵剂的种类

发酵剂是指生产发酵乳制品时所用的特定微生物培养物。发酵剂的种类有以下三种。

（1）乳酸菌纯培养物

乳酸菌纯培养物是含有纯乳酸菌的用于生产母发酵剂的牛乳菌株发酵剂或粉末发酵剂。主要接种在脱脂乳、乳清、肉汤等培养基中使其繁殖。现多用升华法制成冷冻干燥粉末或浓缩冷冻干燥来保存菌种。

（2）母发酵剂

母发酵剂是指在无菌条件下扩大培养的用于制作生产发酵剂的乳酸菌纯培养物。生产单位或使用者购买乳酸菌纯培养物后，用脱脂乳或其他培养基将其溶解活化，通过接代培养来扩大制备的发酵剂，并为生产发酵剂作基础。

（3）生产发酵剂（工作发酵剂）

生产发酵剂是直接用于生产的发酵剂，应在密闭容器内或易于清洗的不锈钢缸内进行生产发酵剂的制备。

2.使用发酵剂的目的

（1）乳酸发酵

利用乳酸发酵，将牛乳中乳糖转变为乳酸，使乳的 pH 降低而凝固，形成酸奶酸味，并能抑制杂菌污染。

（2）产生风味

一些乳酸菌可以分解牛乳中的柠檬酸而生成丁二酮、羟丁酮、丁二醇等四碳化合物和微量的挥发酸、酒精、乙醛等，但其中对风味影响最大的是丁二酮。

（3）蛋白质分解

在干酪生产中，酪蛋白分解生成的胨和氨基酸，是干酪成熟后的主要风味成分。

（4）产生抗生素

乳酸链球菌和乳油链球菌中的个别菌株能产生乳酸链球菌素和乳油链球菌素等抗生素，可防止杂菌和酪酸菌的污染。

3.发酵剂种类的选择与搭配

（1）菌种的选择

菌种的选择对发酵剂的质量起着重要作用，应根据生产目的不同选择适当的菌种。通常选用两种或两种以上的发酵剂菌种混合使用，相互产生共生作用。如嗜热链球菌和保加利亚乳杆菌配合使用常用作发酵剂菌种。大量的研究证明，混合菌使用的效果比单一菌的使用效果要好。

（2）菌种的搭配

在生产中，可以选择一种乳酸菌作为发酵剂，也可用 2 种或 3 种菌种的混合发酵剂来生产酸奶。实践证明，以 2 种或 3 种菌种按一定比例搭配使用，效果最好，这是由于菌种间的共生作用而导致互相得益的结果。一般认为，单独使用球菌时，发酵时间长，产酸量低，酸味不足，而且产品质地发黏，口感不好；单独使用杆菌时，发酵快，但酸味过于强烈，风味不柔和。因此，将球菌和杆菌混合使用，便可克服单独使用时产生的缺陷，得到良好的效果。根据试验研究和生产实践，一般认为采用以下比例的组合较好，但菌种来源不同，其效果有所差异，所以最好通过筛选试验进行确定。

嗜热链球菌：保加利亚乳杆菌 =1：1

乳酸链球菌：保加利亚乳杆菌 =4：1

乳酸链球菌：嗜热链球菌：保加利亚乳杆菌 =1：3：1

4.发酵剂的制备

制备发酵剂的必要设备有干燥箱、高压灭菌器、恒温箱、冰箱等。此外，必须先备好各类发酵剂的培养基容器及乳酸菌菌种。

（1）菌种纯培养物的活化及保存

通常购买或取来的菌种纯培养物都装在试管或安瓿瓶中。由于保存、寄送等影响，活力减弱，需进行多次接种活化，以恢复活力。

菌种若是粉剂，首先应用灭菌脱脂乳将其溶解，而后用吸管吸取少量的液体接种于预先已灭菌的培养基中，置于恒温箱或培养箱中培养。待凝固后再取出 1% ~ 3% 的培养物接种于灭菌培养基中，反复活化数次。待乳酸菌充分活化后，即可调制母发酵剂。以上操作均需在无菌室内进行。

纯培养物做维持活力保存时，需保存在 0 ~ 5℃冰箱中，每隔 1 ~ 2 周移植一次，但在长期移植过程中，可能会有杂菌污染，造成菌种退化。因此，还应进行不定期的纯化处理，以除去污染菌和提高活力。在正式应用于生产时，应按上述方法反复活化。

（2）母发酵剂的制备

母发酵剂制备时一般以脱脂乳 100 ~ 300 mL，装入三角瓶中以 121 ℃、15 min 高压灭菌，并迅速冷却至 40℃左右进行接种。接种时取脱脂乳量 1% ~ 3% 的充分活化的菌种，接种于盛有灭菌脱脂乳的容器中，混匀后，放入恒温箱中进行培养。凝固后再移入灭菌脱脂乳中，如此反复 2 ~ 3 次，使乳酸菌保持一定活力，制成母发酵剂。

（3）生产发酵剂（工作发酵剂）的制备

生产发酵剂制备时取实际生产量 3% ~ 4% 的脱脂乳，装入经灭菌的容器中，以 90℃、15 ~ 30 min 杀菌，并冷却。待达到所需酸度时即可取出置于冷库中。生产发酵剂的培养基最好与成品的原料相同，以使菌种的生活环境不致急剧改变而影响菌种的活力。

5.发酵剂的质量要求及鉴定

（1）发酵剂的质量要求

乳酸菌发酵剂的质量，必须符合下列各项要求。

①有适当的硬度，均匀而细滑，富有弹性，组织均匀一致，表面无变色、龟裂、不产生气泡及乳清分离等现象。

②有优良的酸味和风味，不得有腐败味、苦味、饲料味和酵母味等异味。

③全粉碎后，质地均匀，细腻滑润。

④按上述方法接种后，在规定的时间内产生凝固，无延长现象。活力测定时，酸度、感官、挥发酸、滋味合乎规定指标。

（2）发酵剂的质量检查

发酵剂质量的好坏直接影响成品的质量，最常用的质量评定方法如下：

①感官检查

观察发酵剂的质地、组织状态、色泽、风味及乳清析出等。良好的发酵剂应凝固均匀细腻，组织致密而富有弹性，乳清析出少，具有一定的酸味和芳香味，无异味，无气泡，无变色现象。

②化学检查

一般主要检查酸度和挥发酸。酸度以 90 ~ 110° T 为宜。

③ 微生物检查

用常规方法测定总菌数和活菌数。

④ 发酵剂的活力测定

活力测定必须简单而迅速，可选择酸度测定方法或刃天青（$Q_2H_{17}NO_4$）还原试验方法。酸度测定方法是常用的方法，即在高压灭菌后的脱脂乳中加入 3% 的发酵剂，并在 37～38℃ 的温箱内培养 3.5 h，然后测定酸度，如酸度达 0.4% 则认为活力较好，并以酸度的数值表示活力（如此活力为 0.4）。刃天青（$C_{12}H_{17}NO_4$）还原试验是用脱脂乳 9 mL 加发酵剂 1 mL 和 0.005% 刃天青溶液 1 mL，在 36.7℃ 的温箱中培养 35 min 以上，如完全褪色则表示活力良好。

（三）酸乳加工

酸乳是指在添加（或不添加）乳粉（或脱脂乳粉）的乳中，由于保加利亚杆菌和嗜热链球菌的作用进行乳酸发酵而制成的凝乳状产品，成品中必须含有大量相应的活菌。

1. 分类

根据成品的组织形态、口味，原料中乳脂肪含量、生产工艺和菌种的组成，通常可以将酸奶分成不同种类。目前我国市场上生产的酸奶按照成品的组织状态可分为两大类。

（1）凝固型酸乳

凝固型酸乳的发酵过程是在包装容器中进行的，因此成品呈凝乳状。

（2）搅拌型酸乳

搅拌型酸乳是发酵后再灌装而成。发酵后的凝乳在灌装前和灌装过程中被搅碎而呈黏稠状。

2. 酸奶的生产工艺

以我国各大城市生产最多的凝固型酸奶为例加以介绍。

（1）工艺流程

原料乳预处理→标准化→配料→预热→均质→杀菌→冷却→加发酵剂→装瓶→发酵→冷却→后熟→冷藏

（2）操作要点

① 原料乳

选用符合质量要求的新鲜乳、脱脂乳或再制乳为原料。抗菌物质检测应为阴性。

② 配料

为提高干物质含量，可添加脱脂乳粉，并可配入果料、蔬菜等营养风味物料。根据国家标准，酸乳中全脂乳固体含量应为 11.5% 左右，蔗糖加入量为 5%。适当的蔗糖对菌株产酸是有益的，但浓度过量，不仅抑制了乳酸菌产酸，而且增加生产成本。

③ 均质

均质前预热至 55℃ 左右可提高均质效果。均质有利于提高酸乳的稳定性和稠度，并使酸乳质地细腻，口感良好。

④ 杀菌及冷却

均质后的物料以 90℃ 进行 30 min 杀菌，其目的是杀死病原菌及其他微生物，使乳中酶的活力钝化和抑菌物质失活，使乳清蛋白热变性，改善牛乳作为乳酸菌生长培养基的性能，改善酸乳的稠度。杀菌后的物料应迅速冷却到 45℃ 左右。

⑤ 加发酵剂

将活化后的混合生产发酵剂充分搅拌，以适当比例加入，一般加入量为总量的 3% ~ 5%。加入的发酵剂不应有大凝块，以免影响成品质量。制作酸乳常用的发酵剂为保加利亚乳杆菌和嗜热链球菌的混合菌种，其比例通常为 1 ∶ 1，也可用保加利亚乳杆菌与乳酸链球菌搭配，但研究证明，以前者搭配效果较好。

⑥ 装瓶

可根据市场需要选择瓶的大小和形状，并在装瓶前对瓶进行蒸汽灭菌。

⑦ 发酵

用保加利亚杆菌和嗜热链球菌的混合发酵剂时，温度保持在 41 ~ 44℃，培养时间 2.5 ~ 4.0 h（3% ~ 5% 的接种量），达到凝固状态即可终止发酵。一般发酵终点可依据如下条件来判断：滴定酸度达到 80°T 以上；pH 低于 4.6；表面有少量水痕。发酵时应注意避免震动，发酵温度应恒定，避免忽高忽低，掌握好发酵时间，防止酸度不够或过度以及乳清析出。

⑧ 冷却与后熟

发酵好的瓶装凝固酸乳，应立即放入 4 ~ 5℃ 的冷库中，迅速抑制乳酸菌的生长，以免继续发酵而造成酸度过高。在冷藏期间，酸度仍会有所上升，同时风味成分双乙酰含量会增加。因此，发酵凝固后须在 4℃ 左右贮藏 24 h 再出售，通常把该贮藏过程称为后成熟，一般最大冷藏期为 7 d。

（四）乳酸菌饮料的加工

乳酸菌饮料是指以乳或乳与其他原料的混合物经乳酸菌发酵后搅拌，加入稳定剂、糖、酸、水及果蔬汁调配后通过均质加工而成的液态酸乳制品。

1.乳酸菌饮料的种类

乳酸菌饮料因加工处理的方法不同，一般分为酸乳型和果蔬型两大类。

（1）酸乳型乳酸菌饮料

是在酸凝乳的基础上将其破碎，配入白糖、香料、稳定剂等通过均质而制成的均匀一致的液态饮料。

（2）果蔬型乳酸菌饮料

是在发酵乳中加入适量的浓缩果汁（如柑橘、草莓、苹果、沙棘等）和适量的蔬菜汁浆（如番茄、胡萝卜、玉米、南瓜等）共同发酵后，再通过加糖、加稳定剂或香料等调配、均质后制作而成的饮料。

2.乳酸菌饮料的加工

（1）工艺流程

原料（蔬菜汁浆）→混合原料乳→杀菌→冷却→发酵罐内发酵→发酵乳→冷却→搅拌→混合调配→预热→均质→杀菌→灌装→成品

（2）操作要点

① 混合调配

先将经过巴氏杀菌冷却至20℃左右的稳定剂、水、糖溶液加入发酵乳中混合并搅拌，然后再加入果汁、酸味剂与发酵乳混合后搅拌，最后加入香精等。一般糖的添加量为11%左右，饮料的pH调至3.9 ~ 4.2。

② 均质

通常用胶体磨或均质机进行均质，使其液滴微细化，提高料液黏度，抑制粒子的沉淀，并增强稳定剂的稳定效果。乳酸菌饮料较适宜的均质压力为20 ~ 25 MPa，温度为53℃左右。

③ 后发酵

发酵调配后杀菌的目的是延长饮料的保存期。经合理杀菌，无菌灌装后的饮料，其保存期为3—6个月。

④ 蔬菜处理

在制作蔬菜乳酸菌饮料时，要首先对蔬菜浆进行加热处理，以起到灭酶的作用。通常在沸水中处理6 ~ 8 min，经灭酶后打浆或取汁，再与杀菌后原料乳混合。

四、冰淇淋

冰淇淋原意为冰冻奶油，现通常是指以牛乳或乳制品和蔗糖为主要原料，并加入蛋与蛋制品、乳化剂、稳定剂以及香料等原料，经混合配制、杀菌、均质、成熟凝冻、成型、硬化等加工而成的产品。

（一）冰淇淋的分类

1.按组成分类

（1）高级奶油冰淇淋

脂肪含量 14% ~ 16%，总干物质含量 38% ~ 42%。向其中加入不同成分的物料，可制成奶油冰淇淋、巧克力冰淇淋、胡桃冰淇淋、葡萄冰淇淋、果味冰淇淋、鸡蛋冰淇淋以及夹心冰淇淋等。

（2）奶油冰淇淋

脂肪含量 10% ~ 12%，总干物质含量从 34% ~ 38%。依加入不同成分的物料，可制成各种相应的产品。

（3）牛奶冰淇淋

脂肪含量 5% ~ 8%，总干物质含量 32% ~ 34%，其中因加入物料的不同，可制成牛奶冰淇淋、牛奶可可冰淇淋、牛奶果味冰淇淋和浆果冰淇淋、牛奶鸡蛋冰淇淋以及牛奶夹心冰淇淋。

（4）果味冰淇淋

一般脂肪含量 3% ~ 5%，总干物质含量 28% ~ 30%，可制成橘子冰淇淋、香蕉冰淇淋、菠萝冰淇淋、杨梅冰淇淋等水果味冰淇淋等。

2.按形状分类

按冰淇淋浇铸形状可分为散装冰淇淋、蛋卷冰淇淋、杯状冰淇淋、夹层冰淇淋、软质冰淇淋等。

3.按原料及加入的辅料分类

按原料及加入的辅料分类有香料冰淇淋、水果冰淇淋、果仁冰淇淋、布丁冰淇淋、酸味冰淇淋和外涂巧克力冰淇淋等。

（二）冰淇淋的加工工艺

1.工艺流程

原料预处理→混合料的制备→均质→杀菌→冷却→老化→凝冻→罐装成型→硬化→成品冷藏

2.操作要点

（1）原料混合

为了使产品符合标准要求，必须对原料进行标准化，并制作好原料配合表。由于原料种类、比例及消费者爱好不同，冰淇淋的原料配合也各不相同。表 10-1 所示为冰淇淋的基本组成。

表 10-1　冰淇淋的组成成分　　　　　　　　　　单位：%

组成	甲种	乙种	丙种	丁种
脂肪	16.0	12.0	8.0	3.0
非脂乳固体	9.0 ~ 10.0	9-0 ~ 11.0	8, 0 ~ 10.0	8.0 ~ 12.0
砂糖	13.0 ~ 15.0	13.0 ~ 15.0	14.0 ~ 16.0	14.0 ~ 17.0
稳定剂	0.1 ~ 0.2	0.2 ~ 0.3	0.2 ~ 0.3	0.2 ~ 0.4
乳化剂	0.1 ~ 0.3	0.1 ~ 0.3	0.1 ~ 0.3	0.1 ~ 0_3
总固体	37.0 ~ 41.0	35.0 ~ 39.0	34.0 ~ 37.0	28.0 ~ 33.0

原料混合在配料缸中进行。首先向液体原料中添加蔗糖溶液，如使用乳粉则应将其添加于预先加热的一部分液体原料中，经充分搅拌使之完全溶解复原后再添加于保温缸中；稳定剂、乳化剂等先用一部分液体原料调成大约 100 g/L 的溶液，然后添加于加热到 5℃ 左右的保温缸的其他混合料中，并进行搅拌混合均匀，加热到 65 ~ 70℃。香味剂则于冷却时添加，若需添加果汁也在冷却过程中添加。

（2）均质

均质是冰淇淋生产的一个重要工序，适当的均质可使冰淇淋获得良好的组织状态，理想的膨胀率。均质的目的是在冰淇淋制造过程中，使混合料获得均匀一致的乳浊液，增进混合料的黏度，防止在凝冻过程中脂肪形成奶油析出，并改善混合料的起泡性，提高膨胀率。均质可在均质机中进行，均质压力为 15 ~ 21 MPa，并在均质前将混合料预热到 60℃ 左右，这样有利于乳脂肪的乳化，使冰淇淋组织光滑细腻。

（3）杀菌

杀菌的目的不仅可杀灭混合料中的有害微生物，并可使冰淇淋组织均匀，风味一致。杀菌方法可采用低温间歇杀菌法和高温短时杀菌法。低温间歇杀菌法通常采用 68℃ 保温 30 min，或 75℃ 保温 15 min。采用高温短时杀菌法时，杀菌温度为 80 ~ 83℃，时间 30 s。

（4）成熟

经杀菌后的混合料，立即通过冷凝器冷却到 0 ~ 4℃，并在此温度下保持 4 ~ 24 h，这一操作过程称为成熟。成熟的目的是为了提高混合料的黏度，提高成品的膨胀率。经成熟后的混合料，由于黏度提高，在凝冻时可混入大量气体，使成品获得较高的膨胀率和良好的组织状态。

（5）凝冻

凝冻亦称冻结，是冰淇淋生产中的一个重要工序。混合料在凝冻器中强烈搅拌，可使空气更易于形成极细小的气泡分布在其中，使冰淇淋中的水分在形成冰晶时呈微细的冰结晶，从而使口感光滑细腻。凝冻过程中使用的凝冻机可分为三种类型，即冰块凝冻机、盐水凝冻机和氨液凝冻机。在大量生产冰淇淋时，多采用连续式氨液凝冻机，因其生产效率高，成品质量好，一般冷冻温度为 -5 ~ -2℃。连续式氨液凝冻机以 -5 ~ -1℃为宜。

（6）硬化

由凝冻机直接放出的冰淇淋具有流动性，组织柔软称为软质冰淇淋。在装入容器后经一段低温处理（-15 ~ -10℃），使其冻结的过程称为硬化。硬化过程应以快速为好，这样形成的冰晶体细小，分布均匀，组织状态光滑细腻。硬化通常在硬化室内进行，将冰淇淋在 -25 ~ -20℃的硬化室硬化 12 h 左右，然后置于 -15℃的冷却库中进行贮藏。

五、其他乳制品

乳制品的种类很多，除上述制品外，还有干酪、奶油等许多种类，下面介绍几种。

（一）干酪

干酪是以乳与乳制品为原料，加入一定的乳酸菌发酵剂和凝乳酶，使乳中的蛋白质凝固，排除乳清，再经一定时间的成熟而制成的一种发酵乳制品。干酪主要成分是蛋白质和脂肪，此外还含有丰富的维生素。因此，干酪具有很高的营养价值。

1.工艺流程

原料乳→杀菌→添加发酵剂→添加色素及氯化钙→添加凝乳酶→切割搅拌→二次加热→排乳清→成型压榨→腌渍→成熟→上色挂蜡→贮藏

2.操作要点

（1）原料乳

生产干酪的原料乳必须是健康牛所产的新鲜乳，并需严格进行检查。通常酸度不得超过 19° T，酒精试验呈阴性。原料乳中不得含有抗生素和防腐剂，也不得使用近期内注射过抗生素的乳牛所产的乳。

（2）杀菌

杀菌的目的是杀死乳中的有害菌，有利于乳酸菌的生长。一般采用低温长时间杀菌法，杀菌条件：63 ~ 65℃、30 min 或 73 ~ 75℃、20 s。

（3）添加发酵剂

凡经过杀菌处理的原料乳，必须加入乳酸菌发酵剂。通常使用的乳酸菌为乳油链球菌和乳酸链球菌的混合培养物，培养温度为 21 ~ 27℃，培养时间为 12 ~ 24 h。

（4）添加色素及氯化钙

加入发酵剂后，当酸度达到 0.18% ~ 0.19% 时，添加色素胭脂树橙。添加量为每 1000 kg 牛乳加 30 ~ 120 g。同时，再加入 0.01% 的氯化钙（先用热水溶解成 10% 的溶液）。

（5）添加凝乳酶

生产干酪所用的凝乳酶以皱胃酶为主，如无皱胃酶时也可用胃蛋白酶代替。酶的添加量随其活力（也称效价）而定，一般以在 35℃下保温 30 ~ 35 min 可以进行切块为准。

（6）切割搅拌

为了获得均匀的干酪粒和增大凝块的表面积，加速乳清的排出，可用特制的干酪刀，将凝块切成 4 ~ 5 mm³ 的小方块，然后进行搅拌以使乳清分离。

（7）二次加热

为加速干酪粒中的乳清排出和促进乳酸发酵，需进行二次加热。加热时必须使温度徐徐上升，一般以每 1 min 升高 1 ~ 2℃为宜，并使乳清的最终温度达到 32 ~ 36℃。

（8）排乳清

二次加热后，当乳清酸度达到 0.12%，干酪粒已收缩至适当硬度时，即可将乳清排除。

（9）成型压榨

乳清排除以后，将干酪粒堆积在干酪槽的一端，用带孔木板压 5 min，使其成块，并继续压出乳清，然后将干酪块切成砖状小块，装入模型中成型 5 min。成型后用布包裹再放入模型中用压榨器压榨 4 h。最初经 1 h 后，翻转一次，并修整形状。

（10）腌渍

为抑制部分微生物的繁殖与增加风味，将压榨成型后的干酪取下包布，将其置于盐水池中腌渍。腌渍时上层盐水的浓度应保持在 220 ~ 230 g/L，盐水的温度应保持在 8 ~ 10℃，一般腌渍的时间为 6 ~ 7 d。

（11）成熟

干酪的成熟是复杂的生物化学与微生物学过程。干酪的成熟是以乳酸发酵、丙酸发酵为基础的，并与温度、湿度和微生物的种类有密切关系。干酪中的乳糖含量很少（仅 10 ~ 20 g/L），因为大部分的乳糖遗留在乳清中，剩余的乳糖在干酪成熟的最初 8 ~ 10 d 内由于乳酸菌的作用而分解为乳酸，乳酸与酪蛋白酸钙结合形成乳酸钙，乳酸钙和乳酸菌死后所形成的酶对干酪的成熟具有重大意义。酶能将蛋白质分解为蛋白胨及氨基酸。成熟过程中还形成中间产物及酒精、葡萄糖、二氧化碳、丁二酮等，并使干酪产生气孔和特殊的滋气味，但脂肪与矿物质很少变化。

（12）上色挂蜡

成熟后的干酪，在出厂前为防止生霉与增加美观，将成熟完毕的干酪，经清洗干燥后，用食用色素染成红色，待色素完全干燥后再在 60℃ 的石蜡中进行挂蜡。

（13）贮藏

成品干酪应在 5℃ 及 88% ~ 90% 的相对湿度条件下进行贮藏。但一些研究证明，干酪最好在 -5℃ 及 90% ~ 92% 的相对湿度下进行贮藏，如此可以保存 1 年以上。

2. 民族乳制品简介

（1）奶豆腐

奶豆腐的制造方法大致与豆腐相同。按古代书籍记载，其制造方法是在乳内加入一定数量的醋，使蛋白质凝固，然后以布过滤，去掉乳清，再将凝块用布包扎压榨，即成奶豆腐。这种奶豆腐的制法与豆腐几乎完全相同，但目前少数民族地区的奶豆腐则多用制奶皮子后剩下的脱脂乳制造。其方法是将脱脂乳置于容器中，使其自然发酵凝固，然后将乳清排出，将尚含有相当水分的凝块放入锅内，加热搅拌，使部分水分蒸发而黏度增加，最后取出摊开或放置于定形的方匣中，冷却后即成奶豆腐。为了便于长期保存，可把制成的奶豆腐置于日光下晒干，则可长贮不坏。

此外，浙江温州地区，将奶豆腐制成腐乳状，别有风味。其制法为：加少量食醋于碗中，然后盛一铁勺煮开的牛乳倒入碗中，不断摇荡，等全部蛋白质凝成团状后取出，沥去乳清，投入食盐水中保存，随时用以佐餐。

（2）酥油

酥油是我国内蒙古、青海、西藏、新疆等少数民族地区普遍的食品，因为它具有可以长期保存的特性，故牧民每至产奶丰富的季节即大量制造，以供常年食用。其制法为：将鲜奶通过牛乳分离机或加热静置的方法取出稀奶油或奶皮，然后倒入木桶中在经常搅拌下发酵一星期。再把表面凝结带有强烈酸味的凝固乳脂肪取出，并挤去其中乳汁，然后放在冷水中漂洗和揉搓，最后尽量挤去水分，即成为一般奶油。再把这种奶油放在锅内熔化，并去掉浮于油脂表面的杂物，加热至锅内没有水分的响声后，将其倒出，去掉沉于底部的渣子，冷却后即为酥油。酥油的脂肪含量约为99%，蛋白质0.1%，糖类0.2%，水分0.7%。因为蛋白质和水分等含量很低，所以能耐久藏。

（3）奶子酒

我国少数民族所制的奶子酒与一般的牛乳酒、马乳酒不同。一般的牛乳酒都是在乳中加入一定量的发酵剂，进行 1 ~ 3 昼夜的发酵制成，其所含酒精量很低，约在 0.6% 以下，故多作为清凉饮料。而我国少数民族所制的奶子酒，是用制奶豆腐所剩下的乳清，加入少量生乳，然后置于密闭的容器中并放在温度较高的房屋中发酵。经 20 ~ 30 d 的发酵后，酒即大致酿成。取出后用酿白酒的方法进行蒸馏，即可得到含酒精量 10% 以上的奶子酒。我国的奶子酒为无色透明的流体，略带苦味并有乳香味。

第三节　蛋制品的加工

一、松花蛋的加工

松花蛋又称皮蛋、变蛋、碱蛋或泥蛋，是我国人民首创的传统风味蛋制品，因营养价值高，味鲜美，易消化，深受国内外消费者的欢迎。由于加工用的辅料和方法不同，可分为溏心皮蛋和硬心皮蛋两类。皮蛋多采用鸭蛋为原料，有些地区也采用鸡蛋来加工。

（一）皮蛋加工的基本原理

1. 蛋白与蛋黄的凝固

（1）凝固原理

纯碱与熟石灰生成的氢氧化钠或直接加入的氢氧化钠，由蛋壳渗入蛋内，而逐步向蛋黄渗入，使蛋白中变性蛋白分子继续凝聚成凝胶状，并有弹性。同时，溶液中的氧化铅、食盐中的钠离子、石灰中的钙离子、植物灰中的钾离子、茶叶中的单宁物质等，都会促使蛋内的蛋白质凝固和沉淀，使蛋黄凝固和收缩。蛋白和蛋黄的凝固速度和时间与温度的高低有关。温度高，碱性物质作用快；反之，则慢。所以，加工皮蛋需要一定的温度和时间。但适宜的碱量则是关键，如果碱量过多、时间过长，会使已凝固的蛋白变为液体，称为"碱伤"。因此，在皮蛋加工过程中，要严格掌握碱的使用量，并根据温度掌握好时间。

（2）凝固过程

凝固过程分为五个阶段。

① 化清阶段

这是鲜蛋泡入料液后发生明显变化的第一阶段。蛋白从黏稠变成稀的透明水样溶液，蛋黄有轻度凝固。其中含碱量（以 NaOH 计）为 4.4 ~ 5.7 mg/g，蛋白质的变性达到完全，蛋白质分子变为分子团胶束状态，卵蛋白在碱性条件及水的参与下发生了强碱变性作用。坚实的刚性蛋白质分子变为结构松散的柔性分子，从卷曲状态变为伸直状态，束缚水变成了自由水。但这时蛋白质分子的一、二级结构尚未受到破坏，化清的蛋白还没有失去热凝固性。

② 凝固阶段

卵蛋白从稀的透明水样溶液凝固成具有弹性的透明胶体，蛋白胶体呈现出五色或微黄色，蛋黄凝固厚度为 1 ~ 3 mm。含碱量（以 NaOH 计）为 6.1 ~ 6.8 mg/g，是凝固过程中含碱量最高的阶段。在 NaOH 的继续作用下，完全变性的蛋白质分子二级结构开始受到破坏，氢键断开，亲水基团增加，使蛋白质分子的亲水能力增强，相互之间作用形成新的弹性极强的胶体。

③ 转色阶段

此阶段的蛋白呈深黄色透明胶体状，蛋黄凝固 5 ~ 10 mm，转色层均为 0.5 ~ 2 mm。蛋白含碱度（以 NaOH 计）降低到 3.0 ~ 5.3 mg/g。这是蛋白质分子在 NaOH 和 H_2O 的作用下发生降解，一级结构受到破坏，使单个分子的相对分子质量下降，放出非蛋白质性物质，同时发生了美拉德反应。这些反应的结果使蛋白、蛋黄均开始产生颜色，蛋白胶体的弹性开始下降。

④ 成熟阶段

这个阶段蛋白全部转变为褐色的半透明凝胶体，仍具有一定的弹性，并出现大量排列成松枝状（由纤维状氢氧化镁水合晶体形成）的晶体簇，蛋黄凝固层变为蛋白质分子同 S^{2-} 反应的墨绿色或多种色层，中心呈溏心状。全蛋已具备了皮蛋的特殊风味，可以作为产品出售。此时蛋内含碱量为 3.5 mg/g。

⑤ 贮存阶段

这个阶段发生在产品的货架期。此时蛋的化学反应仍在不断进行，其含碱量不断下降，游离脂肪酸和氨基酸含量不断增加。为了保护产品不变质或变化较小，应将成品在相对低温条件下贮存，还要防止细菌类的侵入。

2.皮蛋的呈色

（1）蛋白呈褐色或茶色

浸泡前侵入蛋内的少量微生物和蛋内多种酶发生作用，使蛋白质发生一系列变化；蛋白中的糖类发生变化，一部分与蛋白质结合，另一部分处于游离状态，如葡萄糖、甘露糖和半乳糖，它们的醛基和氨基酸的氨基会发生化学反应，生成褐色或茶色物质。

（2）蛋黄呈草绿或墨绿色

蛋黄中含硫较高的卵黄磷蛋白和卵黄球蛋白，在强碱的作用下，分解产生活性的硫氢基（-SH）和二硫基（-S-S-），与蛋黄中的色素和蛋内所含的金属离子铅、铁相结合，使蛋黄变成草绿色、墨绿色或黑褐色；蛋黄中含有的色素物质在碱性情况下受硫化氢的作用。会变成绿色，此外，红茶末中的色素也有着色作用。因此，常见的皮蛋蛋黄色泽有墨绿、草绿、茶色、暗绿、橙红等，再加上外层蛋白的红褐色或黑褐色，形成五彩缤纷的彩蛋。

（3）松枝花纹的形成

经过一段时间成熟的皮蛋，剥开壳，在蛋白和蛋黄的表层有朵朵松枝针状的结晶花纹和彩环，称为"松花"。据分析表明是纤维状氢氧化镁水合结晶。当蛋内 Mg^{2+} 浓度达到足以同 OH^- 贮化合形成大量 $Mg(OH)_2$ 时，即在蛋白质凝胶体中形成水合晶体，即松花晶体。

3.皮蛋的风味

蛋白质在混合料液成分及蛋白分解酶的作用下，分解产生氨基酸，再经氧化产生酮酸，酮酸具有辛辣味。产生的氨基酸中有较多的谷氨酸，同食盐生成谷氨酸钠，是味精的主要成分，具有鲜味；蛋黄中的蛋白质分解产生少量的氨和硫化氢，有一种淡淡的臭味；添加的食盐渗入蛋内产生咸味；茶叶成分使皮蛋具有香味；因此各种气味、滋味的综合，使皮蛋具有一种鲜香、咸辣、清凉爽口的独特风味。

（二）辅料及其作用

加工皮蛋所用的辅料种类很多，作用各异，常用的辅料有以下八种。

1.纯碱（ Na_2CO_3 ）

纯碱是加工皮蛋的主要辅料，其主要作用是它与熟石灰生成氢氧化钠和碳酸钙，纯碱的用量决定了料液、料泥的氢氧化钠浓度，直接影响到皮蛋的质量和成熟期。纯碱要求色白、粉细，碳酸钠含量在96%以上。

2. 生石灰（CaO）

生石灰主要与纯碱、水起反应生成氢氧化钠，另外，游离的碳酸钙有促进皮蛋凝胶和使皮蛋味道凉爽的效能，沉淀的碳酸钙可阻止料液进入蛋内，并减少出缸洗蛋时的破损率。加工皮蛋用的生石灰品质要求是白色、体轻、块大、无杂质，有效氧化钙的含量不低于 75%。

3. 食盐

食盐主要起防腐、调味作用，还可抑制微生物活动，加快蛋的化清和凝固，利于蛋白凝固和离壳等。加工皮蛋用的食盐要求纯度在 96% 以上的海盐或精盐。

4. 红茶末

红茶末的作用主要是增加蛋白色泽，此外有提高风味、促进蛋白质凝固的作用。要求红茶末品质新鲜，不得使用发霉变质的和有异味的茶叶。

5. 氧化铅（PbO）

俗称金生粉，呈黄色到浅黄红色金属粉末或小块状，主要促进氢氧化钠渗入蛋内，使蛋白质分子结构解体，起加速皮蛋凝固、成熟、增色、离壳和除去碱味、抑制烂头、易于保存等作用，是制作京彩蛋的重要辅料，使用时必须捣碎、过 140 ~ 160 目筛。

6. 硫酸锌（$ZnSO_4 \cdot 7H_2O$）

俗称皓矾，为无色斜方结晶，是氧化铅的替代品，用锌盐取代铅盐，还可缩短皮蛋成熟期约 1/4。

7. 烧碱

烧碱即氢氧化钠，可代替纯碱和生石灰加工皮蛋。要求白色，纯净，呈块状或片状。具有强烈的腐蚀性，配料操作时要防止烧灼皮肤和衣服。

8. 草木灰

草木灰是加工湖彩蛋不可缺少的辅料，要求质地干燥、纯净、新鲜、无异味。为了防止草木灰因烧碱用料不同而含碱量不同，使用前必须过筛混拌均匀。

此外，加工皮蛋的辅料还有水、黄土、谷糠或锯末等。这些原料要求必须清洁、干燥、无杂质，不能受潮或被污染。

（三）松花蛋的加工方法

1. 配料

配料是加工松花蛋的关键性步骤，配料直接影响松花蛋的质量和成熟期，可生产有铅松花蛋，也可生产无铅松花蛋。各地配方略有不同，举一例说明。

鸭蛋 1 000 枚，水 50 kg，石灰 16 ~ 17 kg，纯碱 35 kg，黄丹粉 0.1 kg，茶叶

1.75 kg，食盐 1.5 kg，草木灰 0.8 kg。

2. 配制

有熬料和冲料两种。熬料时，将称量的茶叶、纯碱、水及食盐定量加入锅内煮沸，同时，不断地搅拌，将渣滓物滤出。将石灰逐渐添入缸内，石灰和料液全部混匀后，将氧化铅均匀地散入缸内搅拌均匀。

3. 凉汤

刚配好的料液，由于温度过高，必须冷却后方可灌蛋。一般夏季冷却至 25 ~ 27℃，春秋季为 17 ~ 20℃。

4. 料液的测定

配制好的料液，在浸蛋之前需对其进行碱度测定，一般氢氧化钠的含量以 2.5% ~ 5.5% 为宜。

5. 灌蛋

制备好的料液经测定后，即可进行灌蛋。灌蛋的程序如下。

（1）装蛋

鲜蛋下缸时要轻拿轻放，规格、数量必须准确。

（2）卡盖

鲜蛋装满缸后，不能高低不平，以防震损。卡盖应距离缸口约 4 cm 左右，所用的竹盖应撑在缸内，使蛋全部浸在料液中。

（3）排缸

蛋缸进入库房后，必须按等级排放，缸与缸之间应稍留空隙。

（4）灌料

蛋缸排好后，用吸料机灌料。冷天，气温低时，下缸时需把鲜蛋放至暖房或温室中升温过夜，使鲜蛋吸热后气孔扩张易于料液吸收。灌料完毕后，在缸上粘贴标记或挂上标牌，注明日期、等级、数量等以便检查。

6. 泡期管理

鲜蛋在浸制直至成熟期间，尤其是在气温变化较大时要勤观察，多检查。如果发现烂头和蛋白粘壳现象，表明碱性过大，须提前出缸。如蛋白凝固不坚实，表明料液碱性较弱，需推迟出缸。

7. 出缸

变蛋成熟之后即可出缸，出缸时要求轻捞轻放。取出的变蛋必须进行清洗。洗蛋用水需洁净，特别注意，在梅雨季节必须用凉开水洗蛋，变蛋经清洗后，必须放在阴凉通风处晾干。

8. 品质鉴定

鉴定变蛋品质主要靠"一观、二掂、三摇晃"的传统鉴别方法。一观，即察看变蛋的壳色、大小和完整程度；二掂，即用手握住变蛋，向空中抛起鉴定其弹性；三摇晃，即用手指捏住蛋，在耳边摇动，听其有无响声，从而判断出优劣。这三者紧密结合起来可收到良好的鉴定效果。

9. 涂泥包糠

变蛋经过品质鉴定后，对于良质的变蛋，为了长期贮存，必须进行涂泥包糠。经过包糠的变蛋，对嫩头者可以使其继续凝固成熟；碱伤变蛋经包糠放置一段时间，可减缓其碱性。另外，通过涂泥包糠，可达到保质保鲜的目的。

配制包 2 000 枚松花蛋的料泥需要干黄泥 35 kg、残料泥 65 kg、料水或熟水 20 kg。残料泥是指经过浸泡鲜蛋后所剩下的料液沉淀物。包泥需提前 1 d 配制，配制时不能使用生水，否则会引起包泥霉变。皮蛋的保质期取决于季节，一般春季加工的皮蛋，保质期不超过 4 个月；夏季加工的皮蛋，保质期不超过 2 个月；秋季加工的皮蛋，保质期不超过 4 个月；冬季加工的皮蛋，保质期不超过 6 个月。

10. 白油涂料

传统的包涂料用料泥和糠。为了改革包涂工艺，现在一般采用一种白油涂料。白油涂料的配比为液体石蜡 29.7%，司班 2.6%，吐温 3.9%，平平加 0.67%，硬脂酸 2.0%，三乙醇胺 1.04%，水 60%。涂料时使用 50% 的白油涂料加 50% 的水，用搅拌器搅匀即可使用。白油涂料变蛋的保质期春秋为 2—3 个月，夏季为 1—2 个月，冬季为 4—5 个月。

二、咸蛋的加工

咸蛋是一种风味特殊、生产历史悠久、食用方便的蛋制品，全国各地均有加工。咸蛋具有生产方法简单易行，加工费用低廉，加工技术容易掌握的特点。

（一）咸蛋加工原理

咸蛋加工比较简单，它的主要材料是鲜蛋与食盐。咸蛋的加工过程实质上就是使食盐成分渗入到鲜蛋内，使蛋内盐分适合于人们口味的过程。食盐溶于水时，可以发生扩散作用，对其周围的溶质可以发生渗透作用。咸蛋主要用食盐腌制而成，食盐对蛋有防腐、调味和改变胶体状态的作用。食盐分子渗入蛋内，形成的食盐溶液产生很高的渗透压，能抑制微生物的生长繁殖。食盐又能降低蛋白酶的活力，从而延缓了蛋内溶物的分解速度，起到防腐的作用。蛋内的食盐电离产生的正负离子与蛋白质、卵磷脂等作用而改变蛋白、蛋黄的胶体状态，使蛋白变稀，蛋黄变硬，蛋黄中的脂肪游离聚集（冒油）。

（二）原辅料的选择

加工咸蛋主要用鲜鸭蛋，其次为鸡蛋、鹅蛋。加工前必须对咸蛋进行感官鉴定、灯光透视、敲蛋和分级，剔除破壳蛋、空头蛋、血丝蛋、异物蛋等破、次、劣蛋。腌制咸蛋所用的材料主要为食盐，其他用料因加工方法而异，如黄泥、草木灰等。加工用食盐要符合食盐的卫生标准，水应符合饮用水标准，黄泥最好为深层的黄泥土，草木灰应纯净、均匀，无石块、土块等杂质。

（三）咸蛋加工方法

咸蛋的加工方法很多，主要有草灰法、黄泥法和盐水法等，各地采用的加工方法随地区而异，下面主要介绍草灰咸蛋的加工方法。各地加工咸蛋的配料标准有差异，可根据加工季节、消费习惯和人们的口味特点灵活变动。具体操作步骤如下。

（1）将食盐溶于水中，再将草木灰分批加入，在打浆机内搅拌均匀，将灰浆搅成不稀不稠的均匀状态。灰浆过夜后即可使用。

（2）提浆时将已配好的原料蛋放在经过静置搅熟的灰浆内翻转一下，使蛋壳表面均匀地粘上 2 mm 厚的灰浆，再进行裹灰。裹灰后还要捏灰，即用手将灰料紧压在蛋上。

（3）经过裹灰、捏灰后的蛋即可点数入缸或入篓。出口咸蛋一般使用尼龙袋、纸箱包装。

（4）咸蛋的成熟快慢主要与食盐的渗透速度、温度有关。一般情况下，夏季约需 20—30 d，春秋季约需 40—45 d。

（5）贮藏库温度应控制在 25℃以下，相对湿度 85% ～ 95%。贮存期一般不超过 2—3 个月，尤其是夏季腌制的蛋，最好及时销售，不宜久藏。

三、蛋粉的加工

蛋粉主要供食用或食品工业用，也可作为提炼卵磷脂和蛋黄油的原料。蛋粉可分为全蛋粉、蛋白粉、蛋黄粉，其中全蛋粉和蛋黄粉的加工方法基本相同，制作过程如下。

1. 鲜蛋液的制备和搅拌过滤

选用新鲜鸡蛋，用漂白粉溶液浸泡 5 min，以减少蛋壳上微生物的污染，然后用 5 g/L 硫代硫酸钠温水浸洗除氯，待晾干后，进行打蛋、搅拌。一般工厂采用搅拌过滤器，经搅拌后通过 0.1 ～ 0.5 cm 的筛网，滤净蛋液内蛋壳碎片、蛋膜、系带等。

2.巴氏消毒

巴氏消毒的目的是杀死蛋液内的有害微生物，使制品达到卫生质量标准。蛋液消毒通常采用巴氏消毒器，消毒温度不宜过高，通常在 64 ~ 65℃下保温 3 min。

3.喷雾干燥

喷雾干燥是利用机械力量将经巴氏消毒后的蛋液通过雾化器喷成极细小的雾状颗粒，经与同向鼓入的热空气充分接触，发生强烈的热交换和质交换，使其在瞬间内脱水干燥成蛋粉。

4.过筛、包装

过筛是为了除去蛋粉中未完全干燥而结块的蛋粉或杂质，通常用筛分器筛粉，筛孔直径为每米 71 孔。包装规格有 4 种：0.5 kg、2 kg、7 kg、25 kg 装。一般出口产品，选用塑料袋包装密封，再装入纸箱内。

四、其他蛋制品

（一）蛋黄酱

蛋黄酱由法国人发明，20 世纪 50 年代起在欧美等国畅销。蛋黄酱是利用蛋黄的乳化作用，以精制植物油、食醋、蛋黄为基本成分，添加调味物质加工而成的一种乳化状半固体食品。它含有人体必需的亚油酸、维生素 A、维生素 B、蛋白质及卵磷脂等成分，营养价值较高。可直接用于调味佐料、面食涂层和油蜡类食品等。

1.配方（见表 10-2）

表 10-2　蛋黄酱的类型及配方

类型	配 方
中厚黏度型	大豆油 78.5%，盐渍蛋黄 8.5%，食盐 1.2%，高果糖玉米糖浆 1.5%，芥末 0.45%，可溶性胡椒（以盐活葡萄糖为载体）0.05%，醋 3.5%，苹果汁醋 0.25%，柠檬汁 0.25%，水 5.8%，EDTA 钙二钠 0.005%
高黏度型	大豆油 80%，盐渍蛋黄 9%，食盐 1.2%，高果糖玉米糖浆 1.5%，芥末 0.45%，可溶性胡椒（以盐活葡萄糖为载体）0.05%，醋 3.5%，苹果汁醋 1.0%，柠檬汁 0.25%，水 3.04%，EDTA 钙二钠 0.005%

2.加工方法

依次添加解冻的盐渍蛋黄（0 ~ 4℃）、足量的高果糖玉米糖浆、水和酸化剂，进入预混合贮器，使混合物的水平面高于搅拌器的底部，混合物开始以低速搅拌，以后逐步提高搅拌速度，以便保证达到均匀混合的特点。添加预先称重的盐、芥末、可溶性胡椒、EDTA 钙二钠，使混合物增黏，保持黏稠状态 2 ~ 3 min。在预混合贮器中徐徐加入油类，此时应预先冷却到 8 ~ 10℃，增加转速以保证油类充分混合与分散，在几乎所有的油都加完时，添加其他成分，并高速搅拌 1 min 以上，然后将混合物通过胶体磨，送到包装流水线上，并通过预测达到最佳的黏稠度、色泽、食品结构组织和油的分散度。

（二）熟蛋制品——五香茶叶蛋

五香茶叶蛋是鲜蛋经高温杀菌，并使蛋白凝固后，利用辅料进行防腐调味和增色加工而成的蛋制品，具有独特的色、香、味。一般习惯使用鸡蛋制作，鸭蛋同样可以。凡是蛋壳完整、适合食用的鲜蛋及用淡盐水保存过的蛋都可作为五香茶叶蛋的原料，损壳蛋、大气室蛋等因不耐洗，在煮沸过程中又容易破裂，不宜采用。五香茶叶蛋加工的常用辅料为食盐、酱油、茶叶和八角等香料，也可添加桂皮等。这些辅料要符合一定的质量要求，未经检验的化学酱油、霉败变质的茶叶等均不得采用。

1.配方（见表 10-3）

表 10-3　茶蛋配料表

单位：g

禽蛋/枚	食盐	茶叶	酱油	茴香	桂皮	水
100	150	100	400	25	25	5 000

2.加工方法

将新鲜蛋洗净放入盛有辅料的锅内，用大火煮沸后，取出在冷水中浸泡数分钟，以利于剥壳。然后击裂蛋壳，放回到原锅中用文火慢慢煮，直到入味即可。成品呈茶色、香味浓郁、咸淡适宜、味道鲜美。

（三）鸡蛋人造肉

人造肉是以鸡蛋白为原料，添加魔芋精粉、食盐、钙盐、淀粉、各种风味物质等，通过混合、调整酸碱度、喷丝、中和、成型等工艺加工而成的一类具有天然肉类口感及风味的新型蛋制品。常见的有人造鸡肉、人造牛肉、人造螃蟹肉等。

以人造鸡肉为例，其制作方法是在鸡蛋白 1 kg 中，添加碳酸钙 5 g、丙酸钙 2 g、氢氧化钠 1.5 g 等溶解后，再添加干燥的魔芋精粉 30 g、食盐 20 g、谷氨酸钠 7 g、肌苷酸钠 0.5 g、干酪素钠盐 15 g、大米淀粉 20 g 和砂糖 10 g，使之混溶。其后，添加少量的鸡味调味品（如鸡汁等）和生菜油 20 g，经混合制成 pH 为 11.2 的浆料，再用碳酸氢钠把浆料 pH 值调到 11.0，通过喷丝挤入 90 ℃的碱性凝固液中，即抽出丝，再浸入 10% 的盐酸液中进行中和，中和后经水洗、热压，便制出人造鸡肉，其风味及咀嚼感酷似天然鸡肉。

参考文献

[1] 陈月英.果蔬贮藏技术.北京：化学工业出版社，2008.

[2] 李里特.大豆加工与利用.北京：化学工业出版社，2003.

[3] 饶景萍.园艺产品贮运学.北京：科学出版社，2009.

[4] 杨慧芳.畜禽水产品加工与保鲜.北京：中国农业出版社，2002.

[5] 叶兴乾.果品蔬菜加工工艺学.北京：中国农业出版社，2002.

[6] 郑永华.食品贮藏保鲜.北京：中国计量出版社，2006.

[7] 赵丽芹.果蔬加工工艺学.北京：中国轻工业出版社，2007.

[8] 祝战斌.果蔬加工技术.北京：化学工业出版社，2008.

[9] 尹明安.果品蔬菜加工工艺学.北京：化学工业出版社，2010.

[10] 郝利平.园艺产品贮藏加工学.北京：中国农业出版社，2008.

[11] 周显青.稻谷精深加工技术.北京：化学工业出版社，2006.

[12] 罗红霞.畜产品加工技术.北京：化学工业出版社，2007.

[13] 蔡健.乳品加工技术.北京：化学工业出版社，2008.

[14] 浮吟梅.肉制品加工技术.北京：化学工业出版社，2008.

[15] 赵晨霞.果蔬贮藏加工技术.北京：科学出版社，2005.

[16] 张子德.果蔬贮运学.北京：中国轻工业出版社，2002.